低阶煤流化床气化
理论与工业运行分析

Low Rank Coal
Fluidized Bed Gasification

Theory and Industrial
Operation Analysis

程相龙 郭晋菊 著

U0351298

化学工业出版社

·北京·

内容简介

本书主要讨论低阶煤流化床气化过程中涉及的理论知识与工业运行中较常遇到的工程问题。首先介绍了我国低阶煤的类型、赋存、煤质特点，常见加工利用方式以及影响其大规模开发利用的主要因素；详细介绍了多组分最小流化速度的计算和混合特性，温度、压力等对低阶煤气化的影响；详细总结了常用的气化动力学模型及其特点。除介绍了流化床反应器的特点及其在低阶煤高效利用中的重要性之外，全面总结了适用于低阶煤气化的其他反应器及其特点，低阶煤气化反应器建模的常用模块模型等。

此外，在我国已实现工业化的低阶煤流化床气化炉上，全方位实时采集了气化炉开车和平稳运行的 160 小时的运行数据，分析了气化炉运行的稳定性、最佳操作条件、物料和热量的平衡及工艺技术指标等。并对工业化低阶煤流化床气化炉的飞灰问题、低阶煤流化床气化炉的熔融结渣问题进行了分析。

最后，针对工业化低阶煤流化床气化合成气制甲醇时的驰放气及非渗透气利用问题，本书探讨了最佳的利用方案。

本书可以作为煤化工领域从事反应器与工艺开发、设计与生产管理的工程技术人员的参考书，也可作为高等学校和研究院所研究生的教学用书和参考书。

图书在版编目（CIP）数据

低阶煤流化床气化：理论与工业运行分析/程相龙，郭晋菊著. —北京：化学工业出版社，2021.12（2023.8重印）

ISBN 978-7-122-40558-6

Ⅰ.①低… Ⅱ.①程…②郭… Ⅲ.①流化床-煤气化-研究 Ⅳ.①TQ546

中国版本图书馆 CIP 数据核字（2021）第 277225 号

责任编辑：高璟卉 仇志刚　　　　　　　　　装帧设计：史利平
责任校对：边 涛

出版发行：化学工业出版社（北京市东城区青年湖南街 13 号　邮政编码 100011）
印　　装：北京天宇星印刷厂
710mm×1000mm　1/16　印张 13½　字数 300 千字　2023 年 8 月北京第 1 版第 2 次印刷

购书咨询：010-64518888　　　　　　　　售后服务：010-64518899
网　　址：http://www.cip.com.cn
凡购买本书，如有缺损质量问题，本社销售中心负责调换。

定　　价：98.00 元　　　　　　　　　　　　　　版权所有　违者必究

前　言

　　流化床气化技术是消耗低阶煤的高效途径之一，国内外学者热切关注并投入大量精力进行研发和技术攻关。我国低阶煤储量巨大，迫切需要该技术。中国科学院自20世纪90年代开始进行流化床的开发，经过实验室小试、中间性试验，于2010年在石家庄金石化肥厂进行工业示范。随后在其他地方建立多套装置，历经十余年对工业装置的调试，基本实现了低压下气化炉"安、稳、长、满、优"的运转，但高压情况下的流化床气化炉仍有待进一步研发。国外对该技术的开发也是热火朝天，以美国为代表。我国于2010年引进了国外技术，建立了世界上首套高压流化床气化装置，于2013年开始试车，但是运行结果并不理想，工艺和设备仍在不断改进优化中。笔者有幸在大型煤化工企业工作7年，参与引进气化技术的审核、谈判，气化炉的安装、调试、开车及运行的全部过程，与国内技术的使用企业也多有技术交流。编写本书的目的是与同行交流该技术在工业化过程中存在的一些工程问题，群策群力，尽早实现该技术的大规模推广。

　　本书主要讨论大型低阶煤流化床气化炉气化过程中遇到的工程问题及其涉及的理论知识，注重理论与实践的结合，深入浅出，通俗易懂。书中不但介绍了当下流化床气化的实验室研究热点，如多组分的共流化、多组分的混合分离、水蒸气气化反应与氧化反应的协同作用等。同时，全方位实时采集了气化炉开车和平稳运行的160小时的运行数据，分析工业气化炉的运行稳定性和最佳操作条件等，也总结了当前工业化流化床气化炉运行中遇到的工程难题，如飞灰问题、结渣问题及驰放气的再利用问题。这些都是企业目前急需解决的问题。

　　本书按照"低阶煤与流化床概述—相关理论热点与难点—工业装置现存问题及解决办法"的思路进行编写。首先介绍了我国低阶煤的资源特点和常见加工利用方式以及流化床煤气化技术消耗低阶煤的巨大优势。然后介绍了低阶煤流化床气化相关的研究焦点、多组分的最小流化速度计算、多组分混合分离特性、主要气化反应的协同作用、气化动力学及气化反应器模型。再次，结合气化炉运行数据，分析了炉温炉压的波动、最佳气化条件及技术经济指标等。 最后针对工业化低阶煤流化床气化炉运行中出现的问题，提出"飞灰造粒＋返炉"的方案解决飞灰问题，提出精准预测煤灰熔融性和结渣性的新方法，从而预防结渣。 同时，针对低阶煤气化合成气合成甲醇时驰放气及非渗透气利用问题，探讨了最佳的利用方案。

本书由河南城建学院程相龙和郭晋菊老师合作完成，内容多是作者在大型煤化工企业的经验之谈，抛砖引玉，与大家交流。 由于笔者行业经历和学术水平有限，不妥之处在所难免，恳请读者批评指正。

程相龙

2021 年 8 月

目 录

第一章

低阶煤的资源特点与
常见加工利用方式

　　我国低阶煤储量丰富，主要包括褐煤、低变质烟煤，占全国保有煤炭储量的58.13%，约占世界低阶煤总储量的41%。发展低阶煤高效清洁转化技术，尤其是适用于低阶煤的洁净煤气化技术对我国的能源安全战略和环境保护具有重要意义。本章首先阐述了我国低阶煤的赋存分布、煤质特点及常见加工利用方式，进而阐述了影响低阶煤大规模加工利用的因素，主要包括煤质特点、水耗、能耗，土地、资金等。

第一节 · 我国低阶煤资源特点

一、我国低阶煤赋存分布

　　低阶煤是指煤化程度较低的煤，主要包括褐煤、低变质烟煤（长焰煤、弱黏煤、不黏煤等）。我国低阶煤储量丰富，低阶煤占中国已发现煤炭资源量的58.13%，约占世界低阶煤总储量的41%，主要分布在内蒙古、新疆、云南等西部矿区。其中，我国褐煤探明保有资源量约1300亿吨，占全国保有煤炭储量的12.69%，主要分布在云南和内蒙古等地。我国低变质烟煤储量非常丰富，约占总储量的42.5%。据不完全统计，仅山西省就拥有低阶煤资源量251.28亿吨，其中长焰煤206.44亿吨，不黏煤22.44亿吨，弱黏煤22.22亿吨。全省低阶煤中，长焰煤所占比例最大，为82.16%，其次为不黏煤和弱黏煤，分别占比8.93%和8.84%。就长焰煤而言，从可采储量来看，陕西省全国长焰煤可采资源量全国排名第一，占全国的32%。山西长焰煤资源量在全国长焰煤可采资源量中排名第二，占全国长焰煤可采资源总量的13%[1-3]。

　　近年来，中东部地区煤矿开采产量较大，开采深度逐渐增加，难度加大，而西部矿区煤炭资源赋存较浅，开采比较容易，所以我国能源发展进行了压缩东部、限制东北和中部、优化发展西部的战略布局，煤矿开采加速向内蒙古、新疆、云南等西部矿区转移。低阶煤的加工利用日益引起人们的重视。

二、我国低阶煤的煤质特点

1. 褐煤

我国褐煤资源主要分布于内蒙古东部、东北三省部分地区和云南等地。其中内蒙古东部地区的褐煤主要为煤化程度较高的年老褐煤，其全水分在30％左右。云南地区的褐煤以年轻褐煤为主，全水分在40％左右，部分地区褐煤的全水分可高达50％以上。褐煤煤化程度较低，导致其碳含量较低、挥发分含量高、反应活性高；同时，褐煤的硬度小、空隙裂隙大，使得褐煤的含水量较高（35％～50％），导致其热值相对较低；另外，褐煤的高氧含量（18％～30％）、高挥发分（35％～45％）、易风化碎裂和氧化自燃的特点，使其不适合远途运输和利用。褐煤的这些特点导致其应用受到很大限制，尤其是褐煤气[4,5]。

2. 低变质烟煤

低变质烟煤主要指长焰煤、不黏煤、弱黏煤。我国煤炭资源中，部分低变质烟煤具有褐煤的特性，具有高灰高水高活性的特性，例如义马矿区的长焰煤。据不完全统计，仅河南义马煤田原煤灰分达到40％以上的长焰煤就有约1.1亿吨。此外，部分低变质烟煤呈现低灰、低硫、高化学反应活性、较好的可选择性等特点。其中，不黏煤的灰分在10.9％左右，硫分0.8％左右；弱黏煤的灰分在10.1％左右，硫分0.9％左右。以大同弱黏煤，神府矿区和内蒙古西部东胜煤田的长焰煤、不黏煤为代表的煤炭资源，被誉为天然"精煤"。

三、开发低阶煤利用技术的重要意义

据国家统计局统计，2015年，我国石油表观消费量达到5.43亿吨，净进口量3.28亿吨，石油对外依存度首次突破60％。我国已成为仅次于美国的世界第二大石油进口国和消费国。2020年我国的石油对外依存度已攀升至73％。按此趋势发展下去，我国的石油对外依存度将有可能在2030年前突破85％。石油对外依存度过高、自给率低，将严重威胁我国的能源安全。

同时，环境污染也引人注目。"13省市迎战雾霾，北京首发重污染红色预警（中国天气网，2021.12.06）""晋煤集团召开煤化工板块应对重污染天气固定床限产研讨会（晋煤集团官网，2019.06.13）""11月15日18时起，唐山启动重污染天气Ⅱ级应急响应（河北日报，2021.15.18）"等类似报道屡见不鲜，环境污染成为人们心中挥之不去的阴影。

开发低阶煤灰煤清洁利用技术，不但可以缓解我国的能源危机和环境危机，对我国的能源战略也具有显著的积极意义。国家大力提倡低阶煤的清洁转化，先后出台了《能源发展战略行动计划》（2014—2020 年，国务院办公厅）、《煤炭清洁高效利用行动计划》（2015—2020 年，国家能源局）、《中原经济区规划》（2012—2020 年，国家发展和改革委员会）等政策，鼓励低阶煤和劣质煤就地清洁转化利用。《煤炭深加工产业示范"十三五"规划》明确将低阶煤热解提质列为"能源发展重大工程"，低阶煤热解提质技术是实现煤炭清洁、高效、环保利用，切实推进我国能源生产革命、煤炭供给侧改革、煤炭行业转型升级的重要有效途径，完全符合国家"十四五"规划纲要中倡导的"推进能源资源梯级利用、废物循环利用"的能源策略。低阶煤清洁利用技术在"十三五"政策条件下，存在着难得的发展机遇。

第二节 · 低阶煤常见加工利用方式

一、用作燃料

我国 90% 以上的低阶煤用于电站锅炉、工业锅炉的燃料。由于褐煤和部分次烟煤水分含量高、热值低、灰含量高，将其用于燃烧存在诸多不足，比如燃料消耗量大、磨煤制粉过程能量消耗量大、效率低，并且磨煤系统易着火、爆炸，存在严重安全隐患，整个燃烧系统能耗和维修费用高[6,7]。另外，与常规的烟煤燃烧一样，低阶煤燃烧存在严重的环境污染[7,8]。随着环保要求的日益严格，目前要求烟气出口的粉尘含量小于 $10mg/m^3$，SO_2 含量小于 $35mg/m^3$，NO_x 含量小于 $50mg/m^3$。

如果将低阶煤用于烟煤锅炉的掺烧，同样存在上述问题。掺烧方案是动力用煤价格不断上涨催生的，研究指出，该方案存在严重的安全隐患，且燃料消耗量大、能量利用率低，易引发炉膛和燃烧器区域的结焦，甚至烧毁[9-12]。

二、干燥提质

褐煤和少部分高水分的次烟煤内部具有丰富的孔隙结构和亲水性官能团，导致这些低阶煤不但含水量高，而且水分脱除相对困难，这一特点严重制约了其利用。这些高水分煤的干燥提质需要降低煤炭含水量，而且需要解决干燥后水分复吸的问题[4,13-15]。研究者对改变其物理化学结构，脱除部分含氧官能团使之含水量下降方面的研究较多[4,16,17]，对如何解决水分复吸问题的研究十分有限。同时，干燥形式主要有蒸汽管式干燥、流化床蒸汽干燥两种，它们的蒸汽（热量）消耗都较高，经济性差，也是制约干燥提质技术大规模应用的主要问题。内蒙古东部地区虽有部分示范厂进行了试运行，从试运行结果来看，大部分技术仍存在提质处理成本高、提质装置复杂、设备长时间运行可靠性低、提质过程对环境造成一定的影响等问题。另外，一些技术瓶颈仍是制约低阶煤提质利用的关键，如粉尘焦油分离技术、粉尘处理技术、无黏结剂成型技术等。曾有国内专家预言"短期内，国内褐煤干燥提质技术实现实质性突破很难"。但是，一旦该技术成熟，褐煤的规模化高效利用将容易实现。

三、热解（干馏）提质

低阶煤热解提质技术又称干馏技术，其基本原理是褐煤在非氧化气氛中，在低温 $500\sim600℃$ 或中温 $600\sim800℃$ 下发生热分解，生成半焦、高附加值的煤气、焦油等产品。一般以热气体、高温半焦或其他高温固体物料作为热载体，与褐煤在热解室内混合，利用热载体的显热使低阶煤热解。与气相热载体相比，固相热载体避免了煤热解析出的挥发产物被烟气稀释的问题，同时降低了冷却系统的负荷[7,18,19]。国内外典型的代表工艺见表1-1。

表1-1　低阶煤热解提质技术国内外典型的代表工艺

序号	研发单位	工艺名称	工艺简称
1	德国 Lurgi 公司	鲁奇三段炉低温热解工艺	L-S 热解工艺
2	美国 SGI、SMC 公司	低阶煤热解提质工艺	LFC 热解工艺
3	美国 FMC 公司	煤油共炼工艺	COED 工艺
4	大唐华银、五环工程	低阶煤提质工艺	LCC（LFC 工艺升级）
5	神木三江煤化工公司	低温干馏炉工艺	SJ-IV（L-S 工艺升级）
6	Lurgi、Ruhurgas 公司	鲁奇-鲁尔低温煤干馏技术	L-R 热解工艺
7	国能公司、富通公司	国能富通干燥炉技术	国富炉工艺（L-R 升级）
8	美国油页岩公司	低温热解工艺	Toscoal 热解工艺
9	美国西方研究公司	Garrett 工艺	Garrett 热解工艺
10	俄罗斯能源研究院	固体热载体粉煤干馏技术	3-TX（ETCH）-175
11	大连理工大学	固体热载体褐煤热解技术	DG 技术
12	煤炭科学研究总院北京煤化工研究分院	低变质煤热解工艺	多段回转炉工艺
13	中国科学院过程研究所	煤拔头——煤炭综合利用新工艺	拔头工艺（BT 工艺）
14	神华集团	神华模块化固体热载体热解工艺	神华热解工艺

据资料显示，目前国内多种低阶煤提质技术都有相应的试验和示范项目正在进行

中，投煤试验都不同程度出现技术问题，一部分甚至处于停滞状态。但是，随着研究的深入，该技术将获得长足发展，可能成为低阶煤高效利用的有效途径。

四、低阶煤气化

煤气化技术是现代煤化工的龙头。目前，常见的煤气化技术分为固定床、流化床、气流床，其中固定床气化技术最为成熟，但是它只能以优质的块煤为原料，并且对煤的热稳定性、含水量、机械强度等要求严格。流化床技术分为常压和加压两类：常压流化床技术比较成熟；加压流化床技术正处于开发阶段，距离工业化尚有距离。但是无论常压或是加压流化床技术以及固定床技术，对原料煤的黏结性、热稳定性、水分都有较为严格的要求。气流床的煤种适应范围较为广泛，即便如此，对原料煤的水分、热值、灰含量也有一定要求，尤其是热值、灰含量。褐煤热稳定性较低，含水量较高，采用以上气化技术时，存在粉尘带出量大、干燥成本高等问题[4,20,21]。一些专家认为，由于低阶煤成浆性差，基本不采用水煤浆气化和干粉气流床技术，目前仍然缺乏气化褐煤经验，距离工业化仍有一段距离[7,21]。总体上看，目前的气化技术尚不能大规模高效地"消化"低阶煤资源。

开发低阶煤气化技术将以大型化、高效率、低污染、宽煤种适应性等特点为目标，应关注气化温度和操作压力的增高对效率的影响，同时需要妥善解决煤气生产过程中资源的综合利用问题。开发适于高水分、高氧含量、低热稳定性、低热值的低阶煤气化新技术和装备。

五、褐煤成型

相对于褐煤干燥提质，褐煤成型不存在粉尘大、易重新吸水等问题。褐煤成型主要是将褐煤干燥、加热到一定温度，保温一定时间后直接在高压下压制成型的技术。该工艺具有较好的技术可行性，但是无论是国内还是国外，技术都存在能耗较高的问题，经济性有待提高[4,22-24]。主要工艺有德国的褐煤无黏结剂冲压成型工艺、中国化学工程集团与德国泽玛克联合开发的褐煤间接干燥成型煤工艺、中国矿业大学（北京）和神华国际贸易公司的热压成型 HPU 工艺、澳大利亚亚太煤钢公司的冷干工艺、澳大利亚 White 公司开发的热烟气直接干燥成型 BCB 工艺、日本神户制钢所将可回收油及重油作为黏结剂的 UBC 工艺等。

六、直接液化

低阶煤煤质年轻，反应活性较高，结构单元中有较多的亚甲基、羧基、羰基等活性小基团，是较理想的直接液化煤种。低阶煤直接液化得到的油品中硫、芳烃含量都较高，燃烧和环保性能明显较差。我国科研人员认真吸收日本 NEDOL 技术和美国 HTI 技术等国外技术的优点，不断改进创新，开发出具有自主知识产权的直接液化技术，建立了世界首座煤直接液化示范工程——神华 100 万吨/年煤直接液化装置。经过不断的工艺优化和技术改造，该装置已实现稳定运行。但是低阶煤直接液化对煤质有严格要求[25-27]，如氢含量不小于 5.2%（daf，即干燥无灰基），碳含量不大于 80%（daf），氢碳原子比不小于 0.77%，氧碳原子比不小于 1.0%，灰含量不大于 7.5%等。

七、溶剂抽提

低阶煤的溶剂抽提是指利用相似相溶原理，从煤中萃取出有用有机质的过程。近年来科研人员相继开发出超临界流体萃取、超声波萃取等新技术[28-30]。抽提产物主要是腐殖酸和褐煤蜡。其中腐殖酸可以增进肥效、改良土壤、调节作物生长和增强作物的抗逆性等，还是锅炉防垢剂、钻井液添加剂、蓄电池阴极膨胀剂的生产原料。以碱溶液作溶剂氧化褐煤，提取小分子脂肪酸、苯多酸等有机酸近年来引起研究者的关注，成为低阶煤，尤其是褐煤抽提研究的新热点。

八、无灰煤技术

无灰煤技术最早由日本主持研发，主要考虑到炼焦煤资源短缺时，通过循环溶剂热萃取出来的无灰煤（HPC）水分低、无灰分、发热量高，可以代替炼焦煤资源。科研人员研究了溶剂、煤预处理方法、萃取条件等对萃取过程的影响，但是萃取机理、萃取动力学等方面有待深入研究，距离工业化应用距离很大[31,32]。随着优质煤炭资源的减少，该技术具有良好的发展前景。

九、热溶催化转化工艺

肇庆市顺鑫煤化工科技有限公司基于低阶煤，尤其是褐煤的煤质特点开发了低阶煤热溶催化转化工艺。低阶煤在催化剂、富氢溶剂"伴随"下脱除煤中的羧基等含氧官能团，然后进行热溶催化反应，反应产物减压分离，油渣进入焦化炉进行焦化获得焦油和固体燃料。固体燃料、焦油、气体燃料收率分别约 37%、33%、22%。该工艺具有条件温和、能源利用效率高的特点[33,34]。目前示范装置正在建设中。

十、制备吸附剂

低阶煤多孔，空隙率较高，同时含有羧基、羰基、甲氧基等活性基团，吸附性能好，是制备活性炭、碳分子筛等吸附剂的良好材料。低阶煤，尤其是褐煤经炭化后制备出的活性炭和活性焦，孔隙发达、吸附能力强，广泛应用于食品、医药、废水净化等方面。褐煤制成的碳分子筛，微孔结构发达，具有沸石分子筛类似的功能。在一定炭化条件下，褐煤的碳骨架结构容易朝着有利于吸附分离和孔隙较多的无定形碳结构方向发展，结构更加疏松，孔隙结构更加发达，使得褐煤成为制备碳分子筛的优质原料[35-37]。碳分子筛广泛用于气体吸附分离、催化、气体存储等领域。

十一、制备水煤浆

改善低阶煤成浆性。煤炭科学研究总院北京煤化工研究分院等机构开发了水煤浆添加剂和粒度级配技术，可以使低阶煤的成浆浓度提高到 67% 左右，极大地改善了低阶煤作为水煤浆气化原料的适应性。目前正在积极推广该技术，但是距离大规模工业化运行尚有一定距离。

第三节 · 低阶煤大规模开发利用的影响因素

我国在今后较长时期内能源消费结构将以煤为主，因此发展低阶煤洁净气化、洁净煤代油技术对我国的能源安全战略和环境保护具有重要意义。但是水资源短缺、气化技术对原料煤要求苛刻、能耗高、水耗大、环保技术滞后等一些问题制约了我国低阶煤产业的快速发展。鉴于以上状况，近年来，我国一直高度重视煤炭清洁高效利用技术的研发，把煤气化技术的研发定位于"新型煤化工的龙头"，同时强调化工过程节能降耗的重要性，也大力支持节能降耗技术的研发。开发煤种适应性广、能量利用率高、碳转化率高的煤炭气化技术，开展煤化工工艺系统的集成节能研究成为改变我国煤炭利用方式单一、提高煤炭利用率、降低原料消耗、实现我国煤化工产业尤其是低阶煤产业可持续发展的必由之路。

一、利好的国家政策

推动资源综合利用、发展循环经济是我国的一项重大战略决策，是落实党的十八大推进生态文明建设战略部署的重大举措。国家把发展循环经济作为一项重大任务纳入国民经济和社会发展规划，要求按照"减量化、再利用、资源化"原则推进生产、流通、消费各环节循环经济发展。循环经济促进法于 2009 年 1 月 1 日起施行，标志着我国循环经济进入法制化管理轨道。

2013 年 1 月 23 日国务院下发《国务院关于印发循环经济发展战略及近期行动计划的通知》，指出"发展循环经济是我国的一项重大战略决策，是落实党的十八大推进生态文明建设战略部署的重大举措，是加快转变经济发展方式，建设资源节约型、环境友好型社会，实现可持续发展的必然选择。"此外，还明确强调，国家鼓励煤炭行业推进煤矸石、洗中煤、煤泥的综合利用，变废为宝。在化学工业方面，国家重点推广先进煤气化、节能高效脱硫脱碳、低位能余热吸收制冷等技术。煤化工行业鼓励再生水、矿井水利用及余热回收发电。同时，国家推动"三废"资源化利用，煤化工行业重点推进废渣用于生产水泥等建材产品，推广煤制烯烃水循环利用、碎煤加压气化含酚废水治理、中水回用、高浓盐水处理、低温余热利用、高温气体热利用等技术。

国家发展和改革委员会（以下简称"发改委"）第 29 号令（2019.10.30）公布的《产业结构调整指导目录（2019 年本）》鼓励煤矸石、煤泥、洗中煤等低热值燃料综合利用，限制 100 万吨/年以下煤制甲醇生产装置（综合利用除外）。

近些年，国务院、能源局、工业和信息化部、发改委等相继出台政策鼓励低热值煤清洁转化和技术攻关，具体如下：

鉴于我国资源禀赋特点及低阶煤产业现状，国家大力鼓励发展低阶煤洁净煤技术，先后出台了《关于加强煤化工项目建设管理促进产业健康发展的通知》（发改工业〔2006〕1350 号）和《煤化工产业中长期发展规划征求意见稿》（2006.11）、《关于加强煤制油项目管理有关问题的通知》（发改办能源〔2008〕1752 号）、《石化产业调整和振兴规划》（国发〔2009〕16 号）等重要文件。2014 年 6 月国务院办公厅发布《能源发展战略行动计划（2014—2020 年）》，鼓励煤矸石等低阶煤、低热值煤和劣质煤就地清洁转化利用。

国家能源局等《关于促进煤炭安全绿色开发和清洁高效利用的意见》（国能煤炭〔2014〕517 号）要求大力推进科技创新，做好煤炭安全绿色开发和清洁高效利用科研工作顶层设计，加强相关科技计划（专项、基金）的统筹，着力推进新技术、新装备等研发；重点加大对煤矿安全绿色开采、煤矿区循环经济、煤层气开发及煤炭清洁高效利用、煤矸石和粉煤灰综合利用、矿山机械再制造等技术研发、示范及应用的支持，加快科技成果推广应用。

国家能源局《关于促进低热值煤发电产业健康发展的通知》（国能电力〔2011〕396 号）指出用于发电的低热值煤资源主要包括煤泥、洗中煤和收到基热值不低于 5020 千焦/千克（1200 千卡/千克）的煤矸石，加快发展低热值煤低阶煤发电产业对保护矿区生态环境具有重要作用。

国家发改委发布的《中原经济区规划（2012—2020年）》要求积极发展高端石化和精细化工产品，突破现代煤化工关键技术。

工业和信息化部、财政部发布的《工业领域煤炭清洁高效利用行动计划（2015—2020）》将流化床煤气化技术推荐为煤炭清洁高效利用技术。

国家能源局《关于促进煤炭工业科学发展的指导意见》中要求有序开展煤炭加工转化为清洁能源产品项目的示范工作，抓紧建立项目示范工程标准体系。

二、稀缺的水资源

煤化工项目耗水严重成为制约我国煤化工产业快速发展的最大潜在因素。粗略统计，生产1吨合成氨需耗新水约12～14立方米，生产1吨甲醇耗水约15～18立方米，生产1吨乙二醇需耗新水约35～45立方米，生产1吨1,4-丁二醇需耗新水约20～23立方米，直接液化吨油耗水约7立方米，间接液化吨油耗水约12立方米，而煤水逆向分布的基本区域特点造成我国煤化工产业的"先天不足"。山西省社会科学研究院的一项专题研究指出，目前我国大型煤炭基地水资源总体短缺，13个大型煤炭基地规划总需水量为每天296万立方米，现有供水能力为每天152万立方米，每天缺水144万立方米。除云贵、两淮基地水资源丰富以外，其余11个基地均缺水[38,39]。

循环冷却水是煤化工项目最大的耗水部分，用量占到取水量的60%以上。减少循环冷却水用量与实施循环冷却水零排放是煤化工项目节水的重要途径。

与传统的水冷却相比，空气冷却具有明显的节水优势。例如，装机容量2×600兆瓦的热电项目，如果整个工艺和机组均采用空气冷却，虽在总投资上比水冷需要多投资超过2亿元，但是单位发电量的取水量大幅减少，约为0.34立方米，远远小于水冷电厂的1.57立方米，每小时可以节约用水1476立方米，每年可以节约水1000多万吨[40]。但是空冷系统占地面积大、投资多，许多项目业主为了节约建设投资，放弃采用空冷器和优化换热网络等节水措施，采用循环水冷却，导致实际生产中吨产品耗水量大幅上升，例如吨乙二醇耗水竟高达38吨左右。经估算，如果煤化工项目能够全面应用空冷技术，其循环冷却水量将减少50%～70%，总取水量将减少30%～50%。

煤化工生产工艺和技术的选择对煤化工企业节水同样至关重要[41]。如新型高浓缩倍数循环水处理技术使工业循环冷却水以高浓缩倍数运行，补水量低于循环水量的1.2%。又如，煤制甲醇双效精馏比单效精馏节水效果明显，就系统的蒸汽消耗量和冷却水使用量而言，双效精馏系统比单效精馏系统低一半以上，应该优先采用双效精馏。

气化技术的选择和气化岛的优化设计也可以减少水耗[42,43]。水煤浆气化炉采用半封闭式供煤、湿法磨煤以及气流床气化等手段，水煤浆气化1吨煤，大约掺水0.66吨，完全可以利用系统产生的废水完成。如年产煤制天然气项目，可采用两种鲁奇（Lurgi）气化＋水煤浆气化的方式，水煤浆气化制浆用水恰好消耗掉鲁奇气化的废水。这样不仅可以对水量进行平衡、循环利用，而且省去了污水治理费用。

我国煤制天然气、煤制二甲醚、煤制油、煤制烯烃和煤制乙二醇等新型煤化工项目中，目前已建成的煤制油装置有 5 个，建成的煤制烯烃装置和煤制天然气项目也很多。在这些示范项目建设中，企业普遍注重吨产品的能耗和工艺设计降耗，普遍关注生产工艺指标，往往容易忽视水的消耗与节约，对从降低水耗的角度出发如何优化全局工艺流程、用水方式重视不够。基本没有项目在设计之初就从全厂的水平衡出发，树立应用节水技术与设备的观念，考虑节水问题，项目验收之时更是无从谈起。至于企业开展节水和水回用技术的研究工作，更是少之又少。

2011 年，国家发改委公布了《关于进一步规范煤化工产业有序发展的通知》，要求缺水地区严格控制高耗水煤化工项目的建设，示范项目建设要按照石化产业的布局原则实现园区化，建在煤、水具备的地区。近期出台的《煤化工产业中长期发展规划》强调煤化工与水资源的协调发展，坚持循环经济的原则。近期，中央水利工作会议提出"最严格水资源管理制度"，强调高耗水的煤化工行业将量力而行，加快确立水资源开发利用控制、用水效率控制、水功能区限制纳污 3 条红线，定量考核、定额外加倍收费，惩罚个别用水浪费严重的企业。用水定额制的实施将限制煤化工等高耗水行业的发展速度。

目前化工行业用水状况与美国、德国等国家相比吨成品耗水量明显较高，煤化工项目耗水严重更成为最大隐忧。"十四五"时期，通过节水技术研发和大量推广，新型煤化工项目建设尚有很大节水潜力。

三、"挑肥拣瘦"的煤气化技术

煤气化技术是现代煤化工的龙头。目前，常见的煤气化技术分为固定床、流化床、气流床。其中固定床气化技术最为成熟，但是它只能以优质的块煤为原料，并且对煤的热稳定性、机械强度等要求严格。流化床技术分为常压和加压两类，常压流化床技术比较成熟，加压流化床技术正在开发阶段，距离工业化尚有距离，但是无论常压或是加压流化床技术，对原料煤的黏结性、水分都有较为严格的要求。气流床的煤种适应范围较为广泛，即便如此，对原料煤的水分、灰含量也有一定要求[43-47]。总体上看，目前的气化技术尚不能大规模高效地"消化"高水分含量的褐煤和高灰含量的高灰粉煤，导致我国大量的劣质煤资源长期呆滞。

褐煤是一种高挥发分、高水分、高灰分、低热值、低灰熔点的煤炭资源。世界褐煤的可采储量约为 3283 亿吨，约占世界煤炭可采储量 10390 亿吨的 31.6％。我国褐煤探明保有资源量约 1300 亿吨，占全国探明保有资源量的 13％；在我国目前已探明的褐煤保有储量中，以内蒙古东北部地区最多，约占全国褐煤保有储量的 3/4；以云南省为主的西南地区的褐煤储量约占全国的 1/5。在我国"缺油、少气、富煤"的情况下，褐煤的综合利用及发展成为我国和世界能源专家高度重视的研究方向。褐煤变质程度较浅，煤质年轻，具有碳含量低、硬度小、孔隙丰富及热值相对较低的特点。同时，褐煤的氧含量最高可达 30%，挥发分含量最高可达 45%，导致褐煤反应活性较高，易风化，易自燃，难以远途运输和异地加工利用[48-50]。

除褐煤外，粉煤、高灰煤、高硫煤的气化深加工利用也基本处于空白。随着煤炭资源的开采，优质煤炭资源越来越少，大量劣质煤炭资源，尤其是高灰煤的利用越来越显得重要。随着煤炭工业现代化的发展，综采设备的大量使用，原煤中含粉煤率达到 70%～80%，块煤所占比例极少，粒度小于 10mm 的粉煤、劣质煤随着原煤产量的增加，所占比例越来越大。同时，我国煤炭具有"三高"特点——高灰、高硫、高灰熔点。灰含量小于 10% 的煤炭仅占煤炭资源总量的 15%～20%，大部分煤炭灰含量大于 20%，硫含量大于 2% 的煤炭占煤炭资源总量的 16.4%。另外，我国泥炭的储量高达近 50 亿吨。据统计，仅河南义马煤田，在回采时原煤灰分达到 40% 以上的高灰煤炭资源就有约 1.1 亿吨。如何高效利用这些劣质煤炭资源实现可持续发展已经成为一个重要的课题。

四、难破解的能耗高难题

煤化工单位产品的能耗远远高于石油化工和天然气化工。以甲醇为例，均在最先进的技术条件下，天然气制甲醇的吨醇能耗为 30 吉焦，而煤制甲醇的吨醇能耗为 42 吉焦。一位能源专家直言："化工可以作为战略性技术储备，不适宜做商业开发。我坚决反对煤制油，原因是资源代价太大。"

就我国煤化工技术发展现状而言，吨成品能耗较高[51-53]。直接液化 3 吨煤可转化成 1 吨油，间接液化 5 吨煤仅可转化为 1 吨油。能源转化效率低，大概在 20% 左右。在转化过程中，需要消耗大量水资源，每吨油耗水 7～11 吨。同时，二氧化碳排放量高。一个 60 万吨/年煤制烯烃项目，需投资 180 亿～190 亿元，煤炭资源 315 万吨，耗水 2700 万立方米，二氧化碳排放 330 万吨；一个 300 万吨/年煤炭直接液化项目，需投资 600 亿～750 亿元，煤炭量 1420 万吨，耗水 1975 万立方米，二氧化碳排放 870 万吨。常见化工产品的能耗及能量利用率见表 1-2[51]。

表 1-2　常见化工产品的能耗及能量利用率

序号	生产工艺路线	产品	能耗 /(GJ/t)	热值 /(GJ/t)	能源损耗 /(GJ/t)	能源 利用率/%
1	机械焦炉	焦炭(180kg 标煤/t)	33.74	28.46	5	84.07
2		焦炭(155kg 标煤/t)	33	28.46	5	86.24

序号	生产工艺路线	产品	能耗 /(GJ/t)	热值 /(GJ/t)	能源损耗 /(GJ/t)	能源利用率/%
3	传统煤焦制氢	合成气(2.2t标煤/t)	64	19	45	29.72
4	高温脱硫陶瓷膜	煤制氢	70	41	28	59
5	上海焦化公司水煤浆气化	合成气	42	23	19	54
6		甲醇	48	22	26	46
7	甲醇脱水	二甲醚	63	28	34	45
8	一步法	二甲醚	60	28	31	47
9	F-T合成	柴油	118	42	75	36
10	直接液化	柴油	111	42	68	38
11	MTG	汽油	150	43	107	28
12	MTO	乙烯	150	47	102	31.5
13	MTP	丙烯	150	46	104	31
14	IGCC(GE气化)	电力	9	4	6	38

从表1-2中看出，随煤加工程度加深，产品链加长，转化中的能量损失也随之加大，合成气、甲醇产品能源利用率为45%～55%，而加工成汽油、乙烯、丙烯时煤的能源利用效率较低，仅30%左右。从煤化工产品 CO_2 排放因子看，合成甲醇为2，而合成烯烃高达6，因此合成烯烃的碳排放比甲醇等要高得多，碳利用率也较低。

五、昂贵的投资、土地

首先，煤化工项目投资巨大。例如烯烃，投资强度大约3亿元/万吨，目前国家禁止建设50万吨及以下煤经甲醇制烯烃项目。煤制烯烃，若上马60万吨/年烯烃项目，总投资至少需要190亿元。煤制天然气，投资强度也较高，大约6亿元/亿立方米，目前国家禁止建设年产20亿立方米及以下煤制天然气项目。若新上煤制天然气项目，总投资至少需要120亿。在煤化工项目建设时期应该统筹规划、着眼全局，从源头乃至全系统做到"节流"，减少资金投入和消耗。

其次，近年来，随着工业化进程尤其是煤化工产业聚集区建设的加快，土地资源紧缺的矛盾日益突出，国土资源一直强调严格建设项目批地供地审查。2009年10月，国土资源部下发了《贯彻落实国务院批转发展改革委等部门关于抑制部分行业产能过剩和重复建设引导产业健康发展若干意见》的通知，要求各级国土资源管理部门加强土地规划和计划调控，严格建设项目批地供地审查，项目用地未达到《工业项目建设用地控制指标》或相关行业工程建设用地控制指标要求的，一律不予通过用地预审。据报道，华能满洲里煤化工公司的百万吨甲醇项目因为擅自扩大土地使用面积而被叫停。

另外，煤化工产业带来的污染问题也非常严重[38,54,55]。不同的煤气化工艺、不同的产品路线、不同的原料，产生的污染物数量亦不同。例如以褐煤、烟煤为原料进行气化产生的污染，程度远远高于以无烟煤和焦炭为原料产生的污染。气化工艺不同，飞灰量差别大，废水水质也不同。

目前我国气化技术"层出不穷"，各有所长，但都存在炉底灰渣、过滤细粉这些常见的污染，部分气化技术存在严重的废水污染[45]。如壳牌干煤粉加压气化装置和流化床气化装置排出的飞灰，尤其是流化床气化，飞灰量较大，粉状类似面粉，装卸车都不方便，现场污染严重，随意堆放，将对周围环境产生污染。气流床气化的粗渣，如壳牌干煤粉加压气化排渣量占煤中灰分总量的60%，水煤浆加压气化及GSP的排渣量均占煤中灰分总量的85%，都需要妥善堆放或得到综合利用。一直到2015年12月，环境保护部才通过了神华煤直接液化项目环保验收。山西潞安矿业180万吨煤制油项目也在2015年12月再度进行环评，煤化工项目的环保要求之高可见一斑，也反映出目前新型煤化工项目在三废处理上需要下狠功夫。

参 考 文 献

[1] 曲思建. 我国低阶煤转化利用的技术进展与发展方向 [J]. 煤质技术，2016（A01）：1-4.

[2] 王永田，田全志，张义，等. 低阶煤浮选动力学过程研究 [J]. 中国矿业大学学报，2016，45（2）：398-404.

[3] 张恒源，朱旭东，郎学聪，等. 山西低阶煤分布特征分析和开发利用前景 [J]. 矿产勘查，2020，83（11）：106-113.

[4] Yu J，Tahmasebi A，Han Y，et al. A review on water in low rank coals：The existence，interaction with coal structure and effects on coal utilization [J]. Fuel Processing Technology，2013，106（2）：9-20.

[5] 王毅. 块状褐煤高温蒸汽热解的宏细观特性分析及应用 [M]. 徐州：中国矿业大学出版社，2012.

[6] 赵亚莹，石海鹏，杭珊珊. 褐煤燃烧污染物排放特性的实验研究 [J]. 东北电力大学学报，2012，32（2）：33-37.

[7] 张夏. 基于实验室中速磨模型机的褐煤破碎特性研究 [D]. 徐州：中国矿业大学，2015.

[8] 闫志强. 褐煤综合利用需稳步推进 [N]. 中国能源报，2014-02-17（11）.

[9] 曹勇. 褐煤掺烧对超临界锅炉影响及应对方案研究 [D]. 保定：华北电力大学，2014.

[10] 肖格远. 600MW 机组锅炉掺烧褐煤技术及管理 [D]. 保定：华北电力大学，2014.

[11] 牛建钢. 基于褐煤掺烧的磨煤机防爆研究 [D]. 保定：华北电力大学，2011.

[12] 辛曲珍. 600MW 烟煤锅炉掺烧褐煤燃烧器改造方案论证 [J]. 电站系统工程，2012（1）：2.

[13] 张大洲，卢文新，陈风敬，等. 褐煤干燥水分回收利用及其研究进展 [J]. 化工进展，2016，35（2）：472-478.

[14] 李尤，张守玉，茆青，等. 干燥温度对褐煤干燥后复吸特性的影响 [J]. 煤炭学报，2016，41（10）：2454-2459.

[15] 仇欢欢，刘生玉．含氧基团含量对褐煤水分回吸性能的影响研究［J］．煤炭科学技术，2014，42（3）：103-107．

[16] Tahmasebi A，Yu J，Han Y X. A study of chemical structure changes of chinese lignite during fluidized-bed drying in nitrogen and air［J］. Fuel Processing Technology，2012，101（22）：85-93．

[17] Vogt C，Wild T，Bergins C，et al. Mechanical/thermal dewatering of lignite. part 4：Physico-chemical properties and pore structure during an acid treatment within the MTE process［J］. Fuel，2012，93（1）：433-442．

[18] 崔晓曦，李忠，左永飞．以褐煤干馏提质为基础的多联产技术分析［J］．煤化工，2012，40（5）：30-33．

[19] 白中华，赵玉冰，黄海东，等．中国褐煤提质技术现状及发展趋势［J］．洁净煤技术，2013，19（6）：25-29．

[20] 刘亮，欧凤林，邬海明．中国褐煤气化技术利用现状及发展趋势［J］．煤炭技术，2014，33（5）：1-3．

[21] 张丽早．褐煤气化存在的问题及提质方向［J］．煤炭加工与综合利用，2014（8）：62-64．

[22] 王岩，裴贤丰，张飚，等．褐煤成型技术研究现状［J］．洁净煤技术，2013，19（1）：57-60．

[23] Zhao N，Zhao F，Zhong W Z. EDEM simulation study of lignite pressing molding with different particle size［C］//International Conference on Computer，Mechatronics，Control and Electronic Engineering，2015．

[24] 邵俊杰，何立新．褐煤提质工业性试验项目的总结和思考［J］．中国煤炭，2014（5）：101-104．

[25] 罗星云．云南褐煤直接液化可行性研究［J］．煤炭科学技术，2013（S2）：412-415．

[26] 李良．胜利褐煤直接液化性能及其与其它物料共液化性能研究［D］．上海：华东理工大学，2015．

[27] Qiang L L，Chen Z，Zhou Q，et al. Shengli lignite liquefaction under syngas and complex solvent［J］. Journal of Fuel Chemistry & Technology，2016，44（3）：257-262．

[28] 石开仪，孔德顺，李志，等．昭通褐煤溶剂分级萃取初步研究［J］．煤炭技术，2016，35（7）：285-287．

[29] 王颖，贾建波，李风海，等．褐煤腐植酸的抽提及其对褐煤吸水性能的影响［J］．化学工程，2014，42（2）：61-64．

[30] 刘猛，段钰锋，马贵林，等．印尼褐煤经溶剂提质后理化特性的变化规律［J］．工程热物理学报，2016，V37（1）：194-197．

[31] 王蕾，樊丽华，侯彩霞，等．褐煤制备无灰煤的工艺研究［J］．煤炭科学技术，2014（S1）：288-290．

[32] 樊丽华，王蕾，侯彩霞，等．由褐煤制备的无灰煤在配煤炼焦中的应用［J］．钢铁，2014（11）：85-91．

[33] 邱健，古伟峰．为我国乃至世界褐煤的利用开辟一条新路：顺鑫煤化工"褐煤清洁高效综合利用热溶催化新工艺的开发"项目成果［J］．科技成果管理与研究，2013．

[34] 吴克，吴春来，高晋生，等．褐煤清洁高效综合利用：热溶催化转化工艺的研究与开发［C］//中国煤化工技术、市场、信息交流会暨"十二五"产业发展研讨会，2013．

[35] 解强，姚鑫，杨川，等．压块工艺条件下煤种对活性炭孔结构发育的影响［J］．煤炭学报，2015，40（1）：196-202．

[36] Frances H K，Dr J R B，Anthony C D，et al. Process for producing activated carbon from upgraded brown coal（lignite）［J］，1986．

[37] 徐革联，刘伟. 褐煤改质制备炭分子筛的研究 [J]. 洁净煤技术，2006，12（2）：89-91.

[38] 唐宏青. 正确处理煤化工与水的关系 [J]. 化工设计通讯，2014，40（1）：1-4.

[39] 安宏伟，李永华，薛斌. 水煤浆气化装置节水减排措施浅析 [J]. 西部煤化工，2013（2）：8-11.

[40] 王佩璋. 2×600 MW 空冷与水冷电厂节水指标的计算和评价 [J]. 发电设备，2007，21（3）：214-218.

[41] 唐宏青. 煤化工工艺技术评述与展望 [J]. 燃料化学学报，2001，29（1）：1-5.

[42] 胡四斌. 煤制合成天然气项目工艺方案与技术经济比较 [J]. 化肥设计，2012，50（4）：1-6.

[43] 高聚忠. 煤气化技术的应用与发展 [J]. 洁净煤技术，2013（1）：65-71.

[44] 亢万忠. 当前煤气化技术现状及发展趋势 [J]. 大氮肥，2012，35（1）：1-6.

[45] 梁永煌，游伟，章卫星. 我国洁净煤气化技术现状与存在的问题及发展趋势（下）[J]. 化肥工业，2014，41（1）：22-28.

[46] Irfan M F，Usman M R，Kusakabe K. Coal gasification in CO_2 atmosphere and its kinetics since 1948：A brief review [J]. Energy，2011，36（1）：12-40.

[47] Vick G K. Review of coal gasification technologies for the production of methane [J]. Resources & Conservation，1981，7（1/4）：207-219.

[48] 中国煤炭地质总局勘查研究总院. 中国煤炭资源赋存规律与资源评价 [M]. 北京：科学出版社，2017.

[49] 王建国，赵晓红. 低阶煤清洁高效梯级利用关键技术与示范 [J]. 中国科学院院刊，2012，27（3）：382-388.

[50] 李义超. 煤炭储量级别和储量分类研究 [J]. 中国科技博览，2015（6）：21.

[51] 张有国. 煤化工产品能耗分析与思考 [J]. 石油和化工节能，2011，2：20-24.

[52] 陈俊武，陈香生. 煤化工应走跨行业联产的高效节能之路 [J]. 煤化工，2009，37（1）：1-3.

[53] 王雷石，段书武. 现代煤化工产业能耗状况与节能对策研究 [J]. 洁净煤技术，2012，18（4）：1-3.

[54] 胡山鹰，陈定江，金涌，等. 化学工业绿色发展战略研究：基于化肥和煤化工行业的分析 [J]. 化工学报，2014，65（7）：2704-2709.

[55] 吴翠荣. 煤气化废水深度处理技术研究 [J]. 工业水处理，2012，32（5）：73-75.

第二章

低阶煤高效利用的
流化床煤气化技术

　　流化床，作为一种典型的反应器类型，具有物料混合均匀，传热传质充分的特点，广泛应用于煤化工、石油化工、精细化工、医药、食品、粮油、废渣处理等领域物料的物理、化学加工过程，尤其是干燥、冷却、煅烧、分级、气化、热解、焚烧、造粒、催化等。流化床应用于煤气化时，具有煤种适应性强、气化强度高、热效率高等特点，尤其是能够消化低热值的低阶煤和高灰煤等。本章介绍了煤气化技术的分类与特点，进而阐述了流化床煤气化消耗低阶煤的独到优势，最后介绍了国内外主要低阶煤流化床煤气化技术的开发历程。

第一节 · 煤气化技术的分类与特点

　　煤炭气化是指煤在特定的反应器内，在一定温度和压力下使煤中有机质与气化剂（如二氧化碳、蒸汽、氧气等）发生一系列化学反应，将固体煤转化为含有 CO、H_2、CH_4 等可燃气体和 CO_2 等非可燃气体的过程。主要反应如下：

不完全燃烧反应　　　　　$C + 1/2O_2 =\!=\!= CO - 110.4kJ/mol$

完全燃烧反应　　　　　　$C + O_2 =\!=\!= CO_2 - 393.8kJ/mol$

CO_2 还原反应　　　　　　$C + CO_2 =\!=\!= 2CO + 162.4kJ/mol$

水蒸气分解反应　　　　　$C + H_2O =\!=\!= CO + H_2 + 131.5kJ/mol$

水蒸气分解反应　　　　　$C + 2H_2O =\!=\!= CO_2 + 2H_2 + 90.0kJ/mol$

CO 变换反应　　　　　　$CO + H_2O =\!=\!= CO_2 + H_2 - 41.5kJ/mol$

甲烷化反应　　　　　　　$C + 2H_2 =\!=\!= CH_4 - 84.3kJ/mol$

　　煤炭气化工艺可按压力、气化剂、气化过程供热方式等分类，常用的是按气化炉内煤料与气化剂的接触方式区分，主要有固定床、流化床、气流床，三种床型的相关比较见表 2-1。在选择煤气化工艺时，气化用煤的特性及其影响极为重要。气化用煤的性质主要包括煤的反应性、黏结性、结渣性、热稳定性、机械强度、粒度组成以及水分、灰分和硫分含量等。

表 2-1　三种床型气化方法的特性比较

对比项目		固定床	流化床	气流床
运行经验		较多	中等	中等
正产能力		较小	较大	最大
炉内煤的存有量		较大	中等	较少
适用的煤种	类型	弱黏结煤	所有煤种(含预处理)	所有煤种
	粒度	块煤	小颗粒	煤粉
产品煤气净度		较低	中等	较高
除灰方式		较易	较难	中等
炉温		中等	中等	较高
操作调节范围		最大	中等	小
煤料与气化剂接触方式		逆流	错流	并流
煤在气化炉内停留时间		几小时	几分钟	几秒钟
排灰方式		干灰、液态渣	干灰、灰团聚	液态渣
气化温度/℃		900～1100	800～1100	1400～1600
煤种适应范围		较宽	较窄	很宽
单台气化炉生产能力		较小	较大	最大

①　固定床气化。煤由气化炉顶部加入，气化剂由气化炉底部加入，煤料与气化剂逆流接触，相对于气体的上升速度而言，煤料下降速度很慢，甚至可视为固定不动，因此称之为固定床气化。

②　流化床气化。以粒度为 0～10mm 的小颗粒煤为气化原料，在气化炉内使其悬浮分散在垂直上升的气流中，煤颗粒在沸腾状态进行气化反应，从而使得煤料层内温度均一，易于控制，提高气化效率。

③　气流床气化。用气化剂将粒度为 100μm 以下的煤粉带入气化炉内，也可将煤粉先制成水煤浆，然后用泵打入气化炉内。煤料在高于其灰熔点的温度下与气化剂发生燃烧反应和气化反应，灰渣以液态形式排出气化炉。

固定床气化煤气中甲烷含量较高（10%左右），同时含有焦油、酚、氨等有害物，不宜作为合成气；采用固定床气化，块煤量不足，大量的碎煤难以充分利用；义马煤田煤的挥发分较高，如跃进煤为 24%，远远高于固定床气化煤种挥发分不高于

6%的一般要求，易造成粗煤气中焦油堵塞管道和后续净化系统；义马煤田煤的固定碳含量较低，如跃进煤只有30%，固定床气化时要求煤种固定碳含量在60%以上为宜。

气流床气化（如德士古和壳牌）有效组分含量高，无焦油、酚、氨等有害物，煤气质量很好，最适合生产合成气。但其对煤炭灰含量、发热量和水含量等煤质特性要求较高，且其投资金额也极其巨大。义马煤田煤的水含量和灰含量较高，如采用德士古水煤浆气流床气化，跃进煤含灰30%以上，碳含量较低，热值低，难以制出浓度高、性能良好的浆体，气化炉内气化温度难以达到设定值；如用于壳牌气化，则因灰分高、热值低，只能掺杂到其他煤种中去，热损失较大，系统的热效率明显较低，且无备炉，影响化工过程的连续化运行。

流化床气化煤气中甲烷含量低，无焦油、酚、氨等有害物，煤气质量好，可以用作合成气，流化床气化炉炉型较多，煤种适应性较广。针对高灰、高硫、高灰熔点的"三高"煤，国内山西煤化所自主研发了灰熔聚流化床气化技术，已经在中试装置上成功完成了褐煤、气煤、焦煤、瘦煤、烟煤等多个煤种的气化过程。这些煤种灰含量最高达到42%，水含量最高达到14%，经流化床气化后碳转化率在85%左右，产气率2.3～4.5m³/kg。

第二节 · 低阶煤用作气化原料的优势

由于资源品位低和利用技术的限制，目前低阶煤主要用于发电，少部分用于建材，大部分堆存。随着煤化工行业的兴起和煤气化技术的进步，利用低阶煤代替优质煤炭作气化原料，其经济性和环保性明显优于低阶煤发电。

低阶煤发电是利用低热值煤的有效途径，但是从目前企业运行情况来看，存在并网、上网协议达成艰难，单位成本高（含原料成本、车间成本、折旧及利息等），环保达标困难，技术不完善等问题。与低阶煤发电相比，低阶煤气化优势明显。

① 将低阶煤炭气化可得到价值更高的化工产品，相较于燃烧发电可得到更多的投入回报；

② 对于操作稳定性来说，低阶煤发电比气化面临的挑战更大；

③ 低阶煤气化的能量转化效率要高于燃烧发电，如表2-2和表2-3所示；

表2-2 示范装置能量转化率最低标准

项目	能量转化率/%	项目	能量转化率/%
煤制油间接液化	42	煤制合成氨	42
煤制天然气	52	低品质煤提质	75

表 2-3　我国历年供电标准煤耗与能量转化率

年份	供电标准煤耗 /[g/(kW·h)]	能量转化率 /%	年份	供电标准煤耗 /[g/(kW·h)]	能量转化率 /%
1999	380	32.33	2007	349	35.20
2001	376	32.67	2010	342	35.92
2003	370	33.20	2013	335	36.67
2004	366	33.58	2017	327	37.31
2005	357	34.41	2019	319	38.02

④ 煤制气在资源利用方面具有一定优势。低阶煤气化反应性高、黏结性弱、燃烧效率较低，将其用于煤制气可以有效利用资源。如煤制天然气吨标煤耗水约 3 吨，低于湿冷技术的煤电耗水量（约 6.6 吨）。对于低阶煤的消耗水平来说，亦是如此。

⑤ 低阶煤气化在大气污染物排放方面优势明显。低阶煤气化采用还原条件下的纯氧气化，二氧化硫、氮氧化物、烟尘和重金属排放量很低，可有效回收硫资源，避免二次污染，且容易捕集封存高浓度的二氧化碳。

⑥ 低阶煤气化后煤气用于合成多种化工产品，附加值较高；同时，合成化工产品过程中的余热、余压、尾气可以与化工企业已有工艺结合，综合利用，真正做到分级利用，实施多联产。目前多种化学品的生产原料以石油为主，国际原油价格不稳定对相关化工企业成本控制造成了很大的影响。采用煤转化技术，以低阶煤作为部分化学品生产的替代原料是未来化工产业发展的趋势之一。国内的煤制乙二醇技术、煤合成气直接转化制燃料及化学品技术、煤制天然气技术等，都可以依托低阶煤为原料，先气化，进而获得原料气。如大唐集团在赤峰和阜新分别进行的 40 亿立方米/年煤制天然气项目、汇能集团在鄂尔多斯进行的 16 亿立方米/年煤制天然气项目、庆华集团在新疆伊犁进行的 55 亿立方米/年煤制天然气项目等。

第三节·流化床煤气化技术的先进性

一、广泛的煤种适应性

低阶煤煤化程度较低，碳含量较低，挥发分含量高，反应活性高，空隙裂隙大，含水量高，热值相对较低。这些煤质特点决定了低阶煤对气化技术"挑三拣四"。

褐煤固定床气化只能以优质的块煤为原料，并且对褐煤的热稳定性、含水量、机械强度等要求严格。褐煤的热稳定性不高，含有大量水分，造成煤气带粉严重，加重后续净化系统负荷，严重时出现堵塞；热稳定性差也会导致床层内煤块分布不均匀，严重时出现短路[1]。另外，褐煤含有较高的挥发分，导致煤气中焦油含量较多，虽然可以获得一定量的副产品，但是焦化废水的量明显增多，其净化处理始终是固定床气化工艺的一个难题[1,2]。近年来，经过我国科研工作者的不断努力，褐煤的固定床气化研究取得一定成果，但是距离实现工业化装置的连续、稳定、长周期运行还有一定的距离[3,4]。如我国首个煤制天然气项目——大唐克旗40亿立方米煤制气项目采用48台加压固定床，以内蒙古褐煤为原料，但由于气化炉对内蒙古东部地区褐煤煤质不适应，导致气化炉内壁腐蚀、内夹套件等出现问题，运行不足1个月便停车；阜新煤制气项目采用鲁奇（Lurgi）碎煤加压气化技术也出现了内壁腐蚀等问题。气化炉内壁腐蚀将这两个项目的直接经济损失提高到超过2亿元，加上停产造成的损失更是不可想象。2012年，新疆广汇能源有限公司的120万吨甲醇项目采用鲁奇加压气化炉，也曾因气化炉对褐煤煤质不适应问题反复开车试验近一年，这意味着煤质与气化炉不适应情况普遍存在。

即便气流床的煤种适应范围较为广泛，也对原料煤的水分、热值、灰含量有一定要求，尤其是热值、灰含量。低阶煤含水量高，用于干煤粉气流床气化时，必须先进行预干燥处理，造成投资增加。由于低阶煤水含量高，难以制备出高浓度水煤浆，采用水煤浆气流床气化时，经济性较差[5]。同时，目前工业化的气流床都在高温高压下运行，对设备加工和安全性要求较高。在低阶煤气流床加压气化技术方面，我国已经自主开发并实现工业化运行的干粉气流床气化航天炉和两段炉，但目前仍然缺乏气化低阶煤经验。航天炉虽然有过试燃烧低阶煤的试验，但距离"安、稳、长、满、优"的工业化运行仍有很大距离。

另外，研究表明，挥发分对半焦的气化具有显著的抑制作用[6-9]，传统的气化炉中该抑制作用明显，尤其固定床和气流床气化炉。目前，无论固定床气化炉，还是流化床和气流床气化炉，都是连续进料、连续排渣的稳定态气化过程：原料煤不断被送入气化炉内，挥发分连续地生成，"充斥"炉内的任何部位。原料煤进入炉内后，快速热解，形成半焦。可以说，炉内的物料是由不同"年龄"的半焦混合组成的。这些半焦被挥发分"包围"，直到被气化完全或被带出。半焦在挥发分的"包围"下，气化反应受到极大抑制。

流化床粉煤气化以空气、氧气或富氧和蒸汽为气化剂，在适当的煤粒度和气速下，床层中粉煤沸腾，气固两相充分混合，在部分燃烧产生的高温下进行煤的气化。煤在床层内一次性实现破黏、脱挥发分、气化、灰团聚及分离、焦油及酚类的裂解等过程。流化床反应器的混合特性有利于传热、传质及粉状原料的使用，但也造成了排灰和飞灰中的碳损失较高。根据射流原理，设计了特殊的气体分布器和灰团聚分离装置，形成床层内局部高温区，使灰渣团聚成球，借助重量的差异达到灰团与半焦的分离，提高了碳的利用效率。另外，常规的流化床为降低排渣的碳含量，维持稳定的不结渣操作，必须保持床层低碳灰比和低操作温度。灰熔聚流化床是在非结渣情况下连续有选择地排出低碳含量的灰渣，因此床层内碳含量高，床温高，从而拓宽了煤种。

灰熔聚气化技术属流化床气化技术的范畴,美国气体技术研究所(IGT)和国内的山西煤化所都在研发并且均建有相应工业装置。该技术采用灰团聚技术,实现高的碳转化率和较广的原料范围,这是气化炉排渣技术的重大发展,也是与其他流化床不同之处。首先,该技术能够采用低成本的高灰煤、高硫煤、石油焦、褐煤和其他"低价值"的碳氢化合物作为原料,有利于劣质资源的利用,提高资源利用率和利用范围,具有良好的经济和社会效益。其次,该技术将流化床固有的优点与能从气化炉中排出含碳量低的灰的技术结合起来,得到高的碳转化率。常规的流化床不能从床层中选择性排除含碳量低的灰。保持床层内碳对灰的高比值,才能获得高反应速率和稳定、不结渣的操作。流化床具有混合均匀的性质,所以排出的灰渣具有与炉料相同的组成,即灰中含碳量很高。然而,使用灰团聚技术,实现焦和灰的选择性分离,则可以在不结渣的条件下连续地、有选择性地排出低含碳量的灰分,降低灰渣中碳含量(2%~9%),大大提高了碳转化率,使气化炉达到熔渣型固定床和气流床气化炉那样高的碳转化率。采取灰团聚排灰方式是煤气化炉排渣技术的重大发展。再次,该技术进行了炉内脱硫试验,取得了脱硫效率达80%~90%的好结果,完全可以作为洁净煤技术生产中煤气化联合循环(IGCC)发电的燃料使用。

二、较高的能耗效率

根据义马矿区高灰低阶煤(长焰煤)工业化试烧结果,我们将 U-GAS、多元料浆、GSP 及 SHELL 气化技术进行比较,如表 2-4 所示。固定床气化主要以优质块煤为原料,此处未进行比较。

表 2-4   U-GAS、多元料浆、GSP 及 SHELL 技术节能点比较

项目	U-GAS	多元料浆	SHELL	GSP
炉型	循环流化床 耐火浇铸料	气流床 耐火砖	气流床 水冷壁	气流床 水冷壁
气化炉特点	粉煤进料;炉内耐火浇铸料;废锅流程,充分回收废热,副产中压过热蒸汽;合成气饱和大量水	水煤浆供料;承压外壳内有耐火砖;激冷流程;合成气饱和大量水	承压外壳内有水冷壁;废锅流程,充分回收废热,副产中压过热蒸汽	承压外壳内有水冷壁,由水冷壁回收少量低压蒸汽;合成气饱和大量水
操作弹性/%	70~110	80~110	50~120	75~110
氧气消耗/[m³/km³(CO+H₂)]	360	380~430	330~360	340~380
气化公用工程能耗/[kg标煤/km³(CO+H₂)]	−127.13	40.343	−50.756	无同类工业化装置运行

项目	U-GAS	多元料浆	SHELL	GSP
变换公用工程能耗 /[kg 标煤/km³ (CO+H₂)]	−22.55	−111.3	21.65	−111.3
合计 /[kg 标煤/km³ (CO+H₂)]	−149.68	−70.957	−29.106	—

注：所有气体的体积，均指标准状态下体积，全书同。

由于 U-GAS 是目前国内外先进的循环流化床煤气化技术，与多元料浆和 GSP（或 SHELL）这类气流床煤气化技术以及其他的煤气化技术相比，能耗更低、环境污染较小。但这三种技术又有各自的适用场合和优缺点。

多元料浆以水煤浆形式进料，高温煤气用水激冷，产生高水汽比的煤气，以符合煤气变换要求。GSP 以粉煤进料，采用水冷壁副产低压蒸汽，高温煤气用水激冷，产生较高水汽比的煤气，以符合煤气变换要求。但对生产合成氨（或制氢），还需要补充部分中压蒸汽。SHELL 以粉煤进料，高温煤气采用废热锅炉副产中压蒸汽，产生较低水汽比的煤气，不符合煤气变换要求，变换时需要补充大量的中压蒸汽。或者说，副产的中压蒸汽基本全部补充到变换工段，因此它的变换工段的能耗远远高于多元料浆工艺，而气化工段的能耗要比多元料浆工艺低。因此比较气化工段的能耗先进性，要将变换工段纳入比较范围。

流化床气化技术煤种适应范围广，可以粉煤为原料，特别是对高灰分、高水分的年轻煤种，更能体现它的优势。此外，流化床气化技术还具有一些其他优势：气化炉温度适中（900～1100℃），渣中残碳量低，碳转化率高（96%）；气化炉膛内温度相对均匀，有机物分解较好，产品煤气中焦油和酚等有机物含量低，污水处理相对简单；气化炉结构简单，炉膛内无转动部件，操作控制方便可靠，操作弹性大；生产的合成气含有饱和水蒸气，可以满足变换工段蒸汽需要，节约变换对高压蒸汽的需求量；气化炉排灰排渣采用干法，不存在水处理工序，简化了流程，减轻了污水处理的负担，且安全环保。

三、巨大的应用市场

流化床气化技术的工业化开发不仅可以消化义煤集团的劣质高灰煤，也为世界范围内褐煤的高效利用开辟了一条全新的道路，变废为宝，具有巨大的应用市场和节能潜力。

就义煤集团综能公司煤化工项目建设现状而言，年产 30 万吨甲醇项目即将建成投产，采用 U-GAS 技术，设计每年消耗义马本地高灰劣质煤 140 万吨，实现了劣质煤的高效清洁利用，大大节约了煤炭资源。

作为河南省四大国有煤矿集团之一，义煤集团拥有丰富的煤炭资源。其中义马矿区年产量为1800万～2000万吨，保有资源储量21.26亿吨，可采量13.52亿吨。各煤田拥有的保有量与可采量如表2-5所示。

表 2-5　各煤田煤炭资源保有量和可采量

单位	保有量/万吨	可采量/万吨
义马煤田	53716.8	33255.4
陕渑煤田	8266.1	3650
新安煤田	76001.4	44205.2
宜洛煤田	3390.7	2001.8
偃龙煤田	13967.92	8566.78
义海公司	25164.14	21392
义鸣公司	17590	12443.4
豫新公司	14412	9708

随着煤炭资源的开采，优质煤炭资源越来越少，大量的劣质煤资源，尤其是低阶煤的利用显得越来越重要。义煤集团多个煤田已探明的煤炭储量中，杂质含量较高的褐煤、长焰煤等劣质高灰煤占有较大比重。这是因为在实际回采过程中，由于夹矸、顶底板岩石的混入，外在灰分难以剔除，原煤灰分就会增加。另外，在矿井生产后期复采浅部煤炭资源时，由于当时没有考虑分层开采，原煤灰分也较高。据统计，仅义马煤田，在回采时原煤灰分可能达到40%以上的高灰煤炭资源就有约1.1亿吨，多以长焰煤为主，灰分高、水含量高、热值低（3500～4000千卡，约14630～16720千焦），不能作为燃料用煤进行开采。其中义马煤田的跃进煤很具有代表性：灰含量高达40%，水含量7%，易风化，易碎裂。造成块煤量少，细粒煤和粉煤多，使这些劣质煤炭资源难以被有效利用。1.1亿吨高灰劣质煤约相当于0.6亿吨标准煤。

就我国低阶煤的利用而言，开发流化床气化技术也具有重要意义。煤炭具有"三高"特点，高灰、高硫、高灰熔点，灰含量小于10%的煤炭仅占煤炭资源总量的15%～20%，大部分煤炭灰含量大于20%。硫含量大于2%的煤炭占煤炭资源总量的16.4%。保守估计，世界范围内，高灰煤、粉煤的储量占世界煤炭可采储量10390亿吨的5%～10%，约相当于350亿吨标准煤。

在世界范围内，褐煤的可采储量约为3283亿吨，约占世界煤炭可采储量10390亿吨的31.6%。我国褐煤探明保有资源量约1300亿吨，占全国探明保有资源量的13%。世界范围内的褐煤资源（可采储量）约相当于1900亿吨标准煤。另外，我国泥炭的储量近50亿吨，全世界泥炭储量为4808亿吨，约相当于1800亿吨标准煤。

可以看出，开发流化床气化技术，加紧其大规模工业化步伐，实现高灰劣质煤、褐煤及泥炭等大规模高效利用，变废为宝，具有巨大的发展空间。粗略估算，高灰劣质煤、褐煤及泥炭在世界范围内的储量约相当于4000亿吨标准煤。

另外，开发流化床气化技术，消化低阶煤也有巨大的社会效益、经济效益。义煤集团大力发展煤化工，拓展煤基下游产品，增长产业链，实现产业多元化，不仅不能抛弃这部分劣质煤，而且要把这些劣质煤作为重要的原料源，挖掘其中的潜在价值。义马煤田有将近1.1亿吨灰分大于40%的高灰劣质煤，不能作为燃料用煤进行开采。但是这种煤化学活性好，适合作为煤化工用煤，这样既消化了现有生产矿井的呆滞煤，又可以实现资源的就地转化，有效降低矿井生产原煤的成本，延长矿井的寿命，并能保证矿井的接续和职工队伍的稳定。通过对煤矿高灰劣质煤的转化利用，还可实现企业经济效益、社会效益、环境效益的同步增长，完全符合国家倡导的可持续发展战略和节能减排政策。同时，对于全国其他地区劣质煤的利用及全国中小型化肥企业而言，探索出一条利用这些低阶煤的有效途径，具有明显的开创性、示范性、先进性、指导性。

第四节 · 流化床煤气化技术工业化历程

一、中科院灰熔聚气化技术

1. 灰熔聚气化技术的特点

灰熔聚流化床粉煤气化工业技术是根据射流原理，在床层内形成局部区域的高温环境，使灰渣近似熔融、聚合、成球，自动与半焦分离，选择性地排出灰渣，截留半焦在炉内继续进行气化。灰熔聚流化床粉煤气化技术是我国自主开发的洁净煤气化技术，它借助气化剂空气（氧气或富氧）和蒸汽的吹入，使床层中的煤颗粒沸腾起来，在燃烧产生的高温条件下使两相充分混合接触，发生煤的热解和碳还原反应，最终达到煤的完全气化。这项技术投资少，成本低，污染小，操作简单，原料广泛，可连续气化。

灰熔聚流化床气化具有以下特点：

① 煤种适应性广，已试验过褐煤、冶金焦、无烟煤、贫煤、瘦煤、气煤、石油焦及多种高灰煤，可用当地煤种，降低成本。

② 操作温度适中，气化炉体结构简单，为单段流化床，造价低。

③ 灰团聚成球，借助重量的差异与半焦有效分离，排灰碳含量低（<10%）。

④ 炉内形成局部高温区，气化强度高（是固定床发生炉的3～10倍）。

⑤ 飞灰经旋风除尘器捕集后返回气化炉，循环转化，碳利用率高。

⑥ 产品气中不含焦油，洗涤废水含酚量低，净化简单。

⑦ 中国自主专利，设备可以完全国产。同等规模下，与已引进的气化技术相比，投资仅为其 50%。

截至目前，在灰熔聚流化床中试试验装置上已进行过冶金焦、太原东山瘦煤、太原西山焦煤、太原王封贫瘦煤、陕西神木弱黏结性长焰烟煤、焦煤洗中煤、陕西彬县烟煤、埃塞俄比亚褐煤等八个煤种及石油焦试验，累积试验时间达 4000h。

2. 灰熔聚气化技术的发展与工业化装置

中国科学院山西煤炭化学研究所自 20 世纪 80 年代初开始，在中国科学院（重点科技攻关项目专项）、国家科学技术委员会（国家重点科技项目）、国家计划委员会（国家重点科技项目攻关计划）支持下展开了流化床粉煤气化的研发，在理论研究的同时，先后建立了 ϕ1000mm 冷态、ϕ145mm 煤种评价、ϕ300mm 小型（1t/d）、ϕ1000mm 中型（24t/d）、ϕ200mm（1.0~1.5MPa）加压等灰熔聚流化床粉煤气化试验装置。在基础理论研究、冷态模式、实验室小型和中间性试验基础上，系统地完成了灰熔聚流化床粉煤气化过程中的理论和工程放大特性研究，获得了较完整的工业放大数据和实际运行经验。通过对气化过程中煤灰化学与气固流体力学的研究，研制了具有特殊结构的射流分布器，构成了特殊的气流分布和温度场分布，实现了灰熔聚，创造性地解决了强烈混合状态下煤灰团聚物与半焦选择性分离以及煤种适应性等重大技术难题；通过设计出独特的"飞灰"可控循环新工艺，保证了气化系统的稳定运行；通过对工艺过程的系统集成和优化，提高了煤的转化效率。在大量的试验验证基础上，成功开发了灰熔聚流化床粉煤气化工业技术，获得中国科学院"灰熔聚流化床粉煤直接气化技术""氧/蒸汽鼓风灰熔聚流化床粉煤气化制合成气工艺"科学技术进步一等奖和国家"八五"科技攻关重大科技成果奖，并申请国家发明专利（ZL 94106871.5）和实用新型专利（ZL 94202278.5）。2001 年 6 月，在陕西城化股份有限公司实施的工业示范项目取得了成功，山西煤化所承担并完成了煤种试验、工程放大基础设计、工艺设计软件包、核心设备气化炉和一旋料腿施工图设计、DCS 控制系统软件设计、工艺操作规程编制、气化系统投料试车和运行调试、操作人员理论和现场操作培训等核心技术工作。

在山西省发展和改革委员会的支持下，中科院山西煤化所和山西晋煤集团合作成立了"山西省粉煤气化工程研究中心"，建设 3.0MPa 加压灰熔聚流化床粉煤气化中试平台，2006 年底已建成，2007 年 3 月进行加压气化试验，并完成了 1.0MPa 压力下的 72h 考核试验。2007 年完成加压灰熔聚流化床煤气化工业装置设计软件包的编制，形成了具有我国自主知识产权、适应中国煤炭特点的大规模加压灰熔聚流化床粉煤气化技术。

2001 年 6 月在陕西城化股份有限公司实施的工业示范项目取得了成功。我国首套灰熔聚流化床粉煤气化制取合成氨原料气技术工业示范装置在陕西城化股份有限公司通过了陕西省科技厅组织的鉴定验收，标志着我国具有独立知识产权的煤气化技术工业示范装置的建设获得成功，使我国自主开发的煤气化技术跨入了世界先进行列。

2008年，我国第一套加压灰熔聚流化床粉煤气化工业示范装置在石家庄金石化肥有限公司完成投料试车。该装置的气化炉内径2.4m，操作压力0.6MPa，单炉日处理晋城无烟煤324t，干煤气产量26000m³/h，配套6万吨/年合成氨项目。经过一年半紧张的设计施工，于2008年6月25日顺利实现空分单元调试，开车成功，产出合格氧、氮产品；7月21日，煤气化装置点火烘炉，标志着该项工程的施工安装基本结束；8月12日开始热态调试；9月5日完成76h投料试车。气化装置运行平稳，合格煤气并入合成氨生产系统。在进一步完善配套设施后，该套装置将正式投入试生产运行，标志着我国自主研发的灰熔聚流化床煤气化技术进入加压大型商业化示范阶段（图2-1）。自主知识产权的灰熔聚流化床气化技术的加压大型商业化示范，将为蓬勃发展的煤化工产业提供可靠的技术支撑。

图2-1　我国第一套加压灰熔聚流化床粉煤气化工业示范装置

2012年5月，文山项目投料试车（图2-2）。采用山西煤化所自主研发的灰熔聚流化床粉煤气化专利技术制备用于铝矿石焙烧的燃料气。共建立了3台灰熔聚流化床气化炉，设计压力0.4MPa，单台气化炉日处理煤440t，产气量32500m³/h，煤气热值5858kJ/m³。其工艺特色体现在：①加压气化与压力煤气能量回收相结合，既提高了单炉生产能力，又提高了煤气净化效率和煤气输送能力；②以云南当地褐煤为原料，降低了原料成本；③生产环境友好，废水处理简单，工艺过程所产生的含氨废水用于公用系统锅炉烟气的脱硫脱氮。

连续运行多年后，其单台气化炉最长连续运转时间达88天以上（因全厂检修，要求气化炉主动停车）。各项运行指标均达到或好于设计指标：单炉处理能力达500t/d（设计值为440t/d），煤气热值5860～7116kJ/m³（设计值为5860kJ/m³），气化炉排渣碳含量小于10%（最低控制到2%～3%）。

图 2-2　文山项目加压灰熔聚流化床粉煤气化工业示范装置

这是灰熔聚流化床粉煤气化技术继 2001 年成功应用于陕西城固化肥厂合成氨造气示范项目和 2009 年成功应用于晋煤集团天溪煤制油工厂合成甲醇造气工业生产以来，在有色冶金行业的首次应用，其推广利用将对我国冶金行业燃气制备技术创新和提升具有重要意义。

二、U-GAS 气化技术

U-GAS 气化技术属流化床气化技术的范畴，其技术诀窍由美国气体技术研究所（IGT）提供。U-GAS 气化采用灰团聚技术，实现高的碳转化率和较广的原料范围，这是气化炉排渣技术的重大发展，也是它与其他流化床不同之处。

U-GAS 流化床气化技术具有转化效率高、生产能力大的优点，特别适合低热值煤的气化。U-GAS 气化技术的工艺过程是利用劣质煤经气化后，产生 CO、H_2、CO_2 为主的粗煤气，然后经过余热回收、除尘、净化等工艺制成净合成气。该合成气干净、氢含量高、燃烧性能好、净化程度高，经变换后 CO 含量低于 20%，是合成甲醇的理想原料气，也是城市煤气的理想燃料气。

1993 年中国上海焦化厂引进美 IGT 开发的 U-GAS 煤气化技术及设备，共有 8 台气化炉，全套装置于 1995 年 4 月建成投产。这是 U-GAS 在世界上第一套工业化装置。该装置由煤的破碎、干燥、加煤、气化炉、余热回收、排渣、灰粉仓、DCS、空压站、污水处理以及公用工程（水、电、汽）等部分组成。以空气蒸汽为气化剂，每台气化炉设计生产能力为煤气 20000m^3/h，6 开 2 备，总生产能力为 288×10⁴m^3/d。低热值煤气高位发热量（HHV）=5400～5800kJ/m^3，供炼焦炉作加热燃气，把焦炉煤气替换出来供城市煤气。整个装置投资约 4 亿元。1995 年 4 月试生产至 1996 年 10

月共运行 15000h，气化原料煤 5×10^4 t，生产煤气 2.05×10^8 m³，平均产气率为 4.04m³/kg。原料煤为中国神府烟煤。

2007 年，山东海化集团与美国综合能源系统公司（简称 SES 公司）共同组建了埃新斯（枣庄）新气体有限公司，用 U-GAS 技术气化当地的高灰劣质煤，装置于 2008 年 1 月正式产出合成气；同年 11 月，又成功试烧了 5000t 河南义马高灰长焰煤；2009 年 10 月，SES 公司又对内蒙古运来的褐煤成功进行了气化。

为了进一步了解义马低热值煤利用 U-GAS 流化床气化的效果，义煤集团针对义马低热值煤在山东枣庄进行了试烧。试烧结果表明气化系统可以实现稳定运行，煤气成分和气化效率达到预期指标，气化过程产生的三废完全可以经处理达标排放或者有效利用，过程的能源效率也较高。

该技术在义煤集团成功进行全球首套 1MPa 压力下工业装置的建设和运行，气化系统基本实现稳定运行，煤气成分和气化效率达到设计值，但是长周期运行有待检验。义煤集团采用煤种适应广泛的 U-GAS 气化技术，大胆探索、不断完善创新，既消化吸收国外先进技术，又不对之盲目追随和依赖。

自 2012 年义马煤业集团建设的首套国际加压流化床装置运行以来。运行结果表明，低阶煤热稳定性不高，含有大量水分，造成流化床煤气带粉严重，大量飞灰不但造成现场粉尘污染，而且飞灰中含有约 40%～60% 的碳，造成资源浪费和单位生产成本的飙升。另外，在加压条件下，低阶煤的高灰分会导致排渣系统冷渣机高负荷运转、磨损、密封圈泄漏等问题严重干扰设备的长周期稳定运行。

我国在流化床气化技术开发方面做了大量工作，积累了一定的经验，基本满足低阶煤高效大规模气化的需要。但是，由于低阶煤的固有特点，在低阶煤煤气化的基础研究和工程应用方面还有待进一步深化，才能真正实现长周期稳定运行，大规模、高效地"消化"低阶煤资源。从工业化运行来看，常压流化床煤气化技术比较成熟，加压流化床技术正在进行长周期运行"试验"开发，距离工业化尚有距离。

参 考 文 献

[1] 贺永德. 现代煤化工技术手册 [M]. 2 版. 北京：化学工业出版社，2011.

[2] 钱宇，杨思宇，马东辉，等. 煤气化高浓酚氨废水处理技术研究进展 [J]. 化工进展，2016，35 (6)：1884-1893.

[3] 李玉新，田瑜. 克旗煤制天然气项目——曲折而不凡的"示范"之路 [R/OL]. (2014-12-03) [2014-12-04]. https：//news. bjx. com. cn/html/20141204/570330. shtml.

[4] 第一财经日报. 大唐煤制气项目投运一月停产 每天损失以百万计 [EB/OL]. [2014-03-31]. http：// finance. sina. com. cn/chanjing/gsnews/20140331/031018660156. shtml.

[5] 楚天成，王雅佳，韩志鹏，等，煤气化分离废水制备褐煤水煤浆的试验研究 [J]. 煤炭技术，2016，35 (8)：291-293.

［6］ Bayarsaikhan B，Sonoyama N，Hosokai S，et al. Inhibition of steam gasification of char by volatiles in a fluidized bed under continuous feeding of a brown coal ［J］. Fuel，2006，85（3）：340-349.

［7］ Zhang S，Min Z H，Tay H L，et al. Effects of volatile-char interactions on the evolution of char structure during the gasification of Victorian brown coal in steam ［J］. Fuel，2011，90（4）：1529-1535.

［8］ Zhang S，Hayashi J I，Li C Z. Volatilization and catalytic effects of alkali and alkaline earth metallic species during the pyrolysis and gasification of Victorian brown coal. Part Ⅸ. Effects of volatile-char-interactions on char-H_2O and char-O_2 reactivities ［J］. Fuel，2011，90（4）：1655-1661.

［9］ Li X，Wu H，Hayashi J I，et al. Volatilisation and catalytic effects of alkali and alkaline earth metallic species during the pyrolysis and gasification of Victorian brown coal. Part Ⅶ. Further investigation into the effects volatile-char-interactions. Fuel，2004，83：1273-1279.

第三章

流化床最小流化速度

最小流化速度是流化床设备最基本的技术指标，也是流化床反应器设计、操作及工艺优化等所必需的基础数据。方便、准确地预测最小流化速度是流化床工业放大要解决的重要问题。在实际工业过程中，流化床中的介质往往是多组分的。如"多反应系统高效耦合流化 FCC 反应新技术"，该工艺的难点之一在于建设一套能同时实现两种催化剂颗粒混合换热与分离的新型双组分流化床系统，而双组分颗粒体系的最小流化速度则是该流化系统设计、操作必需的基础数据。煤与生物质流化床共气化技术，垃圾在流化床锅炉中掺烧技术等均为多组分体系。因此，流化床中往往是多组分并存、共流化，准确预测多组分最小流化速度对流化床设计和操作条件确定尤为重要。

在研究最小流化速度计算式时，以颗粒群组成的床层为研究对象，进行受力分析，推导演绎最小流化速度计算式的方法，称为整体法或整体平衡法。本章采用整体法推导单组分、双组分最小流化速度，同时考虑颗粒的几何特性，提出了一种仅以物料密度、粒径、组成为参数的单组分、双组分最小流化速度的计算方法，并且在冷态流化床实验装置上，考察了不同组成的煤焦和生物质焦混合物颗粒的流化特性，测定了其最小流化速度，将实验值、文献中的实验值与预测值进行比较。

第一节 · 流态化及流化床

当流体（气体或液体）以一定的速度流过固体颗粒层，并且流体对固体颗粒向上的曳力与固体颗粒重力相平衡时，固体颗粒就会悬浮，出现类似于流体的现象，具有流体的水平性、流动性等性质。这种状态称为流化状态。这种使固体颗粒悬浮于运动的流体（气体或液体）中而具有流体性质的过程称为流态化，简称流化。相应地，利用流态化原理进行固体颗粒的物理和化学加工过程的装置，即为流化床，也可理解为发生流态化的容器。

将一些粒径相近的固体颗粒放入一个上边敞口，底部为带有许多微细小孔的多孔板的容器中，然后从底部多孔板的微孔中向容器通入少量的流体。当流体的流量较小时，颗粒之间没有相对运动。随流体流量的增加，床层压降增大。当流体的流量增大到某一值时，床层压降等于单位床层截面积上的颗粒重量。此时流体流动带给颗粒的曳力与颗粒的重力平衡，颗粒悬浮，颗粒间的结合力减弱，床层发生松动，颗粒开始处于流化状态。继续增加流体流量直至颗粒被带出容器，颗粒将一直处于流化状态。

流态化的床层表现出类似于流体的性质：①床面保持水平，不同床层处压强服从流体静力学关系；②颗粒具有流动性，可以从器壁的小孔流出；③符合连通器原理，两个连通的流化床上表面高度一致。因此，流化床内颗粒物料的加工可以像流体一样连续进出料，并且由于其具有颗粒混合均匀，颗粒间内摩擦力减小甚至消除，床层温度均匀等优点得到了广泛应用。

流态化分为散式流态化和聚式流态化。散式流态化是使颗粒在流化床内均匀分布，俨然一相，并且随着流速增加床层上界面平稳升高，床层发生均匀膨胀，压降波动很小，形成较理想的流化状态。一般密度差较小的体系容易发生散式流态化。聚式流态化过程中，颗粒在床层中的分布不均匀，床层呈现两相：一相是颗粒浓度与空隙率分布较为均匀，且接近初始流化状态的连续相，称为乳化相；另一相是气泡相，是气泡夹带颗粒穿过床层向上运动的不连续相。聚式流态化发生在流固密度差相差较大的体系中，如气固流态化。在聚式流态化中，超过最小流化速度时，大量气体形成气泡上升，在床面上破裂，将颗粒向上抛送，不仅造成压降波动大，也造成颗粒逃逸出流化床。

聚式流态化包括鼓泡流态化、节涌流态化和湍流流态化等，随着流速增加，流化床流型发生变化，见图3-1。

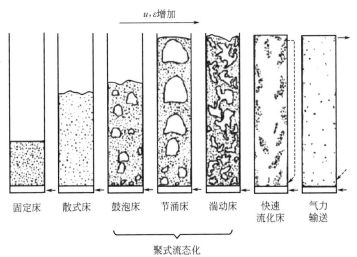

图 3-1 煤灰颗粒的流态化过程

u—表观气速；ε—床层孔隙率

第二节 · 最小流化速度定义及测定

一、最小流化速度定义

将流体从底部通入具有多孔板的容器中，容器内放置一定粒度分布的颗粒，观察床层压降的变化，见图 3-2。随流体流量的增加，床层压降增大，但存在拐点。在拐点处，床层压降所导致的向上的曳力等于单位床层截面积上的颗粒重力，颗粒有悬浮的趋势，颗粒间的结合力减弱，床层发生松动，此时颗粒开始处于流态化状态，即临界流化状态，相应的流体表观速度称为最小流化速度。此后，如果继续增加流体速度，床层压降将不再变化，但床层缓慢膨胀，颗粒间的距离逐渐增加，床层具有流体的性质。

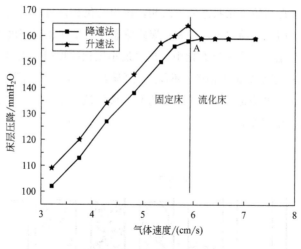

图 3-2　煤灰颗粒的流化过程

(1mmH$_2$O=9.80665Pa)

从颗粒固定堆积状态开始，随气速增加，流化床经历膨胀、鼓泡、节涌、湍动、循环流态化和气力输送等一系列形态变化。在不同的形态下，颗粒都是非均匀分布的。即使是在均匀膨胀时，颗粒也并非像溶液中溶质一样均匀分布，床层中空隙率会存在立体分布，颗粒的均匀分布是一种理想情况。当气速很低时，床层中颗粒受到的曳力较小而保持静止，气体从颗粒间隙流过。随气速提高，曳力增大，与重力平衡时床层中颗粒开始流化，此时的表观气速被称为最小流化速度，也称临界流化速度。继续增加气速，开始有气泡形成，该气速被称为最小鼓泡速度，它是鼓泡流域的下边界。不同类型的颗粒最小流化速度和最小鼓泡速度关系并不一样，Geldart 根据颗粒与流体介质的密度差以及颗粒平均直径将颗粒分为 A、B、C、D 四类，B、C 类颗粒最小流化速度和最小鼓泡速度相等。

最小流化速度与操作条件、物性参数和几何因素密切相关，是流化床设计和操作的重要参数，但是由于以下原因，最小流化速度仍难以准确计算，尤其是多组分混合颗粒：

① 颗粒粒度的非均匀性，宽泛分布；

② 颗粒球形度的非均匀性；

③ 多组分时，不同颗粒间的密度、球形度差异情况更加复杂；

④ 多组分时，流态化流域的机理尚不清楚；

⑤ 加压、高温等操作条件下，流化气体性质会发生变化。

二、最小流化速度的测定

根据最小流化速度的定义，可以通过测定气体速度和相应的床层压降，绘制压降曲线，从而确定颗粒的最小流化速度，如图 3-2 所示。

在图 3-2 中，流体流量较小时，床层压降与流体流量之间近似于线性关系，此时床层为固定床。当流体流量增大到 A 点时，这种线性关系被打破，此时床层处于固定床向流化床转变的临界状态。继续增大流体流量，如果采用降速法，床层压降开始维持不变；如果采用升速法，床层压降略有增大后维持不变。

升速法测得的压降曲线由于体系的迟滞效应而带有任意性，且当物料为多组分时，其原始堆积状态也会影响最小流化速度，因而不宜采用。最小流化速度可以用降速法所得的固定床压降曲线和流化床压降曲线的交点来确定。

第三节 · 单组分最小流化速度

颗粒最小流化速度常由压力降-流速曲线的转折点来确定，计算最小流化速度的公式较多，从分析的对象和公式的推导过程来看，基本可以分为两类：对单颗粒受力分析和对颗粒群即整个床层受力分析。

一、对单颗粒受力分析

单颗粒在床层内主要受到三个力的作用：颗粒本身的重力 G_p，流体对颗粒的浮

力 F_p，流体对颗粒的曳力 N_p。流体流量较小时，颗粒的重力大于流体对颗粒的浮力和流体对颗粒的曳力之和，当临界流化现象发生时，三个力相平衡，即：

$$G_p = F_p + N_p \qquad (3\text{-}1)$$

$$\rho_p g \frac{\pi}{6} d_p^3 - \rho_f g \frac{\pi}{6} d_p^3 = C_d \frac{\pi}{4} d_p^2 \frac{u_{mf}^2}{2} \rho_f \qquad (3\text{-}2)$$

两边同乘 $\dfrac{\rho_f}{\mu^2}$，整理得：

$$\frac{\pi}{6} \times \frac{d_p^3 \rho_f (\rho_p - \rho_f) g}{\mu^2} = C_d \frac{\pi}{8} \times \frac{(\rho_f d_p u_{mf})^2}{\mu^2} \qquad (3\text{-}3)$$

$$Ar = \frac{3}{4} C_d Re_{mf}^2 \qquad (3\text{-}4)$$

该公式与实验结果拟合时，多写成下列形式：

$$Re_{mf} = m Ar^n \qquad (3\text{-}5)$$

或

$$Ar = p Re_{mf}^q \qquad (3\text{-}6)$$

式中，Ar 为阿基米德数；Re 为雷诺数；C_d 为曳力系数；ρ_f 与 ρ_p 分别为气体和固体的密度，kg/m³；d_p 为固体颗粒的直径，m；u_{mf} 为颗粒相对流体的速度，m/s；g 为重力加速度，m/s²；μ 为气体黏度，Pa·s。通过实验，可以确定常数 m、n 的值，得到最小流化速度的公式。许多学者针对不同情况对公式 $Re_{mf} = m Ar^n$ 中的 m、n 值进行拟合，得到许多组 m、n 的值，其中 $m = 0.0882$，$n = 0.528$ 最常用[1]，此时最小流化速度的公式为：

$$u_{mf} = 0.0882 Ar^{0.582} \frac{\mu}{d_p \rho_f} \qquad (3\text{-}7)$$

二、对床层受力分析

以众多颗粒组成的床层为研究对象，进行受力分析。如果不考虑流体和颗粒与床壁之间的摩擦力，当流体的流速达到最小流化速度时，向上运动的流体对床层的曳力等于床层的重力，床层压降全部转化为流体对颗粒的曳力，即：

$$\Delta p S = G \qquad (3\text{-}8)$$

$$G = (G_s + G_g) = H_{mf} S [(1 - \varepsilon_{mf}) \rho_p g + \varepsilon_{mf} \rho_f g] \qquad (3\text{-}9)$$

$$\Delta p = H_{mf} [(1 - \varepsilon_{mf}) \rho_p + \varepsilon_{mf} \rho_f] g \qquad (3\text{-}10)$$

将上式与 Ergun 公式 [见式(3-26)] 联立，可以得到：

$$\frac{1.75}{\phi_s \varepsilon_{mf}^3} \left(\frac{d_p u_{mf} \rho_f}{\mu} \right)^2 + \frac{150(1 - \varepsilon_{mf})}{\phi_s^2 \varepsilon_{mf}^3} \left(\frac{d_p u_{mf} \rho_f}{\mu} \right) = \frac{d_p^3 \rho_f (\rho_p - \rho_f) g}{\mu^2} \qquad (3\text{-}11)$$

令

$$a = \frac{1.75}{\phi_s \varepsilon_{mf}^3}$$

$$b = \frac{150(1-\varepsilon_{mf})}{\phi_s^2 \varepsilon_{mf}^3}$$

$$C_1 = \frac{b}{2a}, C_2 = \frac{1}{a}$$

从而可以解得：

$$Re_{mf} = [C_1^2 + C_2 Ar]^{0.5} - C_1 \qquad (3\text{-}12)$$

即

$$u_{mf} = \left\{ \left[C_1^2 + C_2 \frac{d_p^3 \rho_f (\rho_p - \rho_f) g}{\mu^2} \right]^{0.5} - C_1 \right\} \frac{\mu}{d_p \rho_f} \qquad (3\text{-}13)$$

式中，G_s 为床层固体的重力，N；G_g 为床层气体的重力，N；H_{mf} 为临界流化态床层高度，m；S 为床层横截面积，m^2；ε_{mf} 为临界流化状态下的空隙率；ρ_p 为固体颗粒的密度，kg/m^3；Δp 为床层压力降，Pa；ϕ_s 为固体颗粒球形度。

对于流体为气体的体系，影响最小流化速度的因素相对较多，过程十分复杂，集中表现在对上式中 C_1、C_2 两个常数拟合值的不同上。Grace 在总结前人工作的基础上，认为 C_1、C_2 的值分别为 27.2 和 0.0408 最为合适；Chen 则提出，对于非球形颗粒，$C_1 = 33.7\phi_s^{0.10}$，$C_2 = 0.048\phi_s^{-0.045}$；Chitester 认为，在高压气体下，$C_1$、$C_2$ 的值分别为 25.25 和 0.0651 更为精确[3]。Wen 和 Yu[2] 在雷诺数大于 0.001 且小于 4000 和温度小于 850℃ 的范围内，选取粒径小于 3.376mm 的颗粒进行研究，对数百个实验数据进行拟合，得到 C_1、C_2 的值分别为 33.7 和 0.0408，对球形度较好的颗粒误差小于 30%。Wen 和 Yu 认为 a、b、C_1、C_2 的取值可以为：

$$a = \frac{1.75}{\phi_s \varepsilon_{mf}^3} \approx 24.5$$

$$b = \frac{150(1-\varepsilon_{mf})}{\phi_s^2 \varepsilon_{mf}^3} \approx 1650$$

$$C_1 = \frac{b}{2a} = 33.7$$

$$C_2 = \frac{1}{a} = 0.0408$$

此时，最小流化速度的计算式为：

$$u_{mf} = \left\{ \left[33.7^2 + 0.0408 \frac{d_p^3 \rho_f (\rho_p - \rho_f) g}{\mu^2} \right]^{0.5} - 33.7 \right\} \frac{\mu}{d_p \rho_f} \qquad (3\text{-}14)$$

三、两类计算方法的比较

两类计算方法分别以颗粒和颗粒群为研究对象，从宏观和微观的角度，对所选对象在临界流化状态时的受力情况进行了分析，因此从本质上看，两类方法是一致的。但是考虑到流化床中颗粒的实际流化情况，以床层为研究对象更符合实际情况。因为流化床运行过程中，流化的颗粒不可能是单一粒径，而是具有较宽的粒径分布；同时它们的形状不规则，如煤以及煤焦颗粒的球形度大多为 0.6～0.7。这些颗粒自身的特点决定了以单个颗粒为研究对象具有较大的局限性，用抽样的方法进行研究具有很大的误差。另外，流化的颗粒之间距离较小（临界流化状态时床层空隙率 0.41～0.45）[3]，颗粒的体积分数在气固混合物中远远大于 10%，它们相互影响，相互干扰，其相互作用力不能忽略。如果以床层为研究对象，就不需考虑颗粒之间的相互作用力，更符合实际情况，计算的误差较小。当然这些都需要实验的进一步验证。

常见的计算单组分最小流化速度的方法有两种，分别以单颗粒和整个床层为对象。以单颗粒为研究对象时，最小流化速度常用式（3-7）表示。以整个床层为研究对象时，最小流化速度常用式（3-14）表示。

为了比较以上两种方法预测的准确性，首先测定了不同粒径煤灰的最小流化速度，并将实验值分别与式（3-7）和式（3-14）的预测值进行了比较。实验装置为由 ϕ115mm×2110mm 有机玻璃圆柱制成的流化床，其中扩大段高 305mm，锥形分布板的开孔率 1.25%，孔径 1.5mm，从分布板底部和侧面分别通入由压缩机提供的流化介质；流化床顶部加一滤袋，收集扬析颗粒；床层压降采用介质为水的 U 形管压差计计量，空气流量由转子流量计控制。采用降速法测定物料的最小流化速度。将某一粒径的煤灰从床层顶部加入流化床中，床层高度大约在 150～250mm 之间。将气量由大到小调节，在每个测量气量下停留 3～5min，观察流化现象并待 U 形管压差计示数稳定后记录床层压降。实验物料的颗粒物性见表 3-1。

表 3-1　实验物料的颗粒物性

颗粒	煤焦	松木屑焦	煤灰 1	煤灰 2	煤灰 3	煤灰 4	煤灰 5	煤灰 6
直径/mm	0～0.5	0.5～1.0	0～0.224	0.224～0.355	0.355～0.500	0.500～0.760	0.760～1.060	1.060～1.500
平均直径/mm	0.232	0.788	0.127	0.266	0.408	0.612	0.823	1.244
堆密度/(kg/m³)	964	127	926	893	879	856	837	811
颗粒密度/(kg/m³)	1218	481	2105	2105	2105	2105	2105	2105

图 3-3 是煤灰床层压降随流化气速的变化曲线，可以看出，对于不同粒径的煤灰，在流化气速较小时床层压降随流化气速的增大而增大，基本呈线性关系。当流化气速增大到煤灰的最小流化速度时，曲线出现转折，床层压降开始趋于稳定；继续增大操作气速，床层压降基本保持不变。固定床压力延长线与流化床压力水平线交点的气体表观速度为煤灰最小流化速度。图 3-4 是整体法和单颗粒法的预测值与实验值的比较。可以看出，整体法的预测结果误差较小，单颗粒法的预测值误差较大，尤其是最小流化速度较小时更加明显。运用单颗粒法推导的单组分最小流化速度经验公式仅

考虑了气体对固体颗粒的作用力，忽略了固体颗粒之间的相互干扰。但是，在临界流化状态下，颗粒之间距离较小（临界流化状态时床层空隙率0.41～0.45），颗粒的体积分数在气固混合物中远远大于10%，固体颗粒之间的作用力不能忽略。随着粒径增大，固体颗粒之间的作用力减小，单颗粒法预测的准确性提高。另外，在流化床中，颗粒群具有一定的粒径分布和球形度差异，用抽样的方法进行研究也使单颗粒法的预测值不准确。以床层为研究对象，在进行受力分析时不必分析颗粒间的相互作用这样的内力，并采用了包含颗粒球形度等物理特性的Ergun公式进行压力计算，更符合实际情况，因此预测准确性高于单颗粒法。

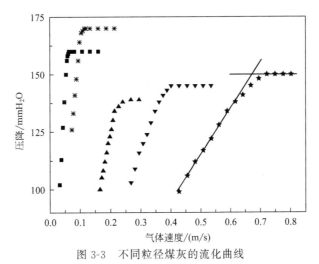

图3-3　不同粒径煤灰的流化曲线

煤灰粒径/mm：■ 0.266；＊ 0.408；▲ 0.612；▼ 0.820；★ 1.240

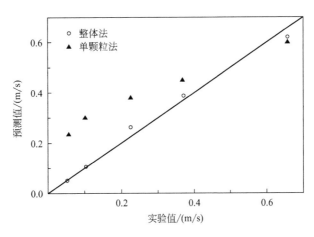

图3-4　两种预测方法对不同粒径煤灰最小流化速度的预测

为了进一步比较单颗粒法和整体法预测的准确性，根据文献[4-11]报道的一些单组分的粒径、密度，分别用单颗粒法和整体法计算这些单组分的最小流化速度，将计算值与文献中实验值进行比较，见图 3-5。可以看出，与单颗粒法相比，整体法的预测值与实验值较为接近，误差较小，特别是最小流化速度小于 0.5m/s 时，单颗粒法的预测值误差明显较大。这可能是由于粒径较小时颗粒间的相互影响较强烈，使单颗粒法预测误差较大。为进一步说明该问题，将张颖等[11]采用升速法测量的不同粒径玻璃珠的最小流化速度的实验值与单颗粒法预测值进行了比较，见图 3-6。由图可知，随着玻璃珠粒径的增大，最小流化速度增大，单颗粒法预测值的误差逐渐变小。原因即为随着玻璃珠颗粒粒径增大，床层空隙率增大，颗粒间距离增大，相互影响减弱。

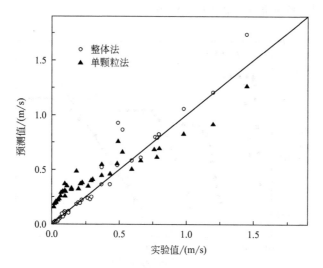

图 3-5　两种预测方法对单组分最小流化速度的预测

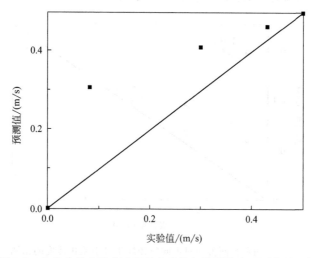

图 3-6　玻璃珠最小流化速度的实验值与单颗粒法预测值的比较

从整体法和单颗粒法对实验选用的煤灰最小流化速度的预测以及它们对文献中报

道的颗粒最小流化速度的预测可以看出，受颗粒间相互作用力的影响，单颗粒法预测的准确性较差，整体法预测值与实验值吻合较好。

第四节 · 双组分最小流化速度的计算

一、平均物性法

国内外的学者对双组分共流化时最小流化速度的预测进行了一些研究。预测方法主要分为两类。第一类是将双组分混合物视为虚拟的单一组分，求其平均粒径、密度、临界流化状态下的空隙率等，然后用单组分最小流化速度的公式预测双组分的最小流化速度。在求虚拟单一组分平均物性时，可能需要由实验数据反算，拟合平均物性与各组分物性的关联式中的参数，然后得到的关联式才能用于预测特定的双组分最小流化速度。如 Chattopadhyoy[12] 提出的平均物性计算式：

$$d_{\mathrm{m}} = k d_1 \left(\frac{\rho_1}{\rho_2} \times \frac{d_2}{d_1} \right)^{x_1/x_1} \tag{3-15}$$

$$k = f(x_1) \tag{3-16}$$

式中，k 是平均粒径的校正系数，与混合颗粒的种类及混合比有关。宋新朝等[5]、李克忠等[6] 运用式(3-15) 和 (3-16) 分别研究了煤和生物质混合物、煤焦和生物质焦混合物的最小流化速度，针对各自的物料分别运用实验数据拟合出 k 的表达式，发现这种预测最小流化速度的方法预测结果比较准确；Rao 等[13] 也运用式(3-15) 和式(3-16) 研究了生物质和沙子两组分的最小流化速度，拟合了 k 与 x_1 的关联式，也发现该公式具有较好的预测性。但是运用该公式计算双组分的最小流化速度，需要大量的实验数据进行反算，同时，拟合后的公式只适用于特定的混合物，适用范围较小。

如果采用 Goossens 等[14] 提出的计算混合物平均物性的方法，就不需要实验数据的反算，十分方便；并且适用范围不局限于混合颗粒的种类，比较广泛。但是用于预测双组分的最小流化速度时，Goossens 等提出的计算式误差较大。

$$\frac{1}{\rho_{\mathrm{m}}} = \frac{x_1}{\rho_1} + \frac{x_2}{\rho_2} \tag{3-17}$$

$$\frac{1}{d_{\mathrm{m}} \rho_{\mathrm{m}}} = \frac{x_1}{d_1 \rho_1} + \frac{x_2}{d_2 \rho_2} \tag{3-18}$$

另外，张济宇等[15] 考虑到颗粒的不规则性，将形状系数引入到 Goossens 等[14] 提出的平均物性计算式中，定义非球形颗粒的平均直径如下：

$$d_{\mathrm{m}} = \frac{x_1 \rho_2 + x_2 \rho_1}{x_1 \rho_2 (\phi_2 d_2) + x_2 \rho_1 (\phi_1 d_1)} (\phi_2 d_2)(\phi_1 d_1) \tag{3-19}$$

式中，x 为某种颗粒的质量分数，量纲为1；ϕ 为颗粒球形度，量纲为1。

Reina 等[16]、王立群等[17]分别选用不同的实验原料，对单组分整体法最小流化速度计算式(3-13)中反映物料球形度和临界流态化时空隙率的常数 C_1、C_2 进行反算拟合，使之适合实验物料，从而得到计算特定双组分的最小流化速度的计算式，相当于反算了混合物的平均物性系数。

以上是第一类预测双组分最小流化速度的方法。

二、关联法

第二类方法是当双组分均能单独流化时，用各组分的最小流化速度和混合物的组成（质量分数或体积分数）直接关联出双组分的最小流化速度，即：

$$u_{\mathrm{mf}} = f(x_1)u_{\mathrm{mf1}} + g(x_2)u_{\mathrm{mf2}} \text{ 或 } \frac{1}{u_{\mathrm{mf}}} = \frac{f(x_1)}{u_{\mathrm{mf1}}} + \frac{g(x_2)}{u_{\mathrm{mf2}}} \qquad (3\text{-}20)$$

式中，$f(x_1)$、$g(x_2)$ 为混合物组成的函数；u_{mf} 为混合物临界流化速度；1、2表示不同的组分。

Bilbao 等[7]以沙子和稻草颗粒为原料，研究了双组分的流化情况，得到下列预测双组分最小流化速度的计算式，计算值与实验值吻合较好。

$$u_{\mathrm{mf}} = x_1 u_{\mathrm{mf1}} + x_2 u_{\mathrm{mf2}} \qquad (3\text{-}21)$$

Chiba 等[10]研究了物性差异较大的双组分的流化，提出了双组分最小流化速度计算式：

$$\frac{1}{u_{\mathrm{mf}}} = \frac{x_1}{u_{\mathrm{mf1}}} + \frac{x_2}{u_{\mathrm{mf2}}} \qquad (3\text{-}22)$$

Rowe 等[18]也分别将各单组分、混合物的最小流化速度进行拟合，提出了相对于完全混合状态的多组分混合物最小流化速度的计算式(3-25)。式中，ε 为混合颗粒的空隙率。但是运用计算式时需要知道混合颗粒的空隙率和某单组分最小流化状态空隙率。

$$u_{\mathrm{mf}} = u_{\mathrm{mf1}} \left[\left(\frac{\varepsilon}{\varepsilon_{\mathrm{mf1}}} \right)^3 \left(\frac{1-\varepsilon_{\mathrm{mf1}}}{1-\varepsilon} \right)^{0.947} \right]^{0.950} \left(x_1 + \frac{d_1}{d_2}x_2 + \cdots \right)^{-1.85} \qquad (3\text{-}23)$$

罗国华等[19]采用式(3-24)计算树脂与砂粒、绿豆、玻璃珠组成的双组分的最小流化速度，发现重组分含量小于 50% 时，预测值与实验值吻合较好。运用第二类方法计算双组分最小流化速度误差较小，但是，各组分必须能够单独流化，且需要实验测定各组分的最小流化速度，大大限制了第二类方法的使用。

三、两种方法的比较

计算双组分混合物最小流化速度的方法主要有以上两类，其中第一类中按照计算混合物平均物性方法的不同又可分为两种，现将其总结如表 3-2：

表 3-2　双组分混合物最小流化速度的计算方法的比较

项目	平均物性法		关联法
	平均物性法Ⅰ	平均物性法Ⅱ	
方法简介	视混合物为单一组分，利用其平均物性，然后与计算单组分最小流化速度公式联立		关联双组分和各组分的最小流化速度
适用对象	实验所选双组分	任意双组分	—
优缺点	误差小，但需要反算	误差大，但使用方便	误差较小，但要求各组分均可单独流化

四、两种方法的应用情况

　　针对煤（焦）与生物质（焦）两组分的最小流化速度，国内外的一些研究者考虑到生物质（焦）的流化特性，利用平均物性法Ⅰ、Ⅱ和关联法进行了初步的研究。宋新朝等[5]研究了玉米秆和稻秆颗粒的单独流化及其与煤的共流化。结果表明，所选用的生物质颗粒不能实现流化，当玉米秆或稻秆质量分数小于 50％时，与煤混合组成的两组分能很好地流化，且随生物质质量分数增大，最小流化速度减小。同时，他选用平均物性法Ⅰ计算混合物最小流化速度，用实验数据对混合物平均物性的经验公式中的常数进行反算拟合，使计算单组分最小流化速度的公式可以用于预测玉米秆或稻秆和煤两组分混合颗粒的最小流化速度。李克忠等[6]用煤焦和生物质焦为原料，考察了生物质焦单独流化及其与煤焦共流化时的流化特性，发现生物质焦不能单独流化，当它的质量分数小于 33％时，其与煤焦的混合物能很好地流化。李克忠等用同样的数据处理方法，得到了预测生物质焦与煤焦两组分最小流化速度的公式。王立群等[17]在双组分颗粒系统流态化的特性试验中，用玉米芯、稻壳、木屑为物料分别作了单组分物料流化特性试验。发现生物质由于形状不规则，难以被流化；用河砂或流化床炉渣作为重组分，在玉米芯等生物质与河砂或炉渣组成的双组分物料特性流化试验中，将流化床炉渣分别和玉米芯、稻壳、木屑按照不同的比例混合，发现在炉渣的比例超过 20％的时候，三种生物质流化性能得到明显改善，并且炉渣比例越高，混合物越容易流化，生物质流化质量越好。该现象与宋新朝、李克忠等的实验结果一致。郭庆杰等[20]也发现，在生物质和惰性颗粒组成的非等密度体系中，较轻组分的质量分数大于 50％时不能形成良好的流化状态。Pilar 等[21]认为锯末与沙子混合物的最小流化速度随锯末体积分数的增加而增加，但锯末体积分数大于 80％时，混合物不能流化。因此，为了获得在流化床中较好的生物质流化效果，常常加入一定量的惰性组分或重组分以形成双组分物料，改善生物质的流化质量。王立群等采用类似平均物性法Ⅰ的方法求取双组分物料的最小流化速度。他首先利用式（3-17）和式（3-18）计算混合物平均物性，然后利用实验数据对最小流化速度的计算式（3-13）中的反映物料球形度等的常数 C_1、C_2 进行拟合，得到针对实验物料的双组分最小流化速度计算式，发现其误差较小。Rao 等[13]以稻秆颗粒等生物质和沙子为原料研究了双组分的最小流化速度，发现沙子的加入可以改善体系的流化质量，利用 Chattopadhyoy 提出的平均物性的计算式［式(3-15) 和式(3-16)］，采用平均物性法 I 计算混合物最小流化速度，发现预测值与实验值吻合较好。

平均物性法 II 在预测球形度较好的双组分最小流化速度时误差比较大，且生物质颗粒形状不规则，疏松多孔，直接用平均物性法 II 预测煤（焦）和生物质（焦）混合物最小流化速度的报道很少。孔行健等[8]选取两种密度、粒径相差较大且均可较好流化的催化剂颗粒为实验物料，在有机玻璃圆柱形流化床中研究了两种颗粒混合物的共流化情况，用平均物性法 II 计算双组分物料的最小流化速度，发现计算值误差较大。

关联法要求各组分均可以单独流化，但是多数生物质（焦）颗粒难以流化，因此用关联法预测煤（焦）和生物质（焦）混合物最小流化速度的报道较少。李克忠等[6]将煤焦和稻草焦的混合物视为单一组分，将煤灰看作另一组分，利用式(3-22)计算煤焦与稻草焦和煤灰虚拟两组分的最小流化速度，发现计算值的误差多在 15% 以内。

可以看出，大多数生物质颗粒在单独流化时易产生沟流、架桥等现象，难以单独流化。当生物质颗粒与煤焦、沙子等重组分混合时，双组分能够很好地流化，大大改善了生物质颗粒的流化质量。在计算煤与生物质共气化过程中的煤（焦）和生物质（焦）混合物最小流化速度时，由于平均物性法 II 误差较大，关联法要求各组分均可单独流化而生物质颗粒难以单独流化，因此多采用平均物性法 I。然而选用平均物性法 I，虽然误差较小，但是需要大量的实验数据进行反算，同时拟合后的公式只适用于特定的混合物，适用范围较小。双组分的最小流化速度是反应器设计、系统操作等所必需的基础数据，方便、准确地预测它的值是流化床气化要解决的重要问题。

第五节 · 双组分最小流化速度新计算方法

一、不规则颗粒的流化特性

不规则颗粒是指球形度较差的颗粒，其流化性较差，下面以生物质焦为例进行说明。国内外的一些研究者研究了生物质（焦）颗粒的流化特性，认为生物质（焦）颗粒很难流化，并对其难以流化的原因进行了不同的解释。Abdullah 等[22]研究了不同种类生物质颗粒的流化行为，发现稻壳等具有 Gildart D 类特征尺寸的生物质颗粒和棕榈纤维等具有 Gildart A 类特征尺寸的生物质颗粒，与锯屑、煤灰等具有 Gildart B 类特征尺寸的颗粒相比流化质量较差，并指出堆密度和空隙率是影响流化质量的两个主要因素。宋新朝等[5]研究了玉米秆颗粒、稻秆颗粒的流化特性，发现其不能单独流化。当生物质质量分数小于50％时，它们与煤的混合物可以较好地流化；在此基础上，李克忠等[6]研究了玉米秆焦颗粒、稻秆焦颗粒的流化特性，发现生物质焦也不能单独流化，但是生物质焦与煤焦混合物可以较好地流化，他们认为这主要是由于生物质（焦）大多形状不规则、当量直径相差较大、密度小，在流化床气化过程中容易产生沟流、架桥等现象。Rao等[13]研究了锯末、稻壳分别与沙子的共流化，认为锯末、稻壳的密度和形状是影响其流化质量的主要因素；朱锡锋等[23]采用测定床层压降的方法对木粉和稻壳的流化特性进行了较为系统的试验研究，发现木粉在很窄的流化气速范围内可以流化，而稻壳则几乎完全不可以流化。他认为这主要是由于生物质颗粒形状大多极不规则、表面粗糙甚至带有毛刺、水分含量较高、容易团聚，且颗粒之间的几何特性和物理特性差异较大。这些都导致很多生物质颗粒不易或不能流化。郭庆杰等[9]研究了不同种类的生物质的流化行为，发现单一锯末不能流化，但形状规则的菜籽可以较好地流化。

可以看出，部分学者认为颗粒的形状是生物质（焦）颗粒很难流化的主要原因，但另有部分学者认为生物质（焦）颗粒的密度也是其很难流化的主要原因。从流态化的角度看，流化介质和流化颗粒的密度越接近，其流化状态越接近于颗粒在流体中均匀分布的理想流化状态[3]，因此生物质（焦）颗粒密度较小不是其流化的不利条件，相反，是有利条件。生物质（焦）难以流化的主要原因是其形状不规则，球形度较差。在研究生物质（焦）与煤（焦）两组分混合物最小流化速度时应注意生物质（焦）颗粒的这个特性。

二、双组分最小流化速度预测式的推导

前人对固定床压降进行了研究，并提出了一些计算固定床气体压降的方程式，其中常用的有下面三个：

Ergun 方程：
$$\Delta p = \left[150 \frac{(1-\varepsilon)^2 \mu u}{\varepsilon^3 (\phi_s d_p)^2} + 1.75 \frac{(1-\varepsilon)\rho_f u^2}{\varepsilon^3 \phi_s d_p} \right] H \tag{3-24}$$

Lewis 方程：
$$\Delta p = 154 \frac{(1-\varepsilon)^2 \mu u}{\varepsilon^3 d_p^2} H \tag{3-25}$$

Kwauk 方程：
$$\Delta p = \Delta \rho (1-\varepsilon) g \left(\frac{u}{u_{mf}} \right)^m \approx \rho_p (1-\varepsilon) g \left(\frac{u}{u_{mf}} \right)^m \tag{3-26}$$

式中，H 为床层高度，m；ε 为空隙率；u 为固体颗粒速度。

Lewis 方程[3]主要考虑了气体流经固定床时由于黏度造成的压降损失，方程形式简单，但是适用的雷诺数范围较小（$Re < 10$）；Kwauk 方程[1]物理意义明确，形式简单，计算方便，但是针对不同物种，需要实验测定或理论计算其最小流化速度，反算

拟合 m 的值（$m=1\sim2$）；Ergun 方程[2]考虑了气体的黏度损失项和动能损失项，适用的雷诺数范围宽，被广泛采用。因此，选用 Ergun 方程计算煤（焦）和生物质（焦）两组分混合物的床层压降。煤焦和生物质焦两组分体积分数分别为 V_c 和 V_b，对应的静止床层高度分别为 H_c 和 H_b，按照两组分完全分离的状态计算临界流化状态时体系的压降，Δp 可以表示为：

$$
\begin{aligned}
\Delta p &= \int_0^{H_c}\left[150\frac{(1-\varepsilon)^2\mu u}{\varepsilon^3(\phi_s d_p)^2}+1.75\frac{(1-\varepsilon)\rho_f u^2}{\varepsilon^3\phi_s d_p}\right]\mathrm{d}H+ \\
&\quad \int_{H_c}^{H_c+H_b}\left[150\frac{(1-\varepsilon)^2\mu u}{\varepsilon^3(\phi_s d_p)^2}+1.75\frac{(1-\varepsilon)\rho_f u^2}{\varepsilon^3\phi_s d_p}\right]\mathrm{d}H \\
&= \left[150\frac{(1-\varepsilon_{mfc})^2\mu u_{mf}}{\varepsilon_{mfc}^3(\phi_c d_c)^2}+1.75\frac{(1-\varepsilon_{mfc})\rho_f u_{mf}^2}{\varepsilon_{mfc}^3\phi_c d_c}\right]H_c+ \\
&\quad \left[150\frac{(1-\varepsilon_{mfb})^2\mu u_{mf}}{\varepsilon_{mfb}^3(\phi_b d_b)^2}+1.75\frac{(1-\varepsilon_{mfb})\rho_f u_{mf}^2}{\varepsilon_{mfb}^3\phi_b d_b}\right]H_b \\
&= \left\{\left[150\frac{(1-\varepsilon_{mfc})^2\mu u_{mf}}{\varepsilon_{mfc}^3(\phi_c d_c)^2}+1.75\frac{(1-\varepsilon_{mfc})\rho_f u_{mf}^2}{\varepsilon_{mfc}^3\phi_c d_c}\right]V_c+\right. \\
&\quad \left.\left[150\frac{(1-\varepsilon_{mfb})^2\mu u_{mf}}{\varepsilon_{mfb}^3(\phi_b d_b)^2}+1.75\frac{(1-\varepsilon_{mfb})\rho_f u_{mf}^2}{\varepsilon_{mfb}^3\phi_b d_b}\right]V_b\right\}(H_c+H_b)
\end{aligned}
\tag{3-27}
$$

床层的总重量 G 可以表示为

$$
\begin{aligned}
G &= H_c\left[(1-\varepsilon_{mfc})\rho_{pc}g+\varepsilon_{mfc}\rho_f g\right]A+H_b\left[(1-\varepsilon_{mfb})\rho_{pb}g+\varepsilon_{mfb}\rho_f g\right]A \\
&= V_c\left[(1-\varepsilon_{mfc})\rho_{pc}g+\varepsilon_{mfc}\rho_f g\right]+V_b\left[(1-\varepsilon_{mfb})\rho_{pb}g+\varepsilon_{mfb}\rho_f g\right]A(H_c+H_b)
\end{aligned}
\tag{3-28}
$$

颗粒处于临界流化状态时，流体流动带给颗粒的曳力与颗粒的重力平衡，颗粒开始流化。如果不考虑流体和颗粒与床壁之间的摩擦力，床层压降在数值上等于单位床层截面积上的颗粒重量，即 $\Delta p S=G$，将式（3-27）和式（3-28）代入 $\Delta p S=G$ 中，整理可得：

$$
\begin{aligned}
&\left(1.75\frac{1}{\varepsilon_{mfc}^3\phi_c}\times\frac{\rho_f^2}{\mu^2}d_c^2 V_c+1.75\frac{1}{\varepsilon_{mfb}^3\phi_b}\times\frac{\rho_f^2}{\mu^2}d_b^2 V_b\right)u_{mf}^2+\left[150\mu\frac{1-\varepsilon_{mfc}}{\varepsilon_{mfc}^3\phi_c^2}\times\right. \\
&\left.\frac{\rho_f}{\mu^2}d_c V_c+150\mu\frac{1-\varepsilon_{mfb}}{\varepsilon_{mfb}^3\phi_b^2}\times\frac{\rho_f}{\mu^2}d_b V_b\right]u_{mf}=\frac{\rho_f}{\mu^2}\left[d_c^3(\rho_{pc}-\rho_f)V_c+d_b^3(\rho_{pb}-\rho_f)V_b\right]g
\end{aligned}
\tag{3-29}
$$

即

$$
\begin{aligned}
&\left(1.75\frac{1}{\varepsilon_{mfc}^3\phi_c}\rho_f d_c^2 V_c+1.75\frac{1}{\varepsilon_{mfb}^3\phi_b}\rho_f d_b^2 V_b\right)u_{mf}^2+\left(150\mu\frac{1-\varepsilon_{mfc}}{\varepsilon_{mfc}^3\phi_c^2}d_c V_c+150\mu\frac{1-\varepsilon_{mfb}}{\varepsilon_{mfb}^3\phi_b^2}d_b V_b\right)u_{mf} \\
&=\left[d_c^3(\rho_{pc}-\rho_f)V_c+d_b^3(\rho_{pb}-\rho_f)V_b\right]g
\end{aligned}
\tag{3-30}
$$

式中，Δp 为床层压力降，Pa；V_b 为煤焦体积分数；V_c 为生物质焦体积分数；H_b 为煤焦床层高度，m；H_c 为生物质焦床层高度，m；μ 为气体黏度，Pa·s；u 为颗粒相对流体的速度，m/s；u_{mf} 为临界流化状态下颗粒相对流体的速度，m/s；ϕ_s 为固体颗粒球形度；ϕ_b 为煤焦颗粒球形度；ϕ_c 为生物质焦颗粒球形度；ρ_f 为气体的密度，kg/m³；ρ_{pc} 为生物质焦颗粒的密度，kg/m³；ρ_{pb} 为煤焦颗粒的密度，kg/m³；ε 为空隙率；ε_{mfb} 为临界流化态下煤焦的空隙率；ε_{mfc} 为临界流化态下生物质焦的空隙率；d_p 为固体颗粒的直径，m；d_b 为煤焦颗粒的直径，m；d_c 为生物质焦颗粒的直径，m。

Wen 和 Yu[2] 在雷诺数大于 0.001 小于 4000 和温度小于 850℃ 的范围内，研究了粒径小于 3.376mm 的颗粒的临界流化特性，对数百个实验数据进行拟合，认为：

$$\frac{1}{\phi\varepsilon_{mf}^3}\approx14 \tag{3-31}$$

$$\frac{1-\varepsilon_{mf}}{\phi^2\varepsilon_{mf}^3}\approx11 \tag{3-32}$$

实验证明，式(3-31) 和式(3-32) 对于球形度较好的颗粒，误差较小。煤（焦）颗粒的球形度较好，可以用式(3-31) 和式(3-32) 描述其临界流化特性。Chen[12] 认为，对于非球形颗粒有：

$$1.75\frac{1}{\phi\varepsilon_{mf}^3}\approx\frac{1}{0.048\phi^{-0.045}} \tag{3-33}$$

$$150\frac{(1-\varepsilon_{mf})}{\phi^2\varepsilon_{mf}^3}\approx2\frac{33.7\phi^{0.10}}{0.048\phi^{-0.045}} \tag{3-34}$$

生物质（焦）颗粒球形度一般小于 0.7，当取其球形为 0.1 时，则有：

$$\frac{1}{\phi\varepsilon_{mf}^3}\approx10.7 \tag{3-35}$$

$$\frac{1-\varepsilon_{mf}}{\phi^2\varepsilon_{mf}^3}\approx6.7 \tag{3-36}$$

当取其球形度为 0.7 时，有：

$$\frac{1}{\phi\varepsilon_{mf}^3}\approx11.7 \tag{3-37}$$

$$\frac{1-\varepsilon_{mf}}{\phi^2\varepsilon_{mf}^3}\approx8.9 \tag{3-38}$$

可见，随球形度的增加，$\dfrac{1}{\phi\varepsilon_{mf}^3}$、$\dfrac{1-\varepsilon_{mf}}{\phi^2\varepsilon_{mf}^3}$ 的值变化不大。若取平均值，则有：

$$\frac{1}{\phi\varepsilon_{mf}^3}\approx11.2 \tag{3-39}$$

$$\frac{1-\varepsilon_{mf}}{\phi^2\varepsilon_{mf}^3}\approx7.8 \tag{3-40}$$

将式(3-31)、式(3-32)、式(3-39)、式(3-40)代入式(3-30)中，即：

$$1.75 \times 11.2\rho_f\left(\frac{14}{11.2}d_c^2V_c + d_b^2V_b\right)u_{mf}^2 + 150 \times 7.8\mu\left(\frac{11}{7.8}d_cV_c + d_bV_b\right)u_{mf}$$

$$= [d_c^3(\rho_{pc}-\rho_f)V_c + d_{pb}^3(\rho_{pb}-\rho_f)V_b]g \qquad (3-41)$$

$$19.6\rho_f(1.25d_b^2V_c + d_b^2V_b)u_{mf}^2 + 1170\mu(1.41d_cV_c + d_bV_b)u_{mf}$$

$$\approx (d_c^3\rho_{pc}V_c + d_b^3\rho_{pb}V_b)g \qquad (3-42)$$

$$u_{mf} = \frac{0.707\sqrt{\rho_fAC + 1781.68(\mu B)^2} - 29.847\mu B}{\rho_fA} \qquad (3-43)$$

其中，

$$A = 1.25d_{pc}^2V_c + d_b^2V_b \qquad (3-44)$$

$$B = 1.41d_cV_c + d_bV_b \qquad (3-45)$$

$$C = (d_{pc}^3\rho_{pc}V_c + d_b^3\rho_{pb}V_b)g \quad 或 \quad [d_c^3(\rho_{pc}-\rho_f)V_c + d_b^3(\rho_{pb}-\rho_f)V_b]g \qquad (3-46)$$

三、新公式预测的准确性

1. 新公式对实验值的预测

为检验式(3-43)能否较为准确地预测煤焦和生物质焦两组分混合物的最小流化速度，首先采用降速法测定了不同质量比煤焦和松木屑焦混合物的最小流化速度。实验装置为 ϕ115mm×2110mm 有机玻璃圆柱制成的流化床，采用降速法测定物料的最小流化速度。

图 3-7 是煤焦和生物质焦两组分的流化曲线，固定床压力延长线与流化床压力水平线交点的气体速度为煤焦和生物质焦两组分的最小流化速度。可以看出，煤焦和生

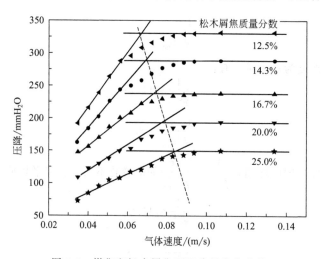

图 3-7 煤焦和松木屑焦两组分的流化曲线

物质焦混合物在实验选取的质量配比范围内能够较好地流化，且随着粒径较大的松木屑焦质量分数的增加，混合物的最小流化速度增大。将煤焦和生物质焦混合物最小流化速度的实验值与式（3-43）预测值进行比较（图 3-8），可以看出实验值与预测值吻合较好，误差小于 10％。

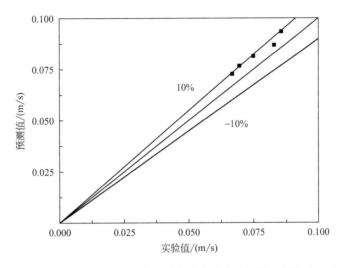

图 3-8　煤焦和松木屑焦混合物最小流化速度实验值与预测值比较

2. 新公式对文献报道实验值的预测

为进一步检验式（3-43）能否较为准确地预测煤焦和生物质焦两组分混合物的最小流化速度，根据文献上[4-6,14]报道的一些煤焦和生物质焦双组分的粒径、密度，用式（3-43）计算这些双组分的最小流化速度，将计算值与文献中报道的实验值进行比较，结果如图 3-9 所示。可以看出，随着最小流化速度的增大，式（3-43）预测的误

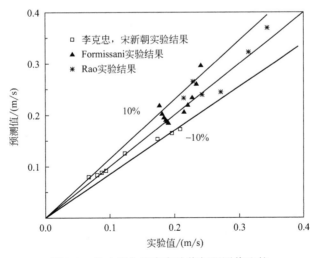

图 3-9　最小流化速度实验值与预测值比较

差增大，但是大部分小于 10％，说明式（3-43）能够较好地预测煤（焦）和生物质（焦）双组分的最小流化速度。选择整个床层为分析对象，无需考虑颗粒之间的复杂相互作用。同时，式（3-43）考虑了生物质（焦）颗粒与煤（焦）颗粒几何性质和物理性质的差异，用相应的关联式分别对其临界流化状态空隙率和球形度的关系进行描述，使式（3-43）在描述煤（焦）和生物质（焦）混合物实际初始流化状态时更接近实际情况。

如前所述，预测双组分最小流化速度的方法主要有平均物性法Ⅰ、Ⅱ和关联法。其计算式如式（3-17）、式（3-18）和式（3-22）所示。平均物性法Ⅱ以 Goossens 等[14] 提出的计算混合物平均物性的方法较为常用。分别用以上两种方法和本章推导的式（3-43）计算文献上报道的一些煤（焦）和生物质（焦）双组分的最小流化速度，同时将计算值与文献中实验值进行比较，见图 3-10。相对而言，平均物性法预测的误差最大，Chiba 方程关联法次之。本章推导的式（3-43）即整体平衡法的预测值与实验值较为吻合，预测的误差最小。

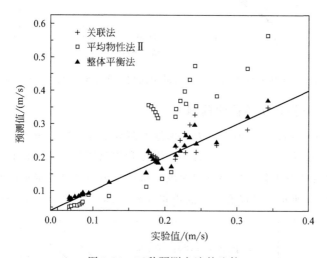

图 3-10　三种预测方法的比较

利用式（3-17）和式（3-18）计算混合物的平均物性，方便简单，但是没有考虑不同种类颗粒的几何性质和孔隙率等差异，机械地将混合物视为虚拟单一组分，预测误差较大。Chiba 方程是 Chiba 等[10] 在研究物性差异较大的双组分的流化特性基础上提出的双组分最小流化速度计算式，需要实验测定单组分的最小流化速度。它将不同种类颗粒的几何性质和物理性质反映在单组分的最小流化速度中，Chiba 方程关联法的预测值与实验值具有一定的一致性。本章提出的整体平衡法在考虑不同种类颗粒［煤（焦）和生物质（焦）或类似双组分］的球形度和物理性质的基础上，结合了常用的计算固定床压降的 Ergun 公式并利用床层整体受力平衡推导而来，仅包含颗粒密度、粒径、组成等三个参数，不需实验反算式中的参数，方便简单，并且误差较小。

多组分最小流化速度是流化床设计和确定操作条件必需的基础数据。目前，预测双组分最小流化速度的方法具有参数较多、过程繁琐或误差较大的不足。本章的主要内容是借鉴整体法推导单组分最小流化速度的过程，同时考虑颗粒的几何特性，提出一种仅以物料密度、粒径、组成为参数的双组分混合颗粒最小流化速度的计算方法，并且在冷态流化床实验装置上，考察了不同组成的煤焦和生物质焦混合物颗粒的流化特性，测定其最小流化速度，将实验值以及文献上的实验值与预测值进行比较。所预测结果误差较小，得到了良好效果。

参 考 文 献

［1］ 工业锅炉热力计算方法编写小组. 层状燃烧及流化床燃烧工业锅炉热力计算方法［M］. 北京：中国标准出版社，2003，69-71.

［2］ Delebarre A. Revisition the Wen and Yu Equations for Minimum Fluidization Velocity Prediction［J］. Chemical Engineering Research and Design，2004，82（A5）：587-590.

［3］ 金涌，祝京旭，汪展文，等. 流态化工程原理［M］. 北京：清华大学出版社，2001：20-21.

［4］ Formisani B，Girimonte R，Longo T. The fluidization process of binary mixtures of solids：Development of the approach based on the fluidization velocity interval［J］. Powder Technology，2008，185（2）：97-108.

［5］ 宋新朝，张荣，毕继诚. 生物质与煤混合颗粒流化特性的实验研究［J］. 煤炭转化，2005，28（1）：74-77.

［6］ 李克忠，张荣，毕继诚. 生物质焦与煤焦及煤灰的流化特性研究［J］. 化学反应工程与工艺，2008，24（5）：416-421.

［7］ Bilbao R，Lezaun J，Abanades J C，et al. Fluidization velocity of straw/sand binary mixtures［J］. Powder Technology，1987，52（3）：1-6.

［8］ 孔行健，孙国刚，王茂辉，等. 大差异双组分颗粒体系最小流化速度的研究［J］. 炼油技术与工程，2008，38（6）：10-14.

［9］ 郭庆杰，张济宇，刘振宇，等. 生物质惰性颗粒混合物的混合分离特性［J］. 煤炭转化，1999，22（3）：87-91.

［10］ Chiba S，Chiba T，Nienow A W. The minimum fluidization velocity：Bed expansion and pressure-drop profile of binary particle mixtures［J］. Powder Technology，1978，22（2）：255-269.

［11］ 张颖，邹东雷，周游. 双组分颗粒系统的最小流化速度［J］. 内蒙古工业大学学报，1994，13（2）：35-41.

［12］ Chen J J J. Comments on improved equation for the calculation of minimum fluidization velocity［J］. Industrial and Engineering Chemistry Research，1987，26：633-634.

［13］ Rao T R，Bheemarasetti R J V. Minimum fluidization velocities of biomass and sands［J］. Energy，2001，26（6）：633-644.

［14］ Goossens W R A，Dumont G L，Spaepen G L. Fluidization of binary mixtures in laminar region［J］. Chem Eng Progr Symp，1971，67：38-45.

[15]　张济宇，彭辉. 二组分混合物的最小流化特性Ⅱ：混合物平均物性与最小流化速度 [J]. 燃料化学学报，1998，26（1）：30-37.

[16]　Reina J，Velo E，Puigjaner L. Predicting the minimum fluidization velocity of polydisperse mixtures of scrap-wood particles [J]. Powder Technology，2000，111：245-251.

[17]　王立群，宋旭，周浩生，等. 双组分颗粒系统流化特性的试验 [J]. 江苏大学学报，2007，28（3）：232-236.

[18]　Rowe P N，Nienow A W. Minimum fluidization velocity of multi-component particle mixtures [J]. Chemical Engineering Science，1975，30（11）：1365-1369.

[19]　罗国华，张济宇，张碧江，等. 气固流化床中颗粒分离研究进展 [J]. 化学反应工程与工艺，1995，11（2）：13.

[20]　郭庆杰，张铠，张济宇，等. 生物质和惰性颗粒两组分混合物的最小流化速度 [J]. 煤炭转化，1999，22（1）：92-95.

[21]　Pilar A M，Gracia-Gorria F A，Corella J. Minimum and maximum velocities for fluidization for mixtures of agricultural and forest residues with a second fluidized solid I：preliminary date and results with sand-sawdust mixtures [J]. International Chemical Engineering，1992，32（1）：95-96.

[22]　Abdullah M Z，Husain Z，Pong S. Analysis of cold flow fluidization test results for various biomass fuels [J]. Biomass and Bioenergy，2003，24（6）：487-494.

[23]　朱锡锋，陆强，郑冀鲁. 木粉和稻壳流化特性 [J]. 太阳能学报，2006，27（4）：345-348.

第四章

流化床中颗粒混合特性

混合特性是流化床，尤其是多组分流化床经常用到的概念，是反映流化床内各种物料混合均匀性的常用参数，对流化床的设计和操作具有重要意义。本章首先介绍两组分在流化床中混合特性的影响因素和定量描述，进而介绍了混合的机理与数学模型。然后在此基础上以三组分为例，探讨了多组分混合特性的定量描述方法及数学表达式，讨论了多组分在流化床中混合特性的影响因素，提出了描述多组分混合特性的新参数，并用实验数据进行验证。

第一节 · 混合特性定义

单组分颗粒，由于粒径和球形度的差异，在流化床中即使发生均匀膨胀也是非均匀分布的，并非像溶液中溶质一样均匀分布。床层中孔隙会存在立体分布，尤其是有一定扰动时，孔隙的非均匀性更加明显，颗粒的均匀分布是一种理想情况。颗粒混合特性是指流化床中的颗粒在径向和横向上的分布情况，是反映流化床内各种物料混合均匀性的常用参数，宏观上指两组分或多组分流化介质的浓度沿流化床高度和床层横截面两个维度的分布情况。更进一步说，是指不同粒度和形状的颗粒群沿流化床高度和床层横截面两个维度的分布情况。颗粒群可以按照颗粒种类和颗粒特性进行划分，同一种类的颗粒可以分为多类。例如，在流化沙子时，不同粒径的沙子在床层不同高度处的分布；煤与沙子共流化时，煤和沙子在床层不同高度处的分布等。又如，煤和生物质在流化床中的混合情况，其中，生物质可以按照颗粒形状系数或当量粒径划分为多种颗粒群。研究混合特性时分别研究这些颗粒群在床层内的分布。

混合特性对流化床的设计和操作具有重要意义。根据操作目的的不同，我们对不同颗粒群有不同的混合要求。两组分（或更多组分）在流化床中的混合特性对流化床的设计和操作具有更重要的意义。例如，在煤炭与生物质共气化时，要求煤焦和生物质焦均匀混合，防止流化床内两种颗粒明显分层，床层低部出现非流化现象。然而，在流化床选煤中，要求煤炭和煤矸石具有一定分层。影响两组分（或更多组分）在流化床中混合特性的因素主要有流化气速，组分粒径、密度及其质量比，静止床高等。三组分流化工艺也很常见，例如，我国的煤种大部分灰含量较高，煤与生物质在流化床中共气化时，物料进入气化炉后，挥发分很快逸出，在炉内停留时间较长的是生物质焦、煤焦和灰分三组分。由于灰分的密度大，粒径分布较广，灰分的存在将会使体系的流动特性发生变化，导致煤焦、生物质焦相对富集位置发生转移，改变体系的流化状况和混合特性，影响体系的协同效应和传热传质效果。研究灰分存在条件下煤焦和生物质焦两组分的混合特性，对于气化炉的设计、运行以及排灰气速和流化气速等操作条件的确定有十分重要的意义。

第二节 · 两组分混合特性

一、两组分混合特性的影响因素

前面已经提到，影响两组分在流化床中混合特性的因素主要有流化气速，组分粒径、密度及其质量比，静止床高等。前人采用塌落法、摄像法、光纤测速法等对流化床中两种颗粒的混合情况进行了研究并提出了两组分混合特性的表征方法。郭庆杰等[2]选用沙子/锯末、沙子/菜籽为原料研究了富沉积组分条件下两组分的混合情况，发现较大的表观气速、适宜的沉积组分粒度和含量有利于生物质和惰性颗粒的混合，在生物质和惰性颗粒两组分组成不变的情况下，静止床高对生物质和惰性颗粒的混合基本没有影响。曾庭华等[3]用煤颗粒、塑料球、粉笔头模拟煤泥流化床中的轻组分，分别与重组分炉渣混合，研究了轻组分的密度和粒度、流化风速对物料混合的影响，并定义中间混合指数定量来描述颗粒质量分数沿高度的分布情况，发现轻组分的密度、粒度对其在流化床中的分布和物料混合有较大的影响，并拟合了中间混合指数与物料的密度、粒度三者之间的关联式。何玉荣等[4]以粒径差异较大的颗粒为研究对象，考虑颗粒相间的能量传递和耗散以及气固相间作用，对气固流动进行模拟。模拟结果表明：在鼓泡流化床内颗粒粒度分布对于颗粒流体动力学特性影响很大，流化气体速度愈小，愈易于出现床内颗粒的分层流动。Das 和 Banerjee 等[5]以沙子和 FCC 催化剂颗粒为实验物料，研究了它们的混合物在循环流化床提升段的混合情况，发现增大流化风速、循环量有利于沙子和 FCC 催化剂颗粒的混合，同时在实验数据的基础上借鉴文献上的数据，对循环流化床中分离指数、颗粒物性、操作条件之间的关系进行了拟合。陈冠益等[6]研究了稻壳/石英砂、稻壳/煤颗粒的流化混合，发现石英砂和煤颗粒的加入大大改善了稻壳的流化质量，石英砂/煤颗粒的粒径越小越有利于两组分的混合。Bilbao 等[7]以沙子和稻草为原料，考察了表观气速、沙子和稻草各自粒径、含量对沙子和稻草混合的影响，发现沙子质量分数和流化气速的增大以及沙子和稻草粒径的减小有利于两组分的混合。Chen 和 Keairns[8]为研究流化床气化炉中焦灰的混合分离情况，选取煤焦和白云石为原料，研究了它们在流化床中的混合情况，发现密度、流化气速对颗粒的混合影响较大。严建华等[9]用 CCD 速度测量技术，在小型二维气固流化床中研究了密相区颗粒运动速度分布及其对颗粒混合分离的影响，提出用颗粒速度不均匀指数来衡量流化床内颗粒的速度波动与颗粒混合程度。他发现在流化床中，颗粒的速度不均匀性随床层深度变化，床层深部的颗粒速度分布较床层表面不均匀，波动对床层内部的小颗粒扩散混合和大颗粒对流混合均具有很好的作用，有利于实现床料在底部的均匀混合，而在床层表面，速度的不均匀性较小，微观混合效果较差；流化风量的增加可引起颗粒速度的不均匀性增加，使得混合效果改善，这种效应对于床层深部效果更明显，而对于床表层，增加的幅度并不大。董丽萍等[10]在矩形有机玻璃的振动流化床中，研究了小米和钛精矿双组分体系的混合与分离特性，发现低气速、小振动频率有利于颗粒分离，气速和振动频率的增大加大了床层的扰动程度，有利于颗粒混合。靳海波等[11]选取沙子、硅胶等，组成 13 组双组分物料体系，研究振动流化床中振动参数及操作参数对它们混合的影响，通过分析上部与下部沉积组分的浓度，发现高气速、大振动频率有利于颗粒的混合；静止床高也影响颗粒的混合分离。周亚明等[12]利用脉冲信号响应技术，研究了气固流化床中颗粒的混合特性，他认为气泡的横向非均匀分布使颗粒产生内循环。当流化气速、静止床高和颗粒粒径增加时，颗粒的内循环增强，使脉冲响应曲线的振荡加剧，颗粒的混合效果得到改善。张树青等[13]在大型冷模装置上研究了密度相近、粒度差异较大的双组分物料在气固流化床的稀相和密相两相之间颗粒的混合情况，发现表观气速和混合物的组成对两组分的混合具有较大影响。

二、两组分混合特性的定量描述

对于密度不同的两组分，为了定量描述两组分在流化床中的混合情况，Rowe 等[14]以重组分为研究对象，根据其浓度沿床高的分布特点，提出了四种混合形式：

① 完全分离。床内所有重组分都沉积在底部，轻组分与其存在明显分界。

② 低气速时的较好分离。底部全为重组分而上部含有少量重组分。

③ 较高气速时的较好混合。底部含有轻组分，重组分浓度沿床高变化，上部含有相当量的沉积组分。

④ 完全混合。沿床层高度方向上轻组分和重组分浓度分布均匀。

显然，①与②为流化床操作中的两种极端情况。同时，Rowe 等首次定义了混合指数 M，即：

$$M = X_p / \overline{X} \tag{4-1}$$

式中，X_p 和 $\overline{X}$ 分别表示沉积组分在床层上部的质量分数和沉积组分在床层中的平均质量分数。$M=0$，表示两组分完全分离，见图 4-1(a)；$M=1$，表示两组分均匀混合，见图 4-1(b)；$0<M<1$，表示两组分的混合情况介于完全分离与均匀混合之间，见图 4-1(c) 和图 4-1(d)。

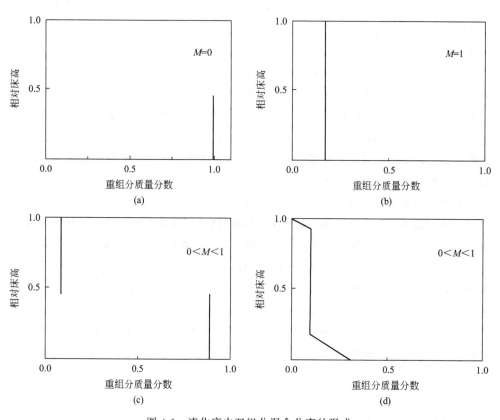

图 4-1　流化床中双组分混合分离的形式
（a）完全分离；（b）均匀混合；（c）较弱混合；（d）较强混合

许多研究者已经证实混合指数能够很好反映两组分在流化床中的混合情况，并对其进行了完善。Chiba 等[15] 提出了上部重组分的浓度分布不均匀时混合指数的积分表达式 ［式(4-2)］；Nienow 等[16] 定义混合指数对应气速变化率最大值时的操作气速为转变气速，并选择了 40 种密度不同的物料为实验原料，研究了重组分体积浓度小于 50％时两组分的混合分离，提出了混合指数和转变气速之间的经验关系式(4-3) 和式(4-4)。该式不含气泡直径和速度等参数，应用方便，并且误差小于 10％，被广泛接受。曾庭华等[3] 定义重组分在上部和下部的浓度比为中间混合指数，并拟合了它与物料粒径、密度之间的关系，见式(4-5)；Lacey[17] 从统计学出发，定义"完全随机混合"的概念，进而提出 Lacey 混合指数；Rhodes 等[18] 用离散单元法研究了密度不同的两组分的混合，发现 Lacey 混合指数能很好反映重组分在流化床中的浓度分布；张树清等[13]借用二元液体精馏过程中的默弗里板效率来描述流化床中密度相近、粒度差异较大的双组分物料的混合情况。

$$M = \int_{X(X=\overline{X})}^{1} X \, \mathrm{d}z / [1 - z(X = \overline{X})] \tag{4-2}$$

$$M = 1 / \{1 + \exp[(u_{\mathrm{TO}} - u)/(u - u_{\mathrm{F}}) \exp(u/u_{\mathrm{TO}})]\} \tag{4-3}$$

$$u_{\mathrm{TO}}/u_{\mathrm{F}} = (u_{\mathrm{p}}/u_{\mathrm{F}})^{1.2} + 0.9(\rho_{\mathrm{R}} - 1)^{1.1} d_{\mathrm{R}}^{0.7} - 2.2 X_{\mathrm{P}}^{0.5} [1 - \exp(-H/D_{\mathrm{T}})] \tag{4-4}$$

$$M' = 1 + 3.17(1 - \rho_{\mathrm{R}})^{0.98} - 0.56(d_{\mathrm{R}} - 1)^{0.61} \tag{4-5}$$

式中，X 为某组分在床层中的质量分数；z 是相对床高，m；u、u_{p}、u_{TO}、u_{F} 分别为气体表观速度、重组分最小流化速度、转变气速、轻组分最小流化速度，m/s；ρ_{R} 为固体颗粒的相对密度，量纲为 1；d_{R} 为固体颗粒相对直径，量纲为 1；D_{T} 为床层直径，m；H 为床层高度，m。

三、两组分混合特性的机理与模型

利用混合指数、转变气速等参数，基本可以定量地描述两组分在流化床中混合分离情况，对于流化床的实际操作具有一定的指导意义。但是深入研究两组分混合分离的机理，建立相应的两组分混合分离模型，准确预测不同物性的双组分在不同操作条件下的混合情况，是煤与生物质共气化流化床反应器设计、放大，确定操作条件的重要依据。

国内外的学者采用塌落法、摄像法研究了颗粒粒径、密度、流化气速、组成对两组分混合特性的影响，并提出了不同的描述两组分混合特性的数学方法和数学模型。许多研究者注意到，在气固流化床中，不同种类颗粒间的混合与分离与气泡行为密切相关。物料流化时，在分布板的附近会产生大量气泡，其尾涡中夹带的颗粒随气泡一起向上运动，速度大大高于周围乳相中颗粒的运动速度。Nienow 和 Rowe 等[19]认为气泡是引起颗粒运动的唯一原因，气泡对颗粒的夹带行为是颗粒上升的主要动力，气泡上升后在原来的位置形成局部的空穴，此空穴将被上部的乳相颗粒所填充，这样在流化床中形成了颗粒的升降运动，同时气泡尾涡中的颗粒在上升过程中与乳相中的颗粒发生相互交换。沈来宏等[20]采用数值计算的方法对鼓泡流化床内颗粒混合机理进行了探讨，综合了颗粒在床内横向和纵向的混合过程，将床内颗粒混合分成两个部分：一是上升尾涡相和下降乳化相之间的对流交换；二是乳化相内部的横向扩散。他建立了二维的对流扩散模型，数值结果和实验结果相符合。Feng 和 Yu[21]也采用数值模拟的方法研究了鼓泡流化床中颗粒的混合分离的机理，发现流化颗粒之间的相互作用和流化气速等对颗粒的混合影响较大，存在一个流化气速值，只有当流化气速低于该值时颗粒才逐渐发生分离。Gibilaro 和 Rowe[22]首先从气泡运动特性和流化床经典两相理论出发，提出一个理论模型来描述流化床中不同颗粒间的混合分离。他们将流化床内含有颗粒的相分为尾涡相和乳相，认为存在循环过程、轴向返混过程、相间交换过程、分离过程等四个过程，见图4-2。其中，循环过程是指气泡尾涡夹带颗粒向上运动，在床层上部由于气泡的破碎进入乳相然后发生下沉，在流化床底部又被气泡尾涡夹带向上运动，从而形成颗粒在流化床中的循环运动；轴向返混过程是乳相中下沉颗粒在下沉过程中发生的一种混合现象；相间交换过程是气泡尾涡在上升过程中与乳相中颗粒发生传质。以上三个过程都是颗粒混合过程。分离过程是唯一的颗粒发生分离的过程，由于乳相中颗粒在填充气泡上升形成的空穴时，不同粒径和密度的颗粒下降的速度不一样，导致不同种类颗粒间发生分离。Nienow等[19]的实验研究发现乳相中颗粒的返混过程并不存在，同时Bilbao等[7]研究了稻草和沙子两组分的混合，提出密度较大、粒径较小的固相颗粒组分易进入尾涡中，建立了两组分在鼓泡流化床中的混合分离模型，该模型较准确地预测了实验结果。

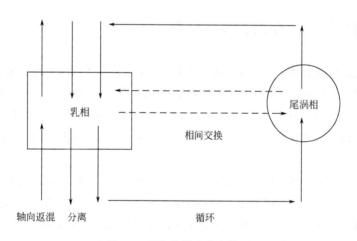

图 4-2　两组分混合分离模型

国内外的学者采用塌落法、摄像法研究了颗粒粒径、密度、流化气速、组成对煤焦和生物质焦两组分混合特性的影响，并提出了不同的描述两组分混合特性的数学方法和数学模型。但是，我国的煤种大部分灰含量较高，在流化床煤与生物质共气化时，物料进入气化炉后，挥发分很快逸出，在炉内停留时间较长的是生物质焦、煤焦和灰分三组分。由于灰的密度大，粒径分布较广，灰的存在将会使体系的流动特性发生变化，导致煤焦、生物质焦相对富集位置发生转移，改变体系的流化状况和混合特性，影响体系的协同效应和传热传质效果。研究灰分存在条件下煤焦和生物质焦两组分的混合特性，对于气化炉的设计、运行以及排灰气速和流化气速等操作条件的确定有十分重要的意义。同时，在灰分存在时，煤焦和生物质焦的混合形式发生了变化，而且不能用某一组分的浓度分布反映物料在流化床中的混合情况，常用的混合指数等不能再用来描述两组分的混合情况。灰分的存在对煤焦和生物质焦混合特性有哪些影响以及如何用数学方法表示，灰分的存在对煤焦和生物质焦两组分混合特性有什么影响等问题有待于深入研究。

第三节 · 三组分混合特性的描述

一、描述三组分混合特性的参数

对于密度不同的两组分，为了定量描述两组分在流化床中的混合情况，Rowe等[14]以重组分为研究对象，根据其浓度沿床高的分布特点，提出完全分离、低气速时的较弱混合、较高气速时的较好混合和完全混合等四种混合形式。同时，Rowe等定义的混合指数 M 为：

$$M = X_p / \overline{X} \tag{4-6}$$

但是，对于三组分，不但混合形式发生了变化，而且不能用某一组分的浓度分布反映物料在流化床中的混合情况。为定量描述灰分存在时煤焦、生物质焦两组分的混合特性，借鉴 Rowe 等[14]和 Chiba 等[15]提出的混合指数，我们定义质量比混合指数来反映物料在流化床某一高度处的混合情况，x_b 和 x_c 分别表示煤焦、生物质焦质量分数。

$$M = \frac{x_c / x_b}{(x_c / x_b)_i} \tag{4-7}$$

下面以煤焦、生物质焦及煤灰三组分为例，进一步说明三组分混合特性的定量描述方法。对于煤焦、生物质焦两组分在全床中的混合情况，采用 M 的数学方差来进行定量描述，表示煤焦、生物质焦两组分的混合情况偏离均匀混合的程度：

$$\sigma^2 = \frac{1}{5} \sum_{a=1}^{5} (M_a - \overline{M})^2 \tag{4-8}$$

式中，a 表示取样点的个数。采用塌落法[15,16]测定两种焦沿床层的浓度分布。称量 700g 松木屑焦和 4800g 煤焦，然后根据实验需要，称取一定质量的相应粒径的煤灰，见表 4-1。将煤焦、松木屑焦、煤灰混合后加入到流化床中，在较高气速下流化数分钟使之均匀混合。然后，调整流化气、射流气的流量分别为 5m³/h 和 1m³/h，保持该流量 10min 后，迅速关闭气源，待下落物料静止后，由上而下从各个取样口取样。对样品进行称重、分离和计算。为了确保实验数据的准确性，每次实验重复 1~2 次。

表 4-1 灰分加入量与其相应的质量分数

灰分加入量/g	500	750	1000	1500	2000
灰分质量分数/%	8.3	12.0	15.4	21.4	28.6

具体的分离方法如下：首先用筛分的方法将松木屑焦从三组分混合物中分离出来，然后分别将筛分得到的煤焦和煤灰的混合物、实验用的煤焦在马弗炉中 700℃ 灼烧 20min，按照式(4-9)计算煤焦在煤焦和煤灰混合物中的质量分数：

$$\omega = \frac{\Delta w_{ca}/w_{ca}}{\Delta w_c/w_c} \tag{4-9}$$

式中，w_c 为煤焦灼烧前质量，kg；w_{ca} 为煤焦和煤灰灼烧前质量，kg；Δw_c 为煤焦灼烧前后质量变化，kg；Δw_{ca} 为煤焦和煤灰灼烧前后质量变化，kg。

二、三组分混合特性参数的实际应用

在流化床中，灰分密度较大，在床层下部浓度较大，而煤焦在床层上部浓度较大。图 4-3 是煤焦、松木屑焦与粒径为 0.408mm 的不同质量的煤灰混合时，三组分质量分数沿床高的变化曲线。可以看出，在操作气速不变的情况下，增加灰含量，煤焦在混合物中平均浓度降低，其浓度分布曲线都比较平缓，灰含量的变化对煤焦在流化床中分布的均匀性影响不大，但煤灰的浓度分布梯度随灰含量增加而明显增大，分布均匀性变差；松木屑焦的浓度分布趋势随灰含量的增大发生了变化，在灰含量较小时，松木屑焦的浓度沿床层高度增高而减小，而在灰含量较大时，其浓度沿床高增大。在气固流化床中，颗粒的运动与气泡行为密切相关，颗粒被高速运动的气泡尾涡夹带向上，在床层顶部气泡破碎，颗粒在乳相中下沉，形成床层内颗粒的循环运动，加剧床层内的扰动，有利于不同种类颗粒间的混合。

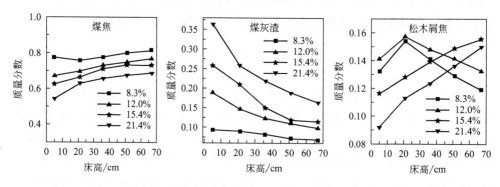

图 4-3 不同灰含量下各组分质量分数沿床高的分布

Bilbao 等[7]以沙子和稻草为原料，研究了物料粒径、质量比、流化气速对颗粒浓度分布的影响，在分析实验结果的基础上提出混合物中密度较大、粒径较小的颗粒更易进入尾涡相。在本书所选物料中，煤灰和煤焦较容易进入尾涡，参与床层内颗粒的循环运动，松木屑焦在混合物中密度小、粒径大，主要存在于乳相，填充煤焦、煤灰位置转移后形成的空穴，其浓度分布随煤焦、煤灰浓度分布变化而变化。在操作气速不变的情况下，随着灰分在混合物中平均浓度增大，体系流化数变小，气泡生长直径变小，上升速度减慢，不利于床层内煤焦、煤灰被尾涡夹带而形成的循环运动，使重组分特别是粒径较大的灰分在流化床中分布均匀性变差，灰分沿床高的浓度分布梯度变大，在床层下部的含量大幅增加。但煤焦是混合物中的主要成分，并且大部分煤焦的粒径小于加入灰分的粒径，成为尾涡向上夹带的主要对象和床层内颗粒循环运动的主体，因此粒径为 0.408mm 的灰分的含量变化对煤焦在流化床中浓度分布的均匀性影响不明显，煤焦浓度分布均匀性略有下降。随着煤焦、煤灰的浓度变化，尤其是煤灰在床层下部浓度的大幅增加，乳相中的松木屑焦填充了床层上部的空穴，导致松木屑焦在床层上部的浓度逐渐增加，在床层底部的浓度逐渐减小，浓度分布趋势发生了变化。

由图 4-3 可以看出，灰分在三组分混合物中质量分数较小时，在床层底部煤焦和松木屑焦浓度沿床高的分布曲线出现拐点，重复实验仍出现此现象。这主要是锥形分布板底部射流的影响。根据 Chen 和 Keairns[8] 提出的计算射流高度的关联式（4-10）可知，三组分混合物中灰含量为 8.3％时，床层底部混合物颗粒的平均密度较小，射流高度较高，大约为 10cm。随着灰含量增大，射流高度降低，对颗粒浓度分布的影响逐渐消失。由于松木屑焦密度较小，在灰含量为 12.0％时，射流对其浓度分布的影响仍然比较明显。

$$\frac{L_j}{d_{or}} = 6.5 \left[\left(\frac{\rho_f}{\rho_p - \rho_f} \right) \frac{u_{or}^2}{g d_{or}} \right]^{0.5} \tag{4-10}$$

式中，L_j 为射流高度，m；ρ_f 为气体密度，kg/m³；ρ_p 为固体颗粒密度，kg/m³；d_{or} 为射流直径，m；u_{or} 为颗粒相对流体的速度，m/s；g 为重力加速度，m/s²。

第四节·影响三组分混合特性的因素

一、各组分含量对混合的影响

图 4-4 是煤焦、松木屑焦、粒径为 0.408mm 的不同质量的煤灰混合时，质量比混合指数沿床高的变化曲线。可以看出，在操作气速不变的情况下，随煤灰质量分数增加，质量比混合指数 M 的方差先减小后增大，即煤焦和松木屑焦的混合先逐渐趋

于均匀然后混合质量又下降。在气固流化床中，不同种类颗粒间的混合与分离和气泡行为密切相关，特别是气泡尾涡对颗粒的夹带、尾涡和乳相两相间颗粒的交换等[22]。煤灰的质量分数较小时，在床层下部质量比混合指数 M 小于1，松木屑焦在床层底部富集，煤焦和松木屑焦混合均匀性较差。随煤灰分加入量增加，床层内气泡尾涡对颗粒夹带而形成的循环运动减弱，重组分特别是煤灰在床层下部的浓度变大，导致松木屑焦在床层下部浓度逐渐减小，在床层上部浓度逐渐增大，使质量比混合指数 M 趋近于1，其方差 σ^2 减小，煤焦和松木屑焦混合趋于均匀。但是，在操作气速不变时，灰分加入量过大就会大大降低体系的流化数，使体系的流化质量下降，床层内颗粒循环运动进一步减弱，重组分尤其是煤灰浓度的增大，导致松木屑焦在床层上部浓度继续增加，逐渐富集，不利于煤焦和松木屑焦的混合。当灰分在三组分混合物中质量分数为21.4％时，可以看到，灰分在床层底部浓度较大，床层内气固之间的扰动减弱，气泡数量大大减少，煤焦和生物质焦的混合质量开始下降。当灰分的质量分数为28.6％时，可以明显观察到部分灰分集中在床层底部，对气体进行再分布，床层压降较大且大幅波动，使煤焦和松木屑焦的混合状况进一步变差。

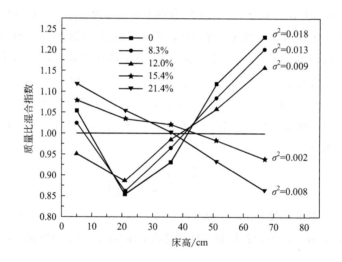

图4-4　不同的灰含量下煤焦与松木屑焦质量比混合指数沿床高的分布

从图4-4还可以看出，灰的质量分数较小时，在床层底部煤焦和生物质焦混合趋于均匀。这主要是锥形分布板底部射流使床层底部扰动加剧，有利于煤焦和生物质焦均匀混合。

二、各组分粒径对混合的影响

图4-5是煤焦、松木屑焦和750g不同粒径的煤灰混合时质量比混合指数沿床高

的变化曲线。可以看出，保持操作气速和灰含量不变，随着灰分粒径的减小，质量比混合指数 M 的方差变小，煤焦与生物质焦混合趋于均匀。在混合物中，煤灰的密度较大，粒径较小，较容易进入尾涡相[8]。随着灰分粒径的减小，更多的灰分进入尾涡相，气泡尾涡中煤焦的浓度下降，尾涡对煤焦的夹带作用减弱，对煤灰的夹带作用增强，使床层上部煤焦的浓度减小，而煤灰的浓度增大。松木屑焦的浓度随着煤灰、煤焦浓度的变化而变化，在床层上部的浓度增大，在床层下部浓度减小，见图 4-6。根据质量比混合指数 M 的定义可知，煤焦和松木屑焦在床层中浓度分布的变化使质量比混合指数 M 更接近于 1，煤焦与生物质焦混合质量提高。在操作气速不变时，随煤灰粒径的减小，体系的流化数变大，从透明的流化床中可以观察到床内气泡数量增多，上升速度变快，气泡之间的聚并和破碎加剧，明显增强了体系的扰动，有利于整个体系的均匀混合。当煤灰的粒径为 0.612mm，略大于煤焦的粒径时，体系的流化数降低，流化质量明显变差，可以观察到部分灰分集中于底部，对气体进行再分布，不利于煤焦和生物质焦的混合。

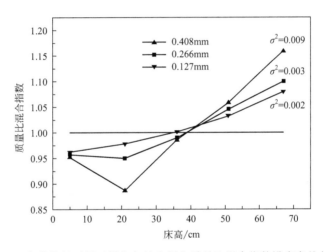

图 4-5　灰分粒径不同时煤焦与松木屑焦质量比混合指数沿床高的分布

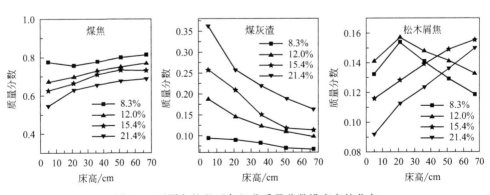

图 4-6　不同灰粒径下各组分质量分数沿床高的分布

三、操作气速对混合的影响

图 4-7 是煤焦、松木屑焦混合物和 1500g 粒径为 0.408mm 的煤灰混合时，不同操作气速下煤焦和松木屑焦质量比混合指数沿床高的变化曲线。可以看出，保持灰分的粒径和含量不变，随着操作气速增大，质量比混合指数 M 趋近于 1，其方差变小，煤焦和松木屑焦混合趋于均匀。在操作气速较小时，从透明的流化床上可以明显观察到：床内气泡较少并缓慢上移，灰分在流化的床层中慢慢地向下移动，经过较长时间逐渐到达床层底部，即分布板附近；床层内颗粒的循环运动较弱。增大操作气速，可以观察到床层内气泡的数量增多，上升速度增大，对重组分的向上夹带作用增强，物料上升和下降的循环运动加剧，整个体系的扰动明显增强。从两相传质情况来看，随操作气速增大，气泡的直径和破碎频率都增大，加剧气泡间的聚并和破碎，有利于两相间的传质。气泡的这些行为都有利于煤焦和生物质焦的均匀混合。严建华等[9]用摄像法研究了流化床内颗粒的混合，发现操作气速增加使不同深度处的床料特别是床层深部的颗粒在垂直和水平方向上的速度不均匀性增加，速度梯度增大，从而促进颗粒的混合。另外，由图 4-7 中方差的变化幅度还可以看出，随着操作气速增大，体系流化质量提高，操作气速对煤焦、生物质焦混合的影响逐渐变小。

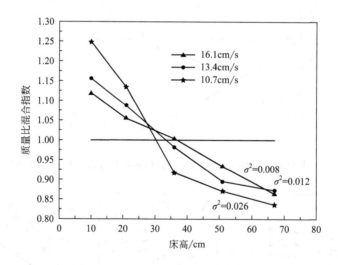

图 4-7　不同操作气速下煤焦与松木屑焦质量比混合指数沿床高的分布

对三组分而言，选用粒径相同的煤焦和煤灰以及粒径较大的松木屑焦为原料，考察灰分对煤焦和松木屑焦混合的影响，定义质量比混合指数对其进行描述。结果表明：

① 保持操作气速不变，灰含量的增加使松木屑焦的富集位置向上转移；

② 减小灰分粒径、在灰含量小于 15.4% 的范围内增加灰含量、增大操作气速均有利于煤焦和松木屑焦的混合；

③ 质量比混合指数能够较好地描述灰分存在时煤焦和生物质焦两组分的混合情况。

参 考 文 献

[1] Brown R C. Catalytic effects observed during the CO₂—Gasification of coal and switchgrass [J]. Biomass and Bioenergy, 2000, 18 (6): 499-506.

[2] 郭庆杰, 张济宇, 刘振宇. 生物质惰性颗粒混合物的混合分离特性 [J]. 煤炭转化, 1999, 22 (3): 87-91.

[3] 曾庭华, 黄国权, 蒋旭光, 等. 泥煤流化床中物料混合规律的研究 [J]. 燃烧科学与技术, 1997, 3 (3): 316-321.

[4] 何玉荣, 陆慧林, 别如山, 等. 鼓泡流化床宽筛分颗粒气固两相流动的流体动力学 [J]. 动力工程, 2003, 23 (5): 2646-2651.

[5] Das M, Banerjee M, Saha R K. Segregation and mixing effects in the riser of a circulating fluidized bed [J]. Powder Technology, 2007, 178: 179-186.

[6] 陈冠益, 方梦祥, 骆仲泱, 等. 稻壳与石英砂及煤粒的流化与混合特性研究 [J]. 热能动力工程, 1998, 13 (5): 321-324.

[7] Bilbao R, Lezaun J, Menenden M, et al. Model of mixing-segregation for straw/sand mixtures in fluidized beds [J]. Powder Technology, 1988, 56 (3): 149-155.

[8] Chen J L P, Keairns D L. Particle segregation in a fluidized bed [J]. The Canadian Journal of Chemical Engineer, 1975, 53: 395-402.

[9] 严建华, 朱建新, 马增益, 等. 图像法用于流化床颗粒混合特性的研究 [J]. 高校化学工程学报, 2006, 20 (5): 745-751.

[10] 董丽萍, 叶世超, 吕芹. 振动流化床中颗粒的混合与分离研究 [J]. 化工装备技术, 2005, 26 (5): 8-11.

[11] 靳海波, 张济宇, 张碧江. 振动流化床中双组分颗粒分离特性 [J]. 过程工程学报, 2001, 1 (4): 347-350.

[12] 周亚明, 沈湘林. 气固流化床内颗粒的内循环特性的研究 [J]. 热能动力工程, 2000, 15 (85): 12-14.

[13] 张树青, 卢春喜, 时铭显, 等. 气固流化床中大差异双组分分级特性的实验研究 [J]. 高校化学工程学报, 2007, 21 (2): 243-250.

[14] Rowe P N, Nienow A W. Particle mixing and segregation in gas fluidized beds [J]. Powder Technology, 1976, 15 (2): 141-147.

[15] Chiba S, Chiba T, Nienow A W. The minimum fluidization velocity: Bed expansion and pressure-drop profile of binary particle mixtures [J]. Powder Technology, 1978, 22 (2): 255-269.

[16] Nienow A W, Rowe P N. A quantitative analysis of the mixing of two segregating powders of different density in a gas-fluidised bed [J]. Powder Technology, 1978, 20 (1): 89-97.

[17] Lacey P M C. Development in the theory of particle mixing [J]. Journal of Applied Chemistry, 1954, 4 (4): 257-268.

[18] Rhodes M J, Nguyen M, Wang X S, et al. Study of mixing in gas-fluidized beds using a DEM model [J]. Chemical Engineering Science, 2001, 56 (8): 2859-2866.

[19] Nienow A W, Rowe P N, Agbim A J. A note on the liquid-like properties of gas fluidised beds [J]. Trans. Inst. Chem. Eng, 1973, 51: 260-264.

[20] 沈来宏, 章名耀. 鼓泡流化床内颗粒混合的对流—扩散模型 [J]. 中国电机工程学报, 1995, 15 (1): 45-53.

[21] Feng Y Q. Yu A B. Microdynamic modelling and analysis of the mixing and segregation of binary mixtures of particles in gas fluidization [J]. Chemical Engineering Science, 2007, 62: 256-268.

[22] Gibilaro L G, Rowe P N. A model for a segregation gas fluidized beds [J]. Chemical Engineering Science, 1974, 29 (6): 1403-1412.

第五章

低阶煤流化床气化影响因素及气化动力学

气化反应速率不但反映了低阶煤的活性，也对反应器和大型气化炉的处理能力有重大影响，对气化炉的设计和优化至关重要。本章首先介绍了低阶煤流化床气化的影响因素，然后介绍了常见的煤气化动力学模型，如均相模型、收缩核模型及活化能模型等，并对这些模型的适用范围和参数值的确定进行了讨论。

第一节 · 低阶煤流化床气化的影响因素

一、反应气氛

反应气氛主要指气化剂及其平衡气或煤炭挥发分。常用的气化剂有还原剂（H_2O、H_2）、氧化剂（O_2、空气、CO_2）。含惰性组分的平衡气（N_2、CO_2、Ar）用来调节气化剂浓度。首先，反应气氛中不同气化剂自身的反应活性影响褐煤的气化速率。其中，O_2、空气与褐煤的氧化反应速率最快，H_2O 与褐煤的气化反应速率次之，CO_2 与褐煤的气化反应速率再次之，H_2 与褐煤的气化反应速率最慢。

其次，不同气氛下褐煤半焦的微观空隙结构不同，进而导致半焦反应性和气化过程的差异。国内外的学者对不同气氛下褐煤半焦的物理化学结构进行了大量研究。Li 等[1]研究了 100% CO_2、15% H_2O+Ar、15% H_2O+CO_2 气氛所得半焦的结构变化，发现 H_2O 和 O_2 明显降低了半焦反应性，其中 H_2O 是半焦结构变化的决定因素。Tay 等[2]以维多利亚褐煤为原料，利用新型的流化床-固定床反应器研究了 800℃时 15% H_2O+Ar、0.4% O_2+15% H_2O+CO_2、0.4% O_2+CO_2 气氛下，褐煤半焦的结构和反应性变化，发现 15% H_2O+Ar 气氛下所得半焦的小芳香环结构含量与大环含量的相对比率降低，半焦芳香化结构增强，水蒸气对半焦空隙特征影响显著，而

0.4％ O_2＋CO_2 气氛下所得半焦的反应性却增强。这在一定程度上有力地支持了半焦-H_2O 反应与半焦-CO_2 反应的气化机理不同。Tay 等[3]也研究了 0.4％ O_2＋Ar 和 100％ CO_2 气氛下维多利亚褐煤在 800℃时气化半焦的反应性，发现 100％ CO_2 气氛下褐煤半焦的反应性比 0.4％ O_2＋Ar 气氛下的高。这说明 0.4％ O_2＋Ar 气氛下 O_2 含量较少，氧化反应微弱，对半焦结构的影响不如 100％ CO_2 对半焦结构的影响显著。同时也发现 100％ CO_2 气氛下所得焦中的 Na 含量比 0.4％ O_2＋Ar 气氛下的高。Bayarsaikhan 等[4]利用流化床反应器研究了反应气氛（挥发分气氛）对半焦气化过程的影响，发现挥发分和 H_2 抑制半焦水蒸气气化反应。Tay 等[5]研究了 15％ H_2＋Ar、15％ H_2O＋Ar、15％ H_2＋15％ H_2O＋Ar 三种气氛对褐煤气化半焦结构的影响。实验结果表明，氢气通过脱氧反应影响焦的结构，不利于褐煤气化反应的发生，具有显著的抑制作用。15％ H_2＋15％ H_2O＋Ar 气氛所得半焦的缩合程度大于 15％ H_2O＋Ar 气氛所得半焦，同时发现在 15％ H_2O＋Ar 气氛下半焦也可以通过氧化作用形成含氧结构，其形成机理有待进一步研究。这与 Bayarsaikhan 等[4]的研究结果一致。

同时，反应气氛对半焦的官能团变化也有影响，进而影响半焦反应性和气化过程。王永刚等[6]利用下行气流床研究了 H_2O、O_2、H_2O＋O_2 气氛下褐煤半焦官能团的变化，发现向水蒸气中添加氧气后半焦芳香甲基（2921cm^{-1}）和亚甲基（2854cm^{-1}）吸收强度降低，说明添加的氧气加速了这些基团的断裂，有利于水蒸气气化反应进行，进而提高褐煤转化率。芳香环（1057cm^{-1}）和芳香环上碳氢单键（1080cm^{-1}）吸收强度升高，说明添加氧气促进了半焦芳香环缩合，芳香度增加。许修强等[7,8]和 Sun 等[9]也发现，O_2 会大幅降低半焦中小芳环体系（≤5 环）与大芳环体系（≥6 环）比值，尤其在高温情况下。这主要是由于 O_2 的加入一方面加速了煤炭中小芳环体系（≤5 环）的消耗，另一方面水蒸气气化反应产生的大量尺度较小的自由基在煤炭内部自由穿梭，诱使小芳环体系（≤5 环）发生缩合。

另外，反应气氛也影响气化产物分布及煤气组成。Crnomarkovic 等[10]在 ϕ0.09m×1.5m 的气流床中研究了褐煤水蒸气气化过程，发现在水煤比（质量）0.287 和 0.024（代表无水蒸气状况）两种情况下煤气中有效成分体积分数随过量 O_2 系数变化曲线呈明显相反趋势；随着水煤比增加，有效成分体积分数增加，CO_2 体积分数下降。Lee 等[11]在沉降管式气流床反应器中研究了操作条件对煤炭气化的影响，发现增加 O_2 含量，CO、H_2 含量先增大后减小，CO/H_2 摩尔比随着反应温度增加而升高，CO 与 H_2 含量之和及 CO/H_2 摩尔比约在灰熔点达到最大值；增加 H_2O 含量，CO_2 含量增加，H_2 明显增加，CO 减少。Zeng 等[12]在流化床中研究了 N_2、N_2＋O_2、N_2＋O_2＋H_2O 气氛下 O_2 量、H_2O 量及温度对褐煤气化的影响。研究发现，随着 O_2 含量增加，煤气中 CO_2 和 H_2 含量增加；随着温度升高，煤气中有效成分含量增加。

二、气化温度

根据褐煤煤质的差异，褐煤温和气化的温度约在 $700 \sim 1200^{\circ}C$ 之间，明显低于干法或湿法气流床气化，大大降低了对设备材质的要求和设备加工难度，也提高了气化过程的安全性。与常见的气化过程一样，温度是影响褐煤温和气化过程的重要因素。从宏观上看，温度可以改变气化过程的速率控制步骤，相同条件下，温度越高，反应过程越趋于扩散控制；温度越低，反应过程越趋向化学反应控制，此时，随着温度升高，气化速率快速变大，褐煤转化率明显变大。从微观上看，温度升高，可以激活碳颗粒表面一些低活性的反应点，使其活化，同时增强处于活化状态反应点的活性，使其更加活泼，反应能力更强，从而改变气化反应的动力学参数活化能[13,14]。

褐煤温和气化过程主要涉及 O_2-半焦氧化反应、H_2O-半焦气化反应、CO_2-半焦气化反应。由于 O_2-半焦氧化反应的反应速率很快，在 $1400 \sim 1500^{\circ}C$ 时反应时间仅约几十毫秒，在 $1000 \sim 1200^{\circ}C$ 时不足 $1s$，而 H_2O-半焦气化反应和 CO_2-半焦气化反应速率较慢，因此，研究者对 H_2O 和 CO_2 的半焦气化反应与温度的关系研究较多。王芳等[15]以新疆吉尔萨尔县次烟煤为原料，在扩散影响最小化条件下利用自制的分析仪研究了半焦-H_2O 等温气化特性，发现相对于 $850^{\circ}C$，$1000^{\circ}C$ 时半焦-H_2O 气化速率明显较大，煤气中 $CO+H_2$ 含量急剧升高，气化反应时间缩短；同时发现，在 $750 \sim 950^{\circ}C$，化学反应为速控步，在反应开始时速率最快，而温度升高至 $950 \sim 1100^{\circ}C$ 时，气化过程受反应-扩散共同控制。Liu 等[16]在常压条件下研究了 $1000 \sim 1300^{\circ}C$ 温度范围内煤焦的 CO_2 气化，发现温度升高可以加快气化速率。王明敏等[17]研究了澳大利亚褐煤的水蒸气气化，结果发现，在 $850 \sim 1000^{\circ}C$ 范围内，温度越高，气化速率越大，温度小于 $900^{\circ}C$ 时，气化反应为速控步，而 $900^{\circ}C$ 以上时扩散作用明显增强。Ye 等[18]以南澳大利亚低阶煤为原料，研究了常压条件下温度对 CO_2-煤焦气化反应和 H_2O-煤焦气化反应的影响，发现在 $633^{\circ}C$ 时，H_2O-煤焦反应速率大于 CO_2-煤焦气化，且温度越高其反应速率差异越大。在 $714 \sim 892^{\circ}C$ 温度范围内，CO_2-煤焦气化反应和 H_2O-煤焦气化反应均受化学反应控制，当温度升高到 $900^{\circ}C$ 及以上时，气化速率增大，扩散过程相对较弱，对气化过程影响明显增强。杨小风等[19]以神府煤、榆林煤和淄博煤为原料，运用等温热重法，研究了反应温度 $900 \sim 1200^{\circ}C$ 时 CO_2-煤焦气化和 H_2O-煤焦气化反应特性，发现前者速率远远大于后者，且随着温度升高，在相同反应时间下，半焦转化率升高，达到极值的时间变短。3 种半焦气化速率均呈开口向下的抛物线状，温度越高，抛物线越窄，说明温度升高时，半焦的最大反应速率随之增大。Lee 等[11]利用沉降管反应器研究了温度对煤气组成的影响，发现温度越高，有效气含量越高。当气化温度升高至灰熔点（软化温度）附近时，有效气含量最大。

三、气化压力

在气化过程中，压力对褐煤温和气化过程的影响仅次于温度，压力可以改变气化剂浓度（分压）和分子扩散传质速率，进而影响气化速率。关于压力与 CO_2 和 H_2O 的半焦气化过程的关系，目前普遍认为在压力较低时影响较大，随着压力的升高，压力对气化过程的影响变弱，直至可以忽略[17,20-22]，这个过程可以用图 5-1 表示。实际上，这与 H_2O-半焦反应和 CO_2-半焦反应的氧交换机理[13,23] 相一致。该机理认为水蒸气或二氧化碳分子被高温碳层中的自由碳 C(f) 吸附，水分子变形，碳与水分子中的氧形成中间络合物［碳氧表面复合物，C(O)］，氢气析出，然后碳氧络合物在不同温度下形成不同量的 CO 和自由碳 C(f)，可以表示为：

$$XO+C(f) \Longleftrightarrow Y+C(O)$$
$$C(O) \longrightarrow CO$$

式中，XO 表示 CO_2 或 H_2O；Y 表示 CO 或 H_2。

Ergun[23] 和 Johnson[24] 利用冶金焦在小型流化床上研究了常压下水蒸气气化反应机理。Walker 等[25] 和 Pilcher 等[26] 也研究了水蒸气气化反应的机理，一致认为氧交换机理是正确的。按照以上机理，根据稳态平衡原理推导得出气化反应的速率方程式(5-1)。当压力较高或反应初期，反应气氛中 XO 含量较高，Y 趋近于 0，可以得到式(5-2)，该式与图 5-1 吻合较好。

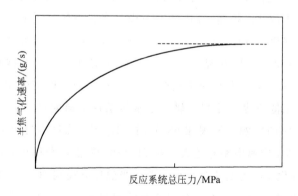

图 5-1　压力对半焦气化速率影响趋势示意图

$$r = \frac{k_1 P_{XO}}{1 + k_2 P_Y + k_3 P_{XO}} \tag{5-1}$$

$$r = \frac{k_1 P_{XO}}{1 + k_3 P_{XO}} \tag{5-2}$$

王明敏等[17] 以澳大利亚褐煤为原料，在热重分析仪上研究发现，气化速率随水蒸气分压线性增加（对数坐标绘图），故采用 n 次级数的方法计算气化速率，得到的水蒸气的浓度级数为 0.34。进一步分析得到的速率方程，发现随着压力的增大，反应速率增大，但压力增至某值后，速率不再增大。向银花等[20]以神木煤、彬县煤、王封煤为原料，用加压热天平研究了煤焦 CO_2 气化。结果表明：以 1.6MPa 为分界点，在低压区时，反应速率随压力升高快速增大；在高压区时，反应速率增速明显变小，当压力很大时，其影响基本可以忽略。陈义恭等[27]利用加压热天平研究了小龙潭褐煤等 8 种中国煤在 900℃制成的煤焦在 CO_2 气氛下的气化反应特性，发现以压力等于 1.0MPa 为分界点，得到与向银花等[20]的研究一致的结果。仅压力分界值不一样，这可能是煤种不同造成的。

邓一英[28]在高压管式炉中研究了宝一褐煤 CO_2 气化过程，发现不同温度下压力对气化过程的影响不一样：在 800～950℃，压力变化（2.0～2.5MPa）对 CO_2 气化反应影响很小，几乎可以忽略；当温度升高到 1000℃时，压力升高开始不利于煤焦气化。研究褐煤 H_2O 气化时发现，在 900℃时，压力的影响很小，在 950℃时，高压的利好作用开始显现。

Messenbock 等[21]利用高压丝网研究 0.1～3.0MPa 范围内煤焦 CO_2 气化，结果发现，在反应初期（大约 20s），随压力增大，煤焦转化率线性增加，随后，压力影响开始逐渐减弱。曹敏等[29]利用加压热分析仪研究了义马煤焦的 CO_2 反应性，发现压力（0.2～1.5MPa）的影响不明显。

Kajitani 等[22]指出，煤焦的水蒸气气化反应速率与煤焦的二氧化碳气化反应速率比值约为 5。Fermoso 等[30]选择 4 种不同变质程度的煤为原料，在 H_2O+O_2 气氛下研究了压力对气化过程的影响。结果发现，压力升高不利于有效气（H_2+CO）产量和碳转化率的增加，该现象对低阶煤更加显著，随煤阶升高而略有减弱，也就是说提高压力对气化过程具有负面影响。

四、挥发分-半焦相互作用

目前，工业化的气化过程都是连续进料、排渣的稳定态气化过程，原料煤不断被送入气化炉内，挥发分连续地生成，"充斥"炉内的任何部位。原料煤进入炉内后快速热解，形成半焦，可以说炉内的物料是由不同"年龄"的半焦混合组成的。这些半焦被挥发分"包围"，直到被气化完全或被带出。近期的研究发现，半焦在挥发分的"包围"下，其反应性会发生变化，挥发分的组成也会发生变化，也就是说，挥发分-半焦之间存在相互作用。在固定床和流化床中，气固近似逆流接触，这种相互作用较为明显。

挥发分-半焦作用会导致半焦活性降低，这主要是作用过程中所产生的小自由基的影响。首先，相互作用所产生的 H 自由基进入焦的骨架结构中，影响碱金属和碱土金属（AAEM）的挥发，尤其是 Na 的挥发（无论是游离形式的 Na 还是化合态的

Na），从而降低 Na 的浓度，继而影响焦的反应性[31,32]。其次，相互作用所产生的 H 自由基在小芳香环间自由穿梭，诱导小芳香环结构的缩聚，致使焦的反应性降低[7-9]。Wu 等[33,34]采用自制的新型反应器研究了挥发分-焦的作用对 Loy Yang 褐煤焦的影响，发现该相互作用下半焦的芳香度增加，Na 发生挥发，半焦活性降低。同时发现，这种相互作用对 Mg 和 Ca 的挥发影响较小。Zhang 等[31,32]采用自制的新型流化床反应器比较了挥发分-半焦相互作用存在和不存在时的气化结果，发现挥发分-焦的相互作用促使小芳香环向大芳香环系统的转化，挥发分抑制气化反应。Kajitani 等[35]发现挥发分重整产生的自由基与半焦相互作用，影响半焦的微观结构，提高半焦芳香度，在一定程度上降低半焦的反应性。Bayarsaikhan 等[4]研究表明，在鼓泡流化床中挥发分对水蒸气气化反应具有抑制作用，在 850～900℃、挥发分存在的条件下煤炭转化率约为 62%～85%时气化反应就基本停止；Bayarsaikhan 等也发现，挥发分和气体组分 H_2 均可以抑制焦的水蒸气气化反应的进行。Zhang[31,32]、Li[36]、Wu 等[33,34]的研究均发现，挥发分可以"加速"煤炭中 AAEM 的挥发，改变其分布形态，尤其是钠元素，从而降低其对气化等热转化过程的催化作用。在流化床中，挥发分-半焦的相互作用比较显著，该相互作用抑制半焦的气化反应，在碳转化率在 62%～85%之间时，甚至会终止半焦和水蒸气的反应。

可见，挥发分-半焦的相互反应能够导致 AAEM 的挥发，增强芳香环的缩聚反应，降低半焦的反应性。以褐煤作为气化原料时，现有的气化工艺均不同程度地受到挥发分-半焦相互作用的不利影响，尤其在气固近似逆流接触的固定床和流化床中。中国矿业大学（北京）提出的温和气化工艺采用下行气流床形式，尽量降低挥发分-半焦的相互作用，增大气化半焦活性和气化速率。

五、其他影响因素

褐煤富含 AAEM（主要是 Na、Mg、Ca），研究表明，它们可以催化褐煤气化过程，催化作用的大小主要取决于 AAEM 赋存形态。如 NaCl 的催化活性就远不如 Na_2CO_3，这是由于 Na^+ 与 Cl^- 结合紧密，限制了 Na^+ 和半焦的反应，不能形成催化活性位。温度较低时，NaCl 和 Na_2CO_3 的活性差异更大[37]。齐学军等[38]通过添加纯化学物质代替煤灰中碱或碱土金属、酸洗脱灰、低温灰化等预处理方式，研究发现，高活性的碱或碱土金属才有催化作用，可以与半焦官能团等发生离子交换，改变碳颗粒表面的电荷分布，形成活性位，如以羧酸盐形式存在的 Na（COO^-Na^+）。他们还指出，以硅酸盐的形式存在的 Na，没有催化作用。Masek 等[39]研究发现，挥发性 Na 对水蒸气重整没有催化作用，因此对气化过程也没有催化作用，只有存在焦颗粒表面的 Na 或 Ca，才能够催化焦油转化为 CO 和 H_2。

褐煤本身的物理和化学结构对气化也有很大影响。首先，褐煤的孔结构和变质程度影响褐煤及其煤焦的活性。许多学者认为，变质程度高的煤，反应性差。向银花等[20]以神木煤、彬县煤、王封煤为原料，用加压热天平研究了三种煤焦的 CO_2 气化特性，发现彬县煤、神木煤、王封煤的活化能依次降低，即煤阶高的王封煤活化能比煤阶低的神木煤、彬县煤活化能低。这说明煤炭的微观孔隙结构也可能是导致煤反应性较低的原因，不一定是活化能的缘故。陈路等[40]利用下行床进行了 $800\sim1400℃$ 煤炭的快速热解实验，发现不同煤阶煤的反应性明显不同。Yang 等[41]研究表明，高阶煤反应性比低阶煤差。

但是，也有学者[37,42,43]认为煤炭的反应性不仅仅受变质程度影响，还受到含氧官能团、矿物质等因素影响。因此，变质程度高的煤也有可能反应性较好。景旭亮等[43]研究发现，孔隙结构不是影响碳转化率和反应性的主要因素，石墨化的结构是转化率和反应性变化的决定因素。

第二节 · 低阶煤气化动力学模型

煤气化动力学对气化炉的设计和优化至关重要，可以说煤气化动力学方程的实用性和准确性在一定程度上反映了煤化学学科的研究水平，所以国内外的许多研究者致力于煤气化动力学的研究。但是由于煤炭组成和化学结构的不均匀性和复杂性，不同煤种气化过程差异很大，即使同一煤种，不同气化条件下（温度、压力、气化剂浓度）的气化过程也对应着不同的气化动力学参数，并且不同的煤气化模型所得的指前因子、活化能等参数可能具有较大差别。研究者从不同角度研究了煤炭气化过程，提出了多种煤气化动力学模型。

一、均相模型

煤气化反应是典型的非催化气固相反应，研究者借用液相-液相间和气相-气相间的反应模式，将煤颗粒看作组成和密度都均匀的物质。气化反应进行时，整个颗粒都发生气化反应，颗粒的尺寸不变，但密度均匀地变化。根据此假设，可以推导得到不同反应级数对应的反应速率表达式，见表 5-1。

表 5-1　均相模型中不同反应级数气化反应的速率方程

反应级数	微分形式	积分形式
1 级反应	$dx/dt=k(1-x)$	$-\ln(1-x)=kt$
1.5 级反应	$dx/dt=k(1-x)^{3/2}$	$2(1-x)^{-1/2}=kt$
2 级反应	$dx/dt=k(1-x)^2$	$(1-x)^{-1}=kt$

一般地，气化反应常被视为一级反应，一级反应模型简单且容易理解，被广泛应用[44-46]。其中，k 为反应速率常数，是温度和气化剂浓度的函数，该模型的微分形式又可以写为：

$$\frac{\mathrm{d}x}{\mathrm{d}t} = k_0 c_a^n \exp\left(-\frac{E}{RT}\right)(1-x) \qquad (5-3)$$

$$\frac{\mathrm{d}x}{\mathrm{d}t} = k_0 p_a^n \exp\left(-\frac{E}{RT}\right)(1-x) \qquad (5-4)$$

积分形式可以写为：

$$-\ln(1-x) = k_0 c_a^n \exp\left(-\frac{E}{RT}\right)t \qquad (5-5)$$

$$-\ln(1-x) = k_0 p_a^n \exp\left(-\frac{E}{RT}\right)t \qquad (5-6)$$

Yu 等[47]在研究澳大利亚次烟煤煤焦的水蒸气气化动力学时，发现气化反应速率随反应时间先增大后减小，提出了修正的均相模型，发现修正模型可以很好地描述实验结果。修正均相模型的表达式为

$$-\ln(1-x) = \alpha t^\beta \qquad (5-7)$$

式中，α 和 β 为对实验数据进行非线性回归得到的经验常数。陈鸿伟等[48]利用热重分析仪研究了准东煤的催化气化本征动力学，发现修正的均相模型与实验值吻合较好。范冬梅等[56]采用等温热重法研究了神木煤焦在 $900\sim1050\,^{\circ}\mathrm{C}$ 的 CO_2 和 H_2O 气化反应后期的动力学，发现修正体积模型对实验数据有很好的拟合效果。

二、未反应收缩核模型

该模型认为煤炭颗粒是组成均匀的球体、柱状或片状颗粒，气化剂经过扩散然后吸附在固体颗粒表面，化学反应仅发生在煤炭颗粒的外表面，煤炭颗粒被逐层"吞噬"。该模型忽略了气体在煤炭颗粒内部的扩散过程，灰层和未反应颗粒之间具有明显的界限。在不同条件下，气膜扩散、灰层扩散、化学反应可以分别成为决定气固反应速率的速率控制步骤。在拟稳态情况下，假定气化剂的浓度不随时间变化，传质速率系数也不随碳转化率的变化而变化，煤炭颗粒为球体时不同速率控制步骤对应的气化反应速率表达式见表 5-2。

表 5-2　未反应收缩核模型中不同速率控制步骤对应的气化反应速率

速率控制步骤	速率方程	备注
扩散控制	$x = (1/\tau)t$	有灰层形成
	$x = 1-(1-1/\tau)^3$	无灰层形成
灰层控制	$t/\tau = 3-3(1-x)^{2/3}-2x$	
化学反应控制	$t/\tau = 1-(1-x)^{1/3}$	一级反应

实际上，不同类型的反应器和操作条件下该模型的速率表达式是不一样的，应该根据具体的实验情况按照速率控制步骤原理推导速率方程。例如在平推流反应器中研究半焦的水蒸气气化反应，如果水蒸气的浓度比较大或者停留时间比较短，我们就可以假定水蒸气的浓度不随时间变化，煤炭颗粒始终在水蒸气进口浓度下发生气化反应，如果研究半焦的氧化反应，这样的假定就不合理。

帅超等[50]在热重分析仪上对小龙潭煤焦、府谷煤焦和晋城煤焦水蒸气气化过程进行了研究，结果发现，收缩核模型对变质程度较高的府谷煤焦和晋城煤焦适应性较好。Leonhardt 等[51]用未反应收缩核模型来描述碱金属催化条件下的水蒸气气化反应，发现该模型可以很好地描述低灰分煤种的催化气化过程。Zhang 等[52]研究了我国6 种无烟煤煤焦的 CO_2 气化反应，发现未反应收缩核模型可以很好地描述实验结果。田斌等[53]在小型加压固定床气化炉上考察了不同温度下型煤气化特性，采用未反应缩核模型和随机孔模型对实验数据进行拟合，计算气化反应的活化能，分别为44.00kJ/mol 和 48.56kJ/mol，相差很小。安国银等[54]利用均相反应模型、一维扩散模型及收缩核模型对高温下混煤燃烧过程进行了动力学计算，发现收缩核模型的准确性和精度最高，能够精确地模拟高温下混煤的燃烧过程。

三、混合模型

由于煤组成和性质的复杂性，气化过程中煤炭的孔隙结构等不断变化，Szekely 等[55]最早提出不能简单地认为气化过程符合均相模型、未反应收缩核模型或两者的线性加和，即当反应为 1 级时，$(1-x)$ 的指数并不一定是 1 或 2/3，而是一个不确定的值，该值与煤种和反应温度等有关。混合模型速率方程微分表达式为：

$$\frac{\mathrm{d}x}{\mathrm{d}t} = k(1-x)^m \tag{5-8}$$

积分表达式为：

$$x = 1 - \left(1 - \frac{kt}{1-m}\right)^{\frac{1}{1-m}} \tag{5-9}$$

式中，k、m 的值是根据实验数据模拟所得，具有较强的经验性。当 m 为 1 时，此模型是一级反应均相模型；当 m 为 2/3 时，此模型为扩散控制的未反应收缩核模型。k 为反应速率常数，是温度和气化剂浓度函数，该模型微分形式又可以写为：

$$\frac{\mathrm{d}x}{\mathrm{d}t} = k_0 c_a^n \exp\left(-\frac{E}{RT}\right)(1-x)^m \tag{5-10}$$

$$\frac{\mathrm{d}x}{\mathrm{d}t} = k_0 p_a^n \exp\left(-\frac{E}{RT}\right)(1-x)^m \tag{5-11}$$

积分表达式为：

$$x = 1 - \left[1 - \frac{k_0 c_a^{\ n} \exp\left(-\dfrac{E}{RT}\right) t}{1-m} \right]^{\frac{1}{1-m}} \tag{5-12}$$

$$x = 1 - \left[1 - \frac{k_0 p_a^{\ n} \exp\left(-\dfrac{E}{RT}\right) t}{1-m} \right]^{\frac{1}{1-m}} \tag{5-13}$$

范冬梅等[56]采用等温热重法研究了神木煤焦在 $900 \sim 1050℃$ 的 CO_2 和 H_2O 气化反应后期的动力学,发现混合模型和修正体积模型对实验数据有很好的拟合效果。向银花等[58]用加压热天平研究了神木煤、彬县煤、王封煤的 CO_2 气化反应,选用混合模型处理实验数据,发现预测准确性较好,模型中的参数 m 随着温度的升高而降低,随压力的增加而增大。帅超等[50]用热重分析仪进行了小龙潭煤焦、府谷煤焦和晋城煤焦水蒸气气化实验,发现混合模型可以很好地描述 3 种煤焦气化过程。

四、随机孔模型

Peterson[57]对气化过程中孔结构的变化进行了大量的研究,提出了简单的孔变化模型。Bhatia 等[59,60]在 Peterson[57]研究的基础上,通过引入孔结构参数 ψ 较好地描述了气化过程中孔结构的变化对反应速率的影响,提出了改进的孔模型。认为固体内部存在不同尺寸的圆柱孔,相互交叠,呈高斯分布,气化反应在圆柱孔内表面上进行,反应速率与微孔表面积变化成正比,忽略灰分对气化过程的影响。假定气化反应在动力学区域进行,忽略气体扩散的影响,推导出改进的随机孔模型,表达式如下:

$$\frac{\mathrm{d}x}{\mathrm{d}t} = k(1-x)\left[1 - \psi \ln(1-x)\right]^{\frac{1}{2}} \tag{5-14}$$

$$x = 1 - \exp\left[-\tau\left(1 + \frac{\psi\tau}{4}\right) \right] \tag{5-15}$$

式中,τ 为无因次时间;ψ 为颗粒尺寸和结构参数。计算式如下:

$$\tau = kt = \frac{S_0 c^n k_s t}{1-\varepsilon_0} \tag{5-16}$$

$$\psi = \frac{4\pi L_0 (1-\varepsilon_0)}{S_0^2} \tag{5-17}$$

式中,S_0 为煤焦的初始反应比表面积;L_0 为单位体积孔长;ε_0 为孔隙率;k_s 为本征反应速率常数;n 为反应级数。

随机孔模型考虑了孔隙结构随转化率的变化,可以很好地解释动力学控制区半焦气化行为,也能较好地描述反应速率在较低转化率($x < 39.3\%$)时出现极值的煤焦气化过程和反应速率逐步减小的情况,被广泛应用[61-64]。但该模型也存在一些不足:

①未考虑碱（碱土）金属等矿物质的催化效应；②认为气化反应速率与微孔总表面积成正比，而近年来的研究表明，气化反应速率与活性表面积成正比[59,65-68]（如 Bhatia 等[59]认为通常的孔结构模型主要考虑在微孔整个表面发生的气化反应，实际上气化反应速率主要与活性表面积有关）；③无法预测反应速率在较高转化率（$x > 60\%$）时出现极值的煤焦气化过程；④无法解释某些催化气化动力学行为［如 Struis 等[69]在研究金属的催化气化反应时发现反应速率的最大值发生在高碳转化率（$x = 70\%$）；Zhang 等[70]研究碱金属和碱土金属催化煤焦气化反应时，发现气化反应反应速率的最大值发生在高碳转化率（$x = 60\% \sim 80\%$）］。针对这一现象，Struis 等[69]和 Zhang 等[70]结合实验数据分析了气化过程，分别提出了修正的随机孔模型，分别见式(5-18)和式(5-19)。许多研究者在使用的过程中不断优化和修正随机孔模型。Ge 等[71]利用平均孔径代替随机孔模型中的高斯分布函数，简化了数学处理过程，且简化模型与沈北煤焦水蒸气气化的动力学实验数据吻合较好。Bhatia 等[72]考虑了微孔间的离散因素对颗粒尺寸和结构的影响，提出离散随机孔模型。Gupta 等[73]考虑了官能团或氢的初始孔表面与随后出现的新鲜孔表面反应性差异，提出了修正离散随机孔模型。

$$\frac{\mathrm{d}x}{\mathrm{d}t} = A_0 (1-x)[1-\psi\ln(1-x)]^{\frac{1}{2}}[1+(p+1)(bt)^p] \tag{5-18}$$

$$x = 1 - \exp\left[-\tau\left(1+\frac{\psi\tau}{4}\right)\right]$$

$$\tau = A_0 t + A_0 t(bt)^p$$

式中，b 为常数；p 为无因次幂函数；A_0 为煤焦的初始气化反应速率；τ 为无因次时间；ψ 为颗粒尺寸和结构参数，是煤焦的初始结构参数。

$$\frac{\mathrm{d}x}{\mathrm{d}t} = k_p (1-x)[1-\psi\ln(1-x)]^{\frac{1}{2}}(1+\theta^p) \tag{5-19}$$

式中，$\theta = cx$ 或 $\theta = c(1-x)$；k_p 为反应速率常数；p 为经验常数；ψ 为煤焦的初始结构参数。

五、气化机理模型

从气化机理的角度研究气化过程的动力学可以从微观上更加深入地理解气化过程。研究者根据基元反应的近似稳态原理或速率控制步骤原理，推导出气化动力学速率表达式。

不同的研究者从不同的角度研究煤气化过程，分别提出了不同的气化机理，其中氧交换机理被广泛应用和接受。Ergun[23]和 Johnson[24]利用冶金焦在小型流化床上研究了常压下水蒸气分解反应，给出了氧交换机理正确性的证据。Walker 等[25]和 Pilcher 等[26]也研究了水蒸气气化反应的机理，通过分析实验数据，也认为氧交换机理是正确的。

按照以上机理，根据稳态平衡原理推导气化反应的速率方程[74,75]，结果如下：

$$r = \frac{k_1 p_{XO}}{1 + k_2 p_Y + k_3 p_{XO}} \tag{5-20}$$

式中，XO 表示 CO_2 或 H_2O，Y 表示 CO 或 H_2。

Ergun[76]考虑到 CO 对 CO_2 和 H_2O 气化反应具有抑制作用，认为这是由于反应生成的 CO 再次被 C(f) 吸附，CO_2 气化反应包含可逆过程，CO 会抑制碳氧表面复合物的生成，从而抑制煤焦的气化反应，并提出了如下反应机理：

$$XO + C(f) \Longleftrightarrow Y + C(O)$$
$$C(O) \longrightarrow CO$$
$$CO + C(O) \Longleftrightarrow CO_2 + C(f)$$

该机理对应的速率方程为：

$$r = \frac{k_4 p_{H_2O} + k_5 p_{CO_2}}{1 + k_6 p_{XO} + k_7 p_{CO} + k_8 p_{H_2}} \tag{5-21}$$

式中，XO 表示 CO_2 或 H_2O；Y 表示 CO 或 H_2；k 表示分压系数。

Gadssby 等[77]认为 CO 的抑制作用是由自由碳位 C(f) 对 CO 的化学吸附引起的，并提出如下吸附理论：

$$XO + C(f) \longrightarrow Y + C(O)$$
$$CO + C(f) \Longleftrightarrow C(f)CO$$
$$C(f)CO \longrightarrow C(O) + C(f)$$

按照过渡态理论，推导得到的速率方程为：

$$r = \frac{k_4 p_{H_2O} + k_5 p_{CO_2}}{1 + k_6 p_{XO} + k_9 p_{CO} p_{CO}^2 + k_8 p_{H_2}} \tag{5-22}$$

式中，XO 表示 CO_2 或 H_2O；Y 表示 CO 或 H_2。

Blackwood 等[78]研究了压力大于 0.5MPa 时煤焦 CO_2 气化动力学，认为上述反应机理不适合描述压力大于 0.5MPa 时煤焦的 CO_2 气化反应过程，并提出如下机理：

$$CO_2 + C(f) \longrightarrow C(O) + CO$$
$$C(O) \longrightarrow CO$$
$$C(f) + CO \longrightarrow C(f)C(O)$$
$$CO_2 + C(f)C(O) \Longleftrightarrow 2CO + C(O)$$
$$CO + C(f)C(O) \Longleftrightarrow CO_2 + 2C(f)$$

依据上述气化机理，推导得到的气化速率方程如下：

$$r = \frac{k_{10} p_{CO}^2 + k_{11} p_{CO_2}}{1 + k_{12} p_{CO_2} + k_{13} p_{CO}} \tag{5-23}$$

根据上述机理和速率方程可以看出，随着 CO_2 压力的升高，碳氧复合物 [C(O)

和 C(f)C(O)] 达到饱和，压力对气化反应的影响不再显著，这与实验室研究结果吻合较好。王明敏等[17]在热重分析仪上研究了压力对澳大利亚低阶煤水蒸气气化过程的影响，发现随着压力的增大，气化反应速率增大，但在压力增大到某一值后，反应速率不再增大。向银花等[20]以神木煤、彬县煤、王封煤为原料，用加压热天平研究了三种煤焦在 CO_2 气氛下的气化反应特性。结果表明，当压力低于 1.6MPa 时，随着压力的增加反应速率明显增加；而当压力大于 1.6MPa 时，压力的影响变得不再显著；当压力很大时，压力对气化过程的影响基本可以忽略。陈义恭等[27]利用加压热天平研究了小龙潭低阶煤等 8 种中国煤煤焦的 CO_2 气化特性，发现当压力低于 1.0MPa 时，压力对反应速率影响显著，而当压力大于 1.0MPa 时，压力的影响变得不显著。

Wall 等[79]研究了高压下煤焦-水蒸气气化反应，提出水蒸气的解离吸附机理：

$$H_2O+C(f) \longrightarrow C(OH)+C(H)$$

$$C(OH)+C(H) \Longleftrightarrow C(O)+C(H_2)$$

$$C(O) \longrightarrow CO$$

Long 等[80]以椰子壳木炭为原料研究了压力 10～760mmHg 下 680～800℃的水蒸气气化反应机理，从键能的角度提出并验证了水蒸气解离吸附机理的正确性。Tay 等[5]研究了澳大利亚低阶煤的水蒸气气化过程，分析半焦结构发现，氢自由基加强了芳香环的缩聚，水蒸气存在条件下半焦中的含氧基团才大量增多，支持了水蒸气解离吸附机理。按照过渡态理论，推导可得该机理对应的速率方程：

$$r=\frac{k_{14}p_{H_2O}^2+k_{15}p_{H_2O}+k_{16}p_{H_2}p_{H_2O}}{1+k_{17}p_{H_2O}+k_{18}p_{H_2}} \tag{5-24}$$

以上机理模型中 k 为温度的函数，可由 Arrhenius 方程式计算得到：

$$k=k_0\exp\left(-\frac{E}{RT}\right) \tag{5-25}$$

六、分布活化能模型

分布活化能模型最早用来描述金属膜的电阻变化，后来用于煤热解[81-83]，近来被用于煤气化[83-85]，模型的具体表达式见式(5-26)。它认为气化过程由许多相互独立的一级不可逆反应组成，各个反应的活化能不同，呈某种连续分布，如阶梯分布或高斯分布。该模型的数学描述和数学处理过程比较复杂，并且需要指定频率因子和活化能分布假定，同时活化能的理论值与实验值在反应初期误差较大，未被广泛应用于计算煤气化动力学[82,84]。

$$1-x=\int_0^\infty -\left[k_0\int_0^t\exp\left(-\frac{E}{RT}\right)dt\right]f(E)dE \tag{5-26}$$

七、幂函数模型

均相模型、未反应收缩核模型、混合模型和随机孔模型是考虑了气化反应速率随碳转化率、半焦孔隙结构和化学性质的变化不断变化而建立的，但是，气化反应还受到操作条件的影响，如温度、总压力和气体分压的影响。鉴于此，研究者提出了幂函数模型[86]，该模型的速率表达式可写为：

$$\frac{\mathrm{d}x}{\mathrm{d}t} = kp^n \tag{5-27}$$

式中，n 为反应级数；k 为反应速率常数，与温度有关，可用 Arrhenius 方程计算得到。该模型主要考虑了压力温度的变化对反应速率的影响，没有考虑气体（如 CO 和 H_2）对煤焦气化过程的抑制作用[23]。

八、半经验模型

纯粹理论模型数学处理过程烦琐，而且准确性也不尽人意，研究者对实验数据进行整理拟合，提出了一些半经验模型[87-89]，如 Wen 等[87]提出的方程

$$\frac{\mathrm{d}x}{\mathrm{d}t} = k(1-x)\left(c_{H_2O} - \frac{RTc_{CO}c_{H_2}}{K_p}\right) \tag{5-28}$$

式中，x 为转化率；t 为时间；k 为反应速率常数；K_p 为平衡常数；T 为气化温度，℃；c 为气化剂的物质的量浓度。

九、小结

由于煤种不同，加上气化温度、压力、气氛等的影响，气化反应十分复杂，造成动力学方程形式各异，各有侧重点和适用范围。实际上，影响动力学的因素主要是温度和反应物浓度，所有的动力学微分形式和积分形式都可以表示为：

$$\frac{\mathrm{d}x}{\mathrm{d}t} = k(T)f(x) \tag{5-29}$$

$$Q(x) = k(T)t = \int_0^x \frac{1}{f(x)}\mathrm{d}x \tag{5-30}$$

上文所述的 8 种煤气化动力学模型中，分布活化能模型、幂函数模型、气化机理模型等在运用时，需要结合实际条件对部分参数进行假定或简化处理，才能得到速率方程的积分形式或数值解。未反应收缩核模型、均相模型等都可以获得数学积分形式，得到 $Q(x)$ 的数学表达式，常用的 $Q(x)$ 表达式见表 5-3。

表 5-3　常用的气化动力学积分表达式

序号	模型	使用条件	积分表达式
1	均相模型	1 级反应	$-\ln(1-x)=kt$
		1.5 级反应	$2(1-x)^{-1/2}=kt$
		2 级反应	$(1-x)^{-1}=kt$
2	修正均相模型	1 级反应	$-\ln(1-x)=at^\beta$
3	未反应收缩核模型(球状)	有灰层,扩散控制	$x=(1/\theta)t$
		无灰层,扩散控制	$x=1-(1-t/\theta)^3$
		灰层控制	$t/\theta=3-3(1-x)^{2/3}-2x$
		1 级反应控制	$t/\theta=1-(1-x)^{1/3}$
4	未反应收缩核模型(球状)	1 级反应控制	$t/\theta=1-(1-x)^{1/2}$
5	未反应收缩核模型(片状)	1 级反应控制	$t/\tau=x$
6	混合模型		$x=1-[1-kt/(1-m)]^{1/(1-m)}$
7	随机孔模型		$x=1-\exp[-\tau(1+\psi\tau/4)]$
8	修正随机孔模型		$x=1-\exp[-\tau(1+\psi\tau/4)]$
9	Anti-Jande 模型		$[(1+x)^{1/3}-1]^2=kt$

注：t 为反应时间；θ 为完全反应时间；x 为转化率；τ 为无因次时间；k 为反应速率常数；ψ 为颗粒尺寸和结构参数。

实际上，由于反应器和操作条件的差异，同一模型的速率表达式有可能是不一样的，应该根据实验条件和反应特点，重新推导速率方程[14,90]。例如在平推流反应器中研究半焦的水蒸气气化反应，如果水蒸气浓度 x_{H_2O} 比较小或者停留时间比较长，则不可以直接采用表 5-3 中的未反应收缩核模型。当反应处于一级化学反应控制时，根据反应式的化学计量关系，以单位时间单位内核反应面积为计量单位，可知消耗的碳量等于反应的水蒸气量的 β 倍，即：

$$\frac{1}{S_I}\times\frac{-\mathrm{d}M_C}{\mathrm{d}t}=\beta K_{H_2O}x_{H_2O} \tag{5-31}$$

式中，t 为反应时间，s；M_C 为半焦中碳的物质的量，mol；S_I 为半焦内表面积，m^2；K_{H_2O} 为气化反应速率常数，m/s；β 为反应方程式中水蒸气与碳的化学计量系数之比；x_{H_2O} 为水蒸气体积浓度，mol/m^3。如果视 x_{H_2O} 为定值，直接积分就可以得到表 5-3 中对应的动力学方程，但是此时，x_{H_2O} 随反应器的长度变化而变化，应先找到 x_{H_2O} 与 t 的数学关系，然后代入公式进行积分。

参 考 文 献

[1] Li T T，Zhang L，Dong L，et al. Effects of gasification atmosphere and temperature on char structural evolution during the gasification of Collie sub-bituminous coal [J]. Fuel, 2014，117：1190-1195.

[2] Tay H L，Kajitani S，Zhang S，et al. Effects of gasifying agent on the evolution of char structure during the gasification of Victorian brown coal [J]. Fuel, 2013, 103 (1)：22-28.

[3] Tay H L，Li C Z. Changes in char reactivity and structure during the gasification of a Victorian brown coal：Comparison between gasification in O_2 and CO_2 [J]. Fuel Processing Technology, 2010, 91 (8)：800-804.

[4] Bayarsaikhan B，Sonoyama N，Hosokai S，et al. Inhibition of steam gasification of char by volatiles in a fluidized bed under continuous feeding of a brown coal [J]. Fuel, 2006, 85 (3)：340-349.

[5] Tay H L，Kajitani S，Zhang S，et al. Inhibiting and other effects of hydrogen during gasification：Further insights from FT-Raman spectroscopy [J]. Fuel, 2014, 116：1-6.

[6] 王永刚，孙加亮，张书. 反应气氛对褐煤气化反应性及半焦结构的影响 [J]. 煤炭学报, 2014, 39 (8)：1765-1771.

[7] 许修强，王永刚，陈宗定，等. 胜利褐煤半焦冷却处理对其微观结构及反应性能的影响 [J]. 燃料化学学报, 2015, 43 (1)：1-8.

[8] 许修强，王永刚，张书，等. 褐煤原位气化半焦反应性及微观结构的演化行为 [J]. 燃料化学学报, 2015, 43 (3)：273-280.

[9] Sun J L，Chen X J，Wang F，et al. Effects of oxygen on the structure and reactivity of char during steam gasification of Shengli brown coal [J]. J Fuel Chem Technol, 2015, 43 (7)：769-778.

[10] Crnomarkovic N，Repic B，Mladenovic R，et al. Experimental investigation of role of steam in entrained flow coal gasification [J], Fuel, 2007, 86 (1)：194-202.

[11] Lee J G，Kim J H，Lee H G. Characteristics of entrained flow coal gasification in a drop tube reactor [J]. Fuel, 1996, 75 (9)：1035-1042.

[12] Zeng X，Wang Y，Yu J，et al. Coal pyrolysis in a fluidized bed for adapting to a two-stage gasification process [J]. Energy & Fuels, 2011, 25 (3)：1092-1098.

[13] 贺永德. 现代煤化工技术手册 [M]. 2版. 北京：化学工业出版社, 2011：445-450.

[14] 臧雅茹. 化学反应动力学 [M]. 天津：南开大学出版社, 1995.

[15] 王芳，曾玺，余剑，等. 微型流化床中煤焦水蒸气气化反应动力学研究 [J]. 沈阳化工大学学报, 2014, 28 (3)：213-219.

[16] Liu T F，Fang Y T，Wang Y. An experimental investigation into the gasification reactivity of chars prepared at high temperatures [J]. Fuel, 2008, 87 (4)：460-466.

[17] 王明敏，张建胜，岳光溪，等. 煤焦与水蒸气的气化实验及表观反应动力学分析 [J]. 中国电机工程学报, 2008, 28 (5)：34-38.

[18] Ye D P，Agnew J B，Zhang D K. Gasification of a south Australian low-rank coal with carbon dioxide and steam：Kinetics and reactivity studies [J]. Fuel, 1998, 77 (11)：1209-1219.

[19] 杨小风，周静，龚欣，等. 煤焦水蒸气气化特性及动力学研究 [J]. 煤炭转化, 2003, 26 (4)：46-50.

[20] 向银花，王洋，张建民，等. 加压条件下中国典型煤二氧化碳气化反应的热重研究 [J]. 燃料化学学报, 2002, 30 (5)：398-402.

[21] Messenbock R C，Dugwell D R，Kandiyoti R. Coal gasification in CO_2 and steam：Development of a steam injection facility for high-pressure wire-mesh reactors [J]. Energy & Fuels, 1999, 13 (1)：122-129.

［22］ Kajitani S，Hara S，Matsuda H. Gasification rate analysis of coal char with a pressurized drop tube furnace ［J］. Fuel，2002，81（5）：539-546.

［23］ Ergun S. Kinetics of the reactions of carbon dioxide and steam with coke ［J］. Technical Report Arthive & Image Library，1961.

［24］ Johnson J L. Kinetics of coal Gasification ［M］. New York：John Willy and Sons，1979.

［25］ Walker P L，Rusinko F，Austin L G. Gas reactions of carbon ［J］. Adv Catal，1959，11：133-221.

［26］ Pilcher J M，Walker P L，Wright C C. Kinetic study of the steam-carbon reaction-influence of temperature，partial pressure of water vapor and nature of carbon on gasification rates ［J］. Ind Eng Chem，1955，47（9）：1742-1749.

［27］ 陈义恭，沙兴中，任德庆，等. 加压下煤焦与二氧化碳反应的动力学研究 ［J］. 华东理工大学学报，1984，1（1）：42-53.

［28］ 邓一英. 煤焦在加压条件下的气化反应性研究 ［J］. 煤炭科学技术，2008，36（8），106-109.

［29］ 曹敏，王敏，谷小虎，等. 煤焦加压气化反应性研究 ［J］. 化学工程，2010，38（12），85-88.

［30］ Fermoso J，Arias B，Gil M V，et al. Co-gasification of different rank coals with biomass and petroleum coke in a high-pressure reactor for HZ-rich gas production ［J］. Bioresource Technology，2010，101（9）：3230-3235.

［31］ Zhang S，Min Z H，Tay H L，et al. Effects of volatile-char interactions on the evolution of char structure during the gasification of Victorian brown coal in steam ［J］. Fuel，2011，90（4）：1529-1535.

［32］ Zhang S，Hayashi J I，Li C-Z. Volatilization and catalytic effects of alkali and alkaline earth metallic species during the pyrolysis and gasification of Victorian brown coal. Part Ⅸ. Effects of volatile-charinteractions on char-H_2O and char-O_2 reactivities ［J］. Fuel，2011，90（4）：1655-1661.

［33］ Wu H W，Li X J，Hayashi J I，et al. Effects of volatile-char interactions on the reactivity of chars from NaCl-loaded Loy Yang brown coal ［J］. Fuel，2005，84（10）：1221-1228.

［34］ Wu H，Quyn D M，Li C Z. Volatilisation catalytic effects of alkali，alkaline earth metallic species during the pyrolysis，gasification of Victorian brown coal. Part Ⅲ. The importance of the interactions between volatiles and char at high temperature ［J］. Fuel，2002，81（1）：1033-1039.

［35］ Kajitani S，Tay H L，Zhang S，et al. Mechanisms and kinetic modeling of steam gasification of brown coal in the presence of volatile-char interactions ［J］. Fuel，2013，103：7-13.

［36］ Li X，Wu H，Hayashi J，et al. Volatilisation and catalytic effects of alkali and alkaline earth metallic species during the pyrolysis and gasification of Victorian brown coal. Part Ⅵ. Further investigation into the effects of volatile：Char interactions ［J］. Fuel，2004，83（1）：1273-1279.

［37］ Quyn D M，Wu H W，Bhattacharya S P，et al. Volatilisation and catalytic effects of alkali and alkaline earth metallic species during the pyrolysis and gasification of Victorian brown coal. Part Ⅱ. Effects of chemical form and valence ［J］. Fuel，2002，81：151-158.

［38］ 齐学军，郭欣，郑楚光. 矿物质对小龙潭褐煤气化反应性的影响 ［J］. 华中科技大学学报（自然科学版），2012，40（11）：115-118.

［39］ Masek O，Sonoyama N，Ohtsubo E，et al. Examination of catalytic roles of inherent metallic species in steam reforming of nascent volatiles from the rapid pyrolysis of a brown coal ［J］. Fuel Processing Technology，2007，88（2）：179-185.

［40］ 陈路，周志杰，刘鑫，等. 煤快速热解焦的微观结构对其气化活性的影响 ［J］. 燃料化学学报，

2012，40（6）：648-654.

[41] Yang Y, Watkinson A P. Gasification reactivity of some western Canadian coals [J]. Fuel, 1994，73（11）：1786-1791.

[42] Takarada T, Tamai Y, Tomita A. Reactives of 34 coals under steam gasification [J]. Fuel, 1995，64（10）：1438-1442.

[43] 景旭亮，王志青，余钟亮，等. 半焦多循环气化活性及微观结构分析 [J]. 燃料化学学报，2013，41（8）：917-921.

[44] 中国石油集团经济技术研究院. 2017 年度国内外油气行业发展报告 [R]. 北京：中国石油集团，2018.

[45] 李青松. 低阶煤化工技术 [M]. 北京：化学工业出版社，2014.

[46] 闫志强. 低阶煤综合利用需稳步推进 [N]. 中国能源报，2014-02-17（11）.

[47] Yu J, Tahmasebi A, Han Y, et al. A review on water in low rank coals：The existence, interaction with coal structure and effects on coal utilization [J]. Fuel Processing Technology, 2013，106（2），9-20.

[48] 陈鸿伟，穆兴龙，王远鑫，等. 准东煤气化动力学模型研究 [J]. 动力工程学报，2016，36（9）：690-696.

[49] 姚星一，王文森. 灰熔点计算公式的研究 [J]. 燃料学报，1959，4（3）：216-223.

[50] 帅超，宾谊沅，胡松，等. 煤焦水蒸气气化动力学模型及参数敏感性研究 [J]. 燃料化学学报，2013，41（5），558-564.

[51] Leonhardt P, Sulimma A, Heek K H V. Steam gasification of German hard coal using alkaline catalysts [J]. Fuel, 1983，62（2），200-204.

[52] Zhang L X, Huang J J, Fang Y T, et al. Gasification reactivity and kinetics of typical Chinese anthracite chars with steam and CO_2. Energy & Fuels, 2006，20（3），1201-1210.

[53] 田斌，杨芳芳，庞亚恒，等. 气化温度对型煤加压固定床气化反应特性的影响 [J]. 中国电机工程学报，2013，33（Z1）：128-134.

[54] 安国银，米翠丽. 几种恒定高温下混煤燃烧反应动力学模型对比 [J]. 热力发电，2016，45（5）：9-15.

[55] Szekely J, Evans J W, Sohn H Y. Gas-solid reactions [M]. England：Academic press London, 1976.

[56] 范冬梅，朱治平，吕清刚. 神木煤焦与 CO_2 和水蒸气反应后期动力学特性 [J]. 煤炭学报，2013，38（7），1265-1270.

[57] Peterson E E. Reaction of porous solids [J]. RICHE J, 1957，3：442-448.

[58] 向银花，王洋，张建民，等. 煤气化动力学模型研究 [J]. 燃料化学学报，2002，30（1）：21-26.

[59] Bhatia S K, Perlmutter D D. A random pore model for fluid-solid reactions：Ⅰ. Isothermal, kinetic control [J]. AIChE Journal, 1980，26（3），379-386.

[60] Bhatia S K, Perlmutter D D. A random pore model for fluid-solid reactions：Ⅱ. Diffusion and transport effects [J]. AIChE Journal, 1981，26（2），379-386.

[61] Shao J G, Zhang J L, Wang G W, et al. Combustion kinetics of coal char with random pore model [J]. Chinese Journal of Process Engineering, 2014，14（1）：108-113.

[62] Fan Y, Fan X L, Zhou Z J, et al. Kinetics of coal char gasification with CO_2 random pore model [J]. Journal of Fuel Chemistry & Technology, 2005：671-676.

[63] Singer S L，Ghoniem A F. An adaptive random pore model for multimodal pore structure evolution with application to char gasification [J]. Energy & Fuels，2011，25（4）：1423-1437.

[64] Zhang J L，Wang G W，Shao J G，et al. A modified random pore model for the kinetics of char gasification [J]. Bioresources，2014，9（2）：3497-3507.

[65] 徐继军，三浦孝一. 用封闭循环反应器对碳与二氧化碳气化反应中碱金属催化作用的研究 [J]. 燃料化学学报，1991，19（2）：7.

[66] Lizzio A A，Radovic L R. Transient kinetics study of catalytic char gasification in carbon dioxide [J]. Industrial & Engineering Chemistry Research，1991，30（8）：1735-1744.

[67] Lizzio A A，Hong J，Radovic L R. On the kinetics of carbon（char）gasification：Reconciling models with experiments [J]. Carbon，1990，28（1）：7-19.

[68] Radovic L R. Importance of carbon active sites in coal char gasification—8 years later [J]. Carbon，1991，29（6）：809-811.

[69] Struis R，Scala C V. Gasification reactivity of charcoal with CO_2. part Ⅱ：Metal catalysis as a function of conversion [J]. Chemical Engineering Science，2002，57（17）：3593-3602.

[70] Zhang Y，Hara S，Kajitani S，et al. Modeling of catalytic gasification kinetics of coal char and carbon [J]. Fuel，2010，89（1）：152-157.

[71] Ge C，Liu G，Dong Q. New approach for gasification of coal char [J]. Fuel，1987，66（6）：859-863.

[72] Bhatia S K，Vartak B J. Reaction of microporous solids：The discrete random pore model [J]. Carbon，1996，34（11）：1383-1391.

[73] Gupta J S，Bhatia S K. A modified discrete random pore model allowing for different initial surface reactivity [J]. Carbon，2000，38（1）：47-58.

[74] Strange J F，Walker P L. Carbon-carbon dioxide reacon：Langmuir-hinshelw ood kinetics at intermediate pressures [J]. Carbon，1976，14（6）：345-350.

[75] Koening P C，Squives R G，Laurendeau N M. Char gasification by carbon dioxide：Further evidence for a two-site model [J]. Fuel，1986，65（3）：412-416.

[76] Ergun S. Kinetics of reaction of carbon dioxide with carbon [J]. Journal of Physical Chemistry，1956，60（4）：480-485.

[77] Gadsby J，Long F L，Sleightholm P，et al. The inhibition of CO on char gasification [J]. Proc Roy Soc，1948，A193：357-365.

[78] Blackwood J，Ingeme A. The reaction of carbon with carbon dioxide at high pressure [J]. Australian Journal of Chemistry，1960，13（2）：194-209.

[79] Wall T F，Liu G S，Wu H W，et al. The effects of pressure on coal reactions during pulverised coal combustion and gasification [J]. Progress in Energy & Combustion Science，2002，28（5）：405-433.

[80] Long F J，Sykes K W. The mechanism of the steam-carbon reaction [J]. Proc Roy Soc，1948，A193：377-399. Sykes F. The mechanism of the steam-carbon reaction [J]. Proc Roy Soc，1948，193（1034）：377-399.

[81] Cai J，Wu W，Liu R，et al. A distributed activation energy model for the pyrolysis of lignocellulosic biomass [J]. Green Chemistry，2013. 15（5），1331-1340.

[82] 赵岩，邱朋华 . 煤热解动力学分布活化能模型局限性分析 [J]. 中国工程热物理学会论文，2015.

[83] 杨景标，张彦文，蔡宁生 . 煤热解动力学的单一反应模型和分布活化能模型比较 [J]. 热能动力工程，2010，25（3）：301-305.

[84] 刘旭光，李保庆 . 分布活化能模型的理论分析及其在半焦气化和模拟蒸馏体系中的应用 [J]. 燃料化学学报，2001，29（1）：54-59.

[85] 高正阳，胡佳琪，郭振，等 . 煤焦与生物质焦 CO_2 共气化特性及分布活化能研究 [J]. 中国电机工程学报，2011，31（8）：51-57.

[86] Roberts D G，Harris D J. Char gasification with O_2，CO_2，and H_2O：Effects of pressure on intrinsic reaction kinetics [J]. Energy Fuels，2000，14（2）：483-489.

[87] Wen C Y，Lee E S，Dutta S. Coal conversion technology [M]. Park Ridge：Noyes Data Corp，1976.

[88] Goyal A，Zabransky R F，Rehmat A. Gasification kinetics of western kentucky bituminous coal char [J]. Industrial & Engineering Chemistry Research，1989，28（12）：1767-1778.

[89] Adschiri T，Shiraha T，Kojima T，et al. Prediction of CO_2，gasification rate of char in fluidized bed gasifier [J]. Fuel，1986，65（12）：1688-1693.

[90] 毛在砂 . 化学反应工程学基础 [M]. 北京：科学出版社，2004.

第六章

低阶煤流化床气化
反应器及模型

为了从不同角度研究低阶煤气化反应过程，研究者搭建了不同类型的实验反应器，有助于更好地认识不同的流动形式、气固接触形式、操作控制形式等因素对气化过程的影响。目前，采用的实验室反应器类型主要有固定床、流化床、气流床（夹带流）以及新型复合床反应器，本章对各种反应器进行了介绍，重点介绍流化床气化反应器。在此基础上，介绍了反应器建模常用方法，并用低阶煤下行床气化为例说明了如何运用这些方法进行反应器建模。

第一节 · 低阶煤气化常用反应器类型

一、夹带流反应器

夹带流反应器由耐高温不锈钢筒体或石英类材料和套管式喷嘴组成，见图 6-1。采用电加热对结构细长的反应管加热，可以由多段独立管式电炉加热，等间距设置多个 K 型热电偶，分别检测温度。与工业化气流床（如 SHELL 和 GSP 气化炉）一样，夹带流反应器所用原料煤的粒径均小于 1mm，通常小于 0.5mm。实验时，煤颗粒由载气带入，沿着套管内管从上部喷入反应器内，在一定的温度和压力下，煤颗粒发生气化反应，气相产物从下部排出，半焦在反应器底部富集。

夹带流反应器主要用于研究反应气氛、气化温度和压力等操作条件对褐煤气化（含催化气化）的宏观影响，也可以用来模拟工业化气流床反应温度和压力下的气化动力学，但是模拟相应的气固流场分布尚有困难，因为进料入口处气固相间相对速度和射流长度都远不及工业装置[1-4]。同时，夹带流反应器用于研究停留时间（气化反应时间）对气化结果的影响时，往往通过改变进气总量（速率）来调节反应时间，这

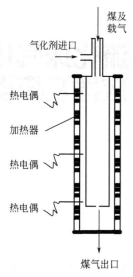

图 6-1　气流床反应器示意图

值得商榷。首先，随着进气总量的变化，气固停留时间确实发生了改变，但是气固相间相对速度和传质速率也发生了变化，甚至气化反应速率控制步骤有可能变化[5,6]；其次，随着进气总量的变化，气相和固相的停留时间不是严格的线性增加或减少，尤其是进口气速和反应器高径比较大时[1,3,4]。在设计反应器时将反应区域设置为多段，不但可以分段控温，也可以分段设置气体出口。这样通过改变反应器长度的方法调节反应时间，能避免其他因素的干扰，可大大提高实验结果的可靠性。

最近，一些研究者提出的"褐煤氧化反应和水蒸气气化反应之间存在协同效应"的观点就是最先在夹带流反应器中得到实验结果，然后在流化床等其他反应器中得到验证的。研究者[1,7-10]利用该反应器系统地研究了温度、粒径及气氛对胜利褐煤气化产物分布和气化半焦孔隙结构的影响，发现氧化反应和水蒸气气化反应之间存在显著的协同效应，其宏观特征为：H_2O+O_2 气氛下褐煤转化率明显大于 O_2 和 H_2O 单独气氛下褐煤转化率之和，即向 H_2O 气氛中添加 O_2 后褐煤转化率的增幅大于单独氧气氧化作用产生的褐煤转化率的增幅，即 B>A，见图 6-2[9]；同时，H_2O+O_2 气氛下水蒸气气化的表观反应速率和表观反应速率常数明显大于 H_2O 单独气氛下的数值[1,9]。该协同作用主要是由于氧化反应的开孔和扩孔作用使碳颗粒微孔数量、比表面积、孔容、吸附量大大增加，更多的碳表面活性位暴露了出来[10]，见图 6-3；氧化反应也促进了半焦中 C═O 键 [(531.6±0.5)eV]、C—O 键 [(534.1±0.4)eV] 的断裂和高活性的羧基 COO— [(533±0.6)eV] 的生成，见图 6-4[10]。可以看出，作者认为是氧化反应通过改变半焦的孔隙结构和官能团等化学结构进而促进了水蒸气气化反应。据文献报道[11,12]，水蒸气气化反应对半焦

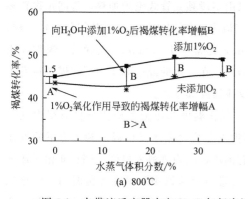

(a) 800℃

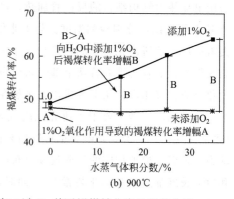

(b) 900℃

图 6-2　夹带流反应器中向 H_2O 气氛中添加 1% O_2 前后褐煤转化率的变化曲线

孔隙结构的影响也非常显著，尤其在气化前期，水蒸气的扩孔作用非常明显。水蒸气气化反应对氧化反应的协同促进作用是否存在以及协同作用的微观机理等问题都有待研究。同时，实验在贫氧条件下进行，氧化反应可能主要发生在气相，是活泼自由基的氧化过程，因此可以考虑从自由基反应角度探寻协同作用的机理。另外，协同作用存在时，水蒸气气化的本征动力学和气化机理将会发生哪些变化，如何与反应器建模过程有机结合，探寻协同作用对气化动力学和反应器建模影响的定量表达是今后研究中值得关注的问题。

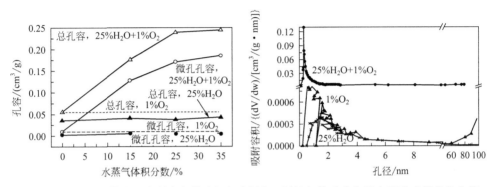

图 6-3　900℃时夹带流反应器中向蒸汽气氛中添加 1%氧气前后半焦孔容及孔半径变化曲线

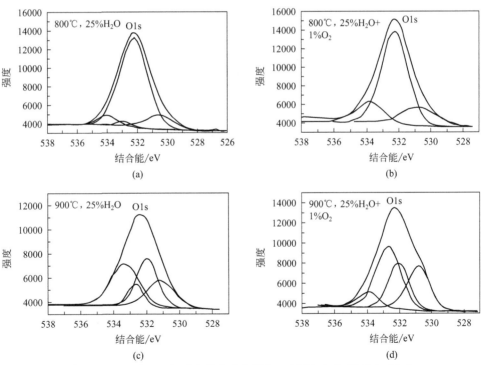

图 6-4　800℃和 900℃时夹带流反应器中 25% H_2O 和 $H_2O+1\%$ O_2
气氛下褐煤半焦的 XPS-O1s 图谱

褐煤气化主要是热解（惰性或贫氧气氛下）形成的半焦的气化，因此，制焦条件-半焦活性-气化速率形成一个"利益链"。利用夹带流反应器可以研究热解温度、升温速率及热解气氛等制焦条件对半焦活性的影响。范冬梅等[13]以宁夏石沟驿褐煤为原料，在夹带流反应器中以 700～950℃ 快速热解和慢速热解方式制备煤焦，考察了煤焦表面形貌和反应活性随制焦条件的变化。结果表明，煤焦气化反应速率主要受气化温度影响，受热解温度的影响相对较小；气化温度越高，煤焦-H_2O 和煤焦-CO_2 反应的速率差异越小；与煤焦-H_2O 气化相比，热解制焦条件对煤焦-CO_2 气化影响更大。利用夹带流反应器在贫氧气氛（如 N_2+2% O_2）下制取的半焦孔隙明显比惰性气氛下制得的半焦孔隙丰富，孔容增大十几倍，并且半焦表面的高活性基团（如甲基、羰基）增多[7]。这为半焦的氧化和气化都提供了有利条件，如在夹带流反应器中元宝山褐煤超细煤粉（平均粒径约 $50\mu m$）燃尽的反应时间约在 600ms[14]，胜利褐煤（80～100 目，约 0.15～0.18mm）在 N_2+1% O_2 气氛下完成燃烧反应约 0.5s[2]。当然，制焦气氛也影响褐煤中氮氧化物的释放规律和 AAEM 的挥发迁移规律[15,16]。

为了最大程度地模拟气流床的实际运行情况，一些研究者开发了高温高压夹带流反应器，该反应器用特殊材质制成，且需要一套精准的压力控制系统。研究者[17,18]发现，在高压和高温（1300～1500℃）条件下，褐煤具有较高的气化反应速率、气化效率和碳转化率，且相对于流化床反应器，这种反应器易于开发放大。Dai 等[18]开发了一种新型夹带流反应器（中间试验装置）。该反应器采用水煤浆进料，具有 4 个对置式进料喷嘴，气化温度、压力、进料时气固相间相对速度接近工业装置。利用该反应器研究反应气氛对煤气组成的影响，发现在 CO_2 气氛下干煤气中有效成分含量大于95%，在 H_2O+N_2 气氛下干煤气中有效成分含量大于90%，在 H_2O+CO_2 气氛下干煤气中有效成分含量大于92%。该反应器已经成功放大到工业级。此外，更高温度（>1500℃）的夹带流反应器被用来研究苛刻条件下褐煤气化特性。一些反应器的最高温度和压力分别达到 1800℃ 和 5.0MPa，远远高于工业化气流床[19]工作温度和压力。

二、流化床反应器

流化床反应器可以"消化"0～10mm 的粉煤，粒径分布越集中，越容易操作。气化时，煤颗粒在气化剂作用下在沸腾状态进行热化学反应。该反应器具有温度分布均匀、气固传热传质速率快，煤种适应广等特点，是一种高效的煤炭气化反应器，流化床反应器主要包括分布板、筒体、内置式返料装置［图 6-5(a)］或外置式返料装置［图 6-5(b)］。

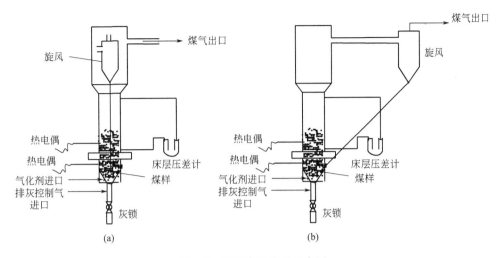

图 6-5　流化床反应器示意图

流化床反应器主要用于研究反应气氛、温度、压力对气化过程的影响，半间歇操作（一次进料，连续进气）时也可用来研究停留时间对气化过程的影响和气化本征动力学或宏观动力学。现场运行情况表明，温度是影响流化床气化的首要因素，气化温度每升高 5℃，煤气组成就会发生很大的变化，尤其是煤气中大分子物质（如萘）的含量变化更大。压力对煤气中甲烷含量的影响较大，呈正相关。

粒径对褐煤气化速率、转化率和煤气中有效气（H_2＋CO）含量影响较大，多数研究表明，它们呈正相关。也有研究表明[20]，随着褐煤颗粒粒径增大，褐煤转化率呈抛物线状变化，存在最大值。这可能与研究者采用的颗粒的粒径范围有关，前者采用的粒径正好落在抛物线的左半幅。同时，有研究表明[2,21]，同一种褐煤在相同气化温度和停留时间下，大粒径褐煤气化所得煤气有效气（CO＋H_2）含量大于小粒径褐煤，见图 6-6。

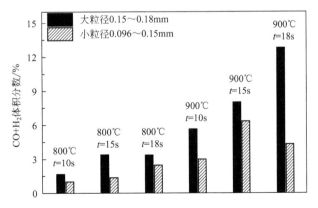

图 6-6　不同粒径胜利褐煤在不同停留时间下有效气含量变化[2]

实际上，粒径对褐煤气化的影响比较复杂，涉及温度、气氛、颗粒孔隙特征、分子扩散速率与气化速率等一系列问题，目前尚无系统的报道。下面几个原因可能导致大粒径颗粒的气化速率或有效气（$CO+H_2$）含量优于小粒径褐煤。

① 不同的速控步。在相同的气化温度和气固间相对速度下，小颗粒处于膜扩散或灰层扩散控制，而大颗粒处于气化反应速率控制，导致大颗粒具有较快的气化速率。

② 不同的孔隙特征。相同的气化气氛和温度下，大颗粒具有更发达的内部孔隙结构，小孔和微孔结构丰富，导致大颗粒的气化反应性优于小颗粒。

③ 不同的表面化学结构（如官能团等）。相同的气化气氛和温度下，大颗粒表面具有更多的活性小分子基团。

④ 半焦空隙结构和化学结构同时存在差异，即②和③的组合。

利用上述原因可以对一些实验现象进行解释，例如孙德财等[22]利用 CH_4-CO-N_2-O_2 贫氧燃烧产生的烟气对粉煤颗粒快速加热，制得大、小粒径半焦（平均粒径16.9μm、2.2μm）。通过表征半焦的空隙特征，发现小颗粒半焦比表面积远远小于大颗粒半焦，而且小颗粒半焦主要以大孔为主，大颗粒半焦以小孔为主，而且小颗粒半焦在825℃和850℃下的气化反应速率也低于大颗粒半焦，但是在875℃和900℃时，出现逆转。这主要是因为在低温下大颗粒半焦的气化反应受内扩散影响较小，具有较大的比表面积，导致反应速率较大，而在高温下内扩散影响加剧，导致反应速率下降，低于小颗粒半焦。靳志伟等[23]研究了 900～1100℃时乌兰察布褐煤的水蒸气气化特性，发现粒径在20～30mm的褐煤的气化速率大于粒径为10mm的褐煤，粒径在80～90mm的褐煤的气化速率大于粒径为 30～40mm 的褐煤，气化速率由大到小依次是 20～30mm、10mm、80～90mm、30～40mm的褐煤。可以看出，总体上 10～30mm 的小颗粒的气化速率大于 30～90mm 大颗粒的气化速率，这时小颗粒气化效果较好。但是分别对小颗粒和大颗粒进行二次分组，发现大颗粒气化效果较好。这可能是颗粒的孔隙结构差异造成的，同时也说明粒径对气化的影响是非常复杂的。除了上文提到的可能的解释，粒径范围的选择也是影响气化结果的重要因素。在不同的粒径范围内，粒径对气化的影响具有不同的特征。同时，粒径与进料速率之间存在协同作用[20]，也影响气化速率。关于该作用在不同操作条件（温度、压力及气氧比等）下的显著性及其作用机理等有待进一步深入研究。

与夹带流反应器一样，研究者也关注了流化床反应器中氧化反应和水蒸气气化反应之间的协同作用，发现该协同作用也同样存在[9]。但是仔细分析可以看出，流化床反应器中协同作用较弱，明显小于夹带流反应器。图6-7是在气流床反应器中向不同体积分数 H_2O 气氛中添加 O_2 前后褐煤转化率的变化曲线，图6-8和图6-9是改变反应器后在流化床反应器中进行同样实验的结果。可以看出，在 2 种反应器中，添加 O_2 后褐煤的转化率都明显增加。从图6-7中可以看出，在气流床中褐煤转化率增幅在 3.6%～5.5%。分析增幅原因，首先考虑 1% O_2 与煤焦发生氧化反应导致褐煤转化率提高。在 N_2 气氛下和 1% O_2 气氛下褐煤转化率分别为 43.57% 和 45.06%，说明 1% O_2 的氧化作用导致的转化率仅为 1.49%（A），明显小于添加氧气后褐煤转化率增幅 3.6%～5.5%（B），B＞A，存在协同作用。两者的差值（B－A）稳定在 2.11%～4.01% 之间[24]。同样，分析图 6-8 和图 6-9 中流化床反应器的气化过程可以看出，在氧气浓度为 0.6%、1.5% 时氧气氧化作用导致的褐煤转化率增幅分别为 2.57%、6.10%（A），也小于向 H_2O 气氛中添加 O_2 后褐煤转化率的增幅，但是两者的差值多小于 0.75%，并且个别试验点出现差值小于等于零的现象。

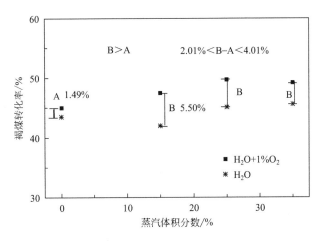

图 6-7　气流床反应器中 800℃时向蒸汽气氛中添加 1% 氧气前后褐煤转化率的变化曲线

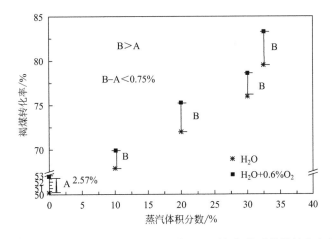

图 6-8　流化床反应器中 800℃时向蒸汽中添加 0.6% 氧气前后褐煤转化率的变化曲线

上述分析说明，在气流床和流化床中均存在氧化反应和水蒸气气化反应之间的协同作用。但是相对流化床反应器，气流床反应器中向水蒸气气氛添加氧气后褐煤转化

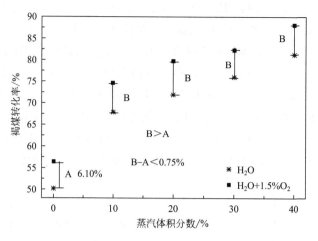

图 6-9 流化床反应器中 800℃时向蒸汽中添加 1.5％氧气前后褐煤转化率的变化

率的增幅与氧气氧化作用导致的褐煤转化率的增幅的差值（B－A）较大，协同作用更加稳定和显著。随着对协同作用微观机理的进一步研究，不同反应器中协同作用具有显著差异的原因才可以明确。

除了氧化反应和水蒸气气化反应的协同效应外，在流化床中煤粉进料速率（FC）、颗粒大小（PS）和气氧比（S/O）对褐煤转化率的影响也存在协同作用，并且在不同的 S/O 下协同作用差异显著；FC 和 PS 对煤气中 H_2/CO 比值的影响存在交互作用，该交互作用相对较弱且与 S/O 无关；三个因素对煤气产率的影响无明显交互作用，见图 6-10[25]。

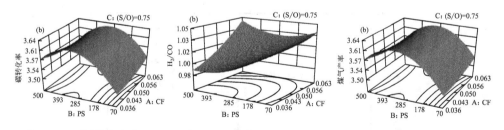

图 6-10 不同操作条件下的交互作用对气化结果（碳转化率、H_2/CO、煤气产率）的影响

半间歇操作（一次进料，连续进气）时流化床也可用来研究停留时间对气化过程的影响和气化本征动力学或宏观动力学。在研究本征动力学时，要提高气固相相对速度，同时减小颗粒粒径，尽量减小内扩散和外扩散的影响，以实现扩散影响最小化。一般情况下，温度越高气化反应速率越快，煤气中 CO＋H_2 含量越高，且在不同温度下气化过程处于不同的速控步下。新疆吉尔萨尔县次烟煤在 750～950℃时化学反应为速控步，在反应开始时速率最快，而温度升高至 950～1100℃时，气化过程受化学反应-扩散共同控制[25]。压力对气化速率的影响主要取决于气化剂的分压。随总压

力升高，煤焦气化速率和 CO 瞬间生成速率极值均升高；在相同温度下，煤焦的气化速度主要取决于 CO_2 的分压，与总压和 CO_2 体积分数关系不大[26]。增大 CO_2 的分压，气化速率随着增大，有效地降低煤炭颗粒周围反应产物 CO 分压，增大反应物 CO_2 的分压成为加快气化速率的有效方法。氧载体可以出色地完成这个任务，氧载体可以快速地将 CO 氧化成 CO_2，大大降低半焦"附近"CO 浓度（分压），增大 CO_2 浓度（分压），尤其是在较高的碳转化率下。图 6-11 和图 6-12 是 Saucedo 等[27]在流化床反应器中通过铁基氧载体"加速"褐煤半焦 CO_2 气化速率的原理图和半焦周围 CO 和 CO_2 浓度分布图。

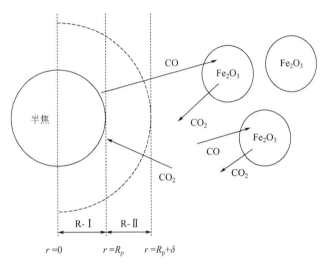

图 6-11　铁基氧载体加速褐煤半焦 CO_2 气化速率的原理图

（CO 被 Fe_2O_3 消耗生成 CO_2，提高 CO_2 分压）

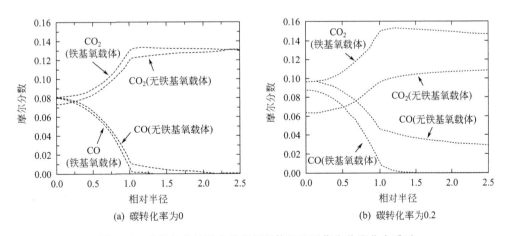

图 6-12　半焦气化过程中铁基氧载体和沙子作为共流化介质时

半焦颗粒周围 CO 和 CO_2 浓度分布图

在连续进料状态下，流化床反应器也可用来初步研究挥发分-半焦相互作用。连续进料的稳定态气化过程中，原料煤"连续"送入气化炉内，挥发分"连续"地生成，"充斥"炉内的任何部位。原料煤很快（一般小于 0.5s）形成热解半焦，这些半焦一直处于挥发分氛围下。挥发分的存在对半焦的热解和气化过程有显著影响，有、无挥发分包围时半焦的反应性差异明显。相应地，挥发分的组成也受到半焦热解过程的影响，这就是挥发分-半焦相互作用[28]。同时，不同气氛下（如 H_2O 和 N_2 气氛）形成的挥发分对半焦反应性的影响也存在差异[28]。研究者为了深入研究挥发分-半焦相互作用，相继开发了一段式流化床-固定床反应器和二段流化床-固定床反应器，在本章第一节（三、流化床-固定床反应器）中有详细讨论。

流化床反应器也存在一些缺点：流化风速操作范围较窄，不易操作；反应温度比煤灰软化温度低 80～150℃，温度过高会导致结渣；有粉尘带出，需要专门的收集设备，这样物料衡算计算出来半焦的质量才准确可靠；流化气速较高时带出粉尘量较大且碳含量高，还需要除尘设备[29]；高温高压下，各种反应交错进行，相互影响，气化过程和流场分布错综复杂，工程放大难度大。国内的山西煤化所和美国的气体技术研究所均对流化床气化技术进行了系统的研究，分别建立了示范性装置和工业化装置。其中，美国的气体技术研究所的流化床气化技术（U-GAS）在我国枣庄、义马分别建立了 0.2MPa 和 1.0MPa 的工业装置，正在探索装置"安、稳、长、满、优"运行经验。

三、流化床-固定床反应器

褐煤中存在大量的碱金属和碱土金属（AAEM），主要是 Na、Mg、Ca。一方面，AAEM 容易与其他金属氧化物（如二氧化硅、氧化铝、氧化铁等）形成低温共熔物，加速煤灰的熔融结渣，严重时导致工业气化炉停车；另一方面，不同化学形态的AAEM 对气化过程存在不同程度的催化作用。为了研究 AAEM 在气化过程中的迁移和催化机理，研究者开发了一段式和二段式流化床-固定床反应器。同时，该反应器也被用于研究挥发分-半焦相互作用对褐煤气化过程的影响，尤其是对 AAEM 迁移的影响。

1. 一段式流化床-固定床反应器

一段式流化床-固定床反应器是在流化床反应器的基础上改造而成，主要包括上下两个平板气体分布器（筛板）、石英砂床等，具有流化床和固定床两种床型的特点，见图 6-13。上部的气体分布器反应器的下面设置一个石英管，用于添加或移出石英砂，也可用于半焦的移出。实际上，该反应器相当于在普通流化床反应器的上部添加一个平板气体分布器，将流化床的内部空间进行二次分割。实验时，煤粉通过载气夹带进入反应器，形成类似沸腾状态的气固混合物，发生热解或气化反应（气化剂不同），半焦被气流夹带上升遇到上部的气体分布器后被截留下来，热态半焦黏结性强，粘附在气体分布器的下平面，随着进料时间的延长而不断累积，形成类似于"固定床"的床层。

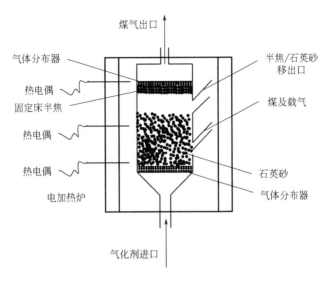

图 6-13　一段式流化床-固定床反应器示意图

可以看出，该反应器将气化产物中的气态和固态产物在"热态"下进行分离，避免了气态产物中的 AAEM 等在低温下冷凝在半焦表面，所以可以研究不同实验条件下 AAEM 的变迁演化和半焦中 AAEM 的赋存形态。Quyn 等[30]利用该反应器研究了 AAEM 挥发过程中的形态迁移，发现在脱挥发分和气化过程中，Na 与 Cl 分别挥发，Na 主要在热解时挥发。一般地，不同赋存形态的 AAEM 对半焦气化的催化作用存在显著差异，赋存形态对 AAEM 的催化作用具有决定性的影响，如 NaCl 的催化作用远远不如羧酸钠[31]。同时，不同的热解温度和压力制得的半焦中 AAEM 的赋存形态存在很大差异，也可能表现为催化活性的差异，如 500℃、600℃ 和 700℃ 热解半焦中 Na 的赋存形态就不一样[30]；100% CO_2 气氛下半焦中 Na 含量比 0.4% O_2＋Ar 气氛下 Na 含量高[32]。

也可看出，如果连续进料，则固定床中半焦持续暴露在挥发分气氛中；如果间歇进料，则可以使固定床中的半焦处于气化剂气氛下，避免挥发分-半焦的相互作用。因此，该反应器也可以用来研究挥发分-半焦的相互作用对半焦微观孔隙结构和官能团变化的影响。一般地，挥发分-半焦的相互作用可以显著抑制气化反应。在挥发分-半焦的相互作用下，随着进料时间延长，制得的半焦的反应性越来越差，见图 6-14[33]。在无挥发分-半焦相互作用时，随着进料时间延长，制得的半焦的反应性越来越强，见图 6-14[15]。总结原因，首先，挥发分重整产生的自由基占据半焦活性位，减少了半焦表面有效活性位的可用数量，降低了半焦反应性[15]；其次，挥发分重整产生的自由基与半焦相互作用，影响半焦的微观结构，促使半焦中小芳香环结构缩合，提高了半焦芳香度，在一定程度上降低了半焦活性[34]；另外，挥发分-半焦的相互作用影响碱金属和碱土金属的迁移，尤其是对 Mg、Ca、Na 的挥发具有显著影响，改变催化剂的分布状态，降低气化反应速率，见图 6-15[35,36]。

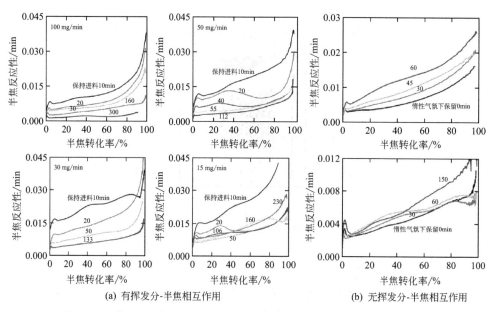

(a) 有挥发分-半焦相互作用　　　　(b) 无挥发分-半焦相互作用

图 6-14　在有、无挥发分-半焦作用下褐煤瞬时反应性与转化率的关系曲线

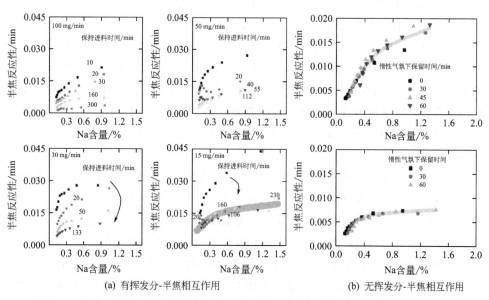

(a) 有挥发分-半焦相互作用　　　　(b) 无挥发分-半焦相互作用

图 6-15　在有、无挥发分-半焦作用下褐煤瞬时反应性与半焦中 Na 含量的关系曲线

当然，一段式流化床-固定床反应器也可以用来研究气氛、温度对气化过程的影响。Tay 等[39]以维多利亚褐煤为原料，利用该反应器研究了 15% H_2O+Ar、0.4% O_2+15% H_2O+CO_2、0.4% O_2+CO_2、0.4% O_2+Ar、100% CO_2 气氛下褐煤的反应性变化。结果发现水蒸气和二氧化碳对半焦结构的影响显著不同，在一定程度上佐证了半焦-H_2O 与半焦-CO_2 气化反应的机理不同，常用的水蒸气气化氧交换机理和解离吸附机理不一定适用于 CO_2 气化反应，这与 Gadssby[37] 和 Blackwood 等[38] 的研究结果一致。另外，Tay 等[39] 还利用该反应器研究了 15% H_2+Ar、15% H_2O+Ar、15% H_2+15% H_2O+Ar 三种气氛对褐煤气化半焦结构的影响，发现氢气对气化过程具有抑制作用，同时发现在 H_2O 气氛下半焦也可以通过氧化作用形成含氧结构，使半焦中含有大量含氧基团。该研究结果与水蒸气气化的解离吸附机理吻合。首先，该机理认为反应生成的 H_2 以一定的稳态形式存在于碳表面，占据吸附水蒸气分子的活性位，阻碍水蒸气气化反应的进行[40]。事实上，H_2 对反应的阻滞作用已经被 Bayarsaikhan 等[28] 的研究证实。其次，水蒸气存在条件下，游离的氢自由基加强了芳香环的缩聚，半焦中的含氧基团大量增多，这些都很好地支持了解离吸附机理。

2. 二段式流化床-固定床反应器

二段式流化床-固定床反应器也是在流化床反应器的基础上改造而成的，包括上、中、下三个平板气体分布器（筛板），比一段式流化床-固定床反应器多了一个平板气体分布器，见图 6-16。实际上，该反应器相当于在普通流化床反应器的上部添加两个

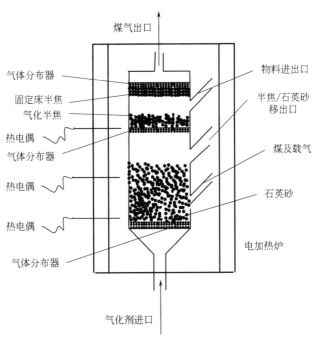

图 6-16　二段式流化床-固定床反应器示意图

平板气体分布器，将流化床的内部空间进行分割。该反应器形成的固定床位于中间筛板上方，中间筛板下方空间为流化床区域。实验时，可以通过切换下部流化床"有/无"进料状态，更好地研究半焦-挥发分间的相互作用。下部流化床无进料时，只作为加热载体；下部流化床有进料（连续进料）时，所产生的挥发分会上行，影响上部床层中半焦的气化过程。

研究者发现，该反应器的挥发分和半焦的相互作用不仅限于半焦表面，也影响半焦的碳结构中芳香环的重整反应[41,42]，使褐煤焦的芳香度增加，Na 发生挥发，半焦活性下降。这与一段式流化床-固定床反应器的实验结果完全一致。值得说明的是，在一段式流化床-固定床反应器中研究者仅仅提出 AAEM 赋存形态影响催化作用[30-32]。研究者利用该反应器研究了 AAEM 赋存形态影响催化作用的具体途径（即催化机理）。高活性的碱金属或碱土金属才有催化作用，可以与半焦官能团等发生离子交换，改变碳颗粒表面的电荷分布，形成活性位，以羧酸盐（COO-Na）形式存在的 Na 容易与活性基团发生离子交换，催化性能较好。相反，以硅酸盐形式存在的 Na，难以发生离子交换，基本没有催化作用[43]。同时，从赋存位置来看，只有依附在焦炭颗粒表面的 AAEM 才有催化作用，能够催化焦油转化为 CO 和 H_2。挥发性的 AAEM 没有催化作用，如挥发性的 Na 对水蒸气重整反应和气化反应均无催化作用[44]。

四、常压/加压热重

常压热重分析仪、加压热重分析仪在化工和化学领域使用广泛，尤其是在研究气固反应宏观动力学和本征动力学中，具有快速、准确、直观的特点，可以获得大量丰富的动力学数据。如图 6-17 所示，热重分析仪通常由一个高精密的天平、微型加热

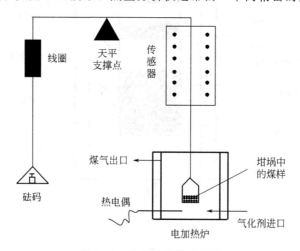

图 6-17　热重分析仪示意图

炉、坩埚组成。其中坩埚作为天平一端的"称重台"，坩埚内样品通过电加热＋热电偶组合精确控温，反应气氛可以根据实验需要调节。

常压/加压热重分析仪可以研究等温和一定升温速率（分段设置）条件下，褐煤、半焦及负载催化剂半焦的常压/加压气化动力学。

首先，热重分析仪可以方便地研究气化剂分压对气化速率的影响。王明敏等[45]以澳大利亚褐煤为原料，在热重分析仪上研究了水蒸气分压对褐煤煤焦气化过程的影响，发现气化速率随水蒸气分压线性增加（对数坐标绘图），水蒸气的浓度级数为0.34。向银花等[46]以神木煤、彬县煤、王封煤为原料，用加压热天平研究了三种煤焦的 CO_2 气化特性，发现三种煤焦气化速率符合 Arrhenius 定律，以 1.6MPa 为分界点，压力对反应速率的影响显著，随压力升高，其影响逐渐变得不显著。陈义恭等[47]利用加压热天平研究了小龙潭褐煤等 8 种中国煤焦在 900℃ 时的 CO_2 气化特性，也发现同样的规律，但是压力的分界值为 1.0MPa。可以看出，水蒸气分压与二氧化碳分压对气化速率的影响不同，这可能是两者气化机理的差异导致的。水蒸气气化可以用 Ergun[48] 和 Johnson[49] 的著名氧交换机理进行解释。二氧化碳气化可以用 Black-wood 等[38] 提出的双复合物气化机理进行解释，该机理如下：

$$CO_2 + C(f) \longrightarrow C(O) + CO$$

$$C(O) \longrightarrow CO$$

$$C(f) + CO \longrightarrow C(f)C(O)$$

$$CO_2 + C(f)C(O) \Longleftrightarrow 2CO + C(O)$$

$$CO + C(f)C(O) \Longleftrightarrow CO_2 + 2C(f)$$

根据上述气化机理推导得到的气化速率方程如下：

$$r = \frac{k_{10} p_{CO}^2 + k_{11} p_{CO_2}}{1 + k_{12} p_{CO_2} + k_{13} p_{CO}}$$

式中，p 为各组分分压，Pa；k 为分压系数。

根据上述机理和速率方程可以看出，随着 CO_2 压力的升高，碳氧复合物［$C(O)$ 和 $C(f)C(O)$］达到饱和，压力对气化反应的影响不再显著，这与向银花等[46]、陈义恭等[47]的研究结果吻合较好。

其次，利用热重研究碱金属和碱土金属（AAEM）对褐煤气化的催化作用可以方便地得到气化速率-转化率-时间关系图。刘洋等[50]利用加压热重分析仪开展 CaO 对准东煤中温（700～750℃）水蒸气气化反应动力学特性的影响研究，结果发现 CaO 与碱金属间表现出协同催化作用，修正均相模型比均相模型、未反应收缩核模型更能体现添加 CaO 的准东煤中温水蒸气气化反应动力学特性，见图 6-18。Kim 等[51]利用热重分析仪研究了 K_2CO_3 对印尼褐煤低温气化过程的催化活性，发现其催化作用显著。

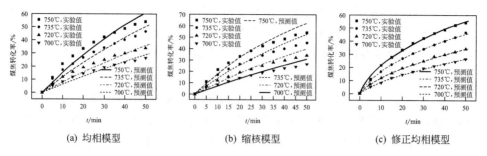

|(a) 均相模型|(b) 缩核模型|(c) 修正均相模型|

图 6-18　褐煤煤焦-CO_2 气化反应不同动力学模型的预测值与实验值的对比

再次，热重可以作为性能测试评价仪器，对不同"来源"的半焦进行反应性评价。可以是比较常见的不同制焦条件（温度、压力、气氛、停留时间）对应的半焦的 CO_2 气化反应性的测试评价[52]，也可以是其他气氛（H_2O、O_2、NO）下反应性的测试评价[53]。研究发现，随制焦压力的升高，表观气化反应速率增大，但是制焦温度对反应速率的影响比较复杂，高温焦的反应活性可能高于低温焦。一般地，高温焦的反应性较差，出现逆转，可能是由于高温焦的孔隙特征和气化速率控制步骤有关[45]。图 6-19 是不同制焦压力下焦样（准东煤）反应速率随转化率的变化[54]。

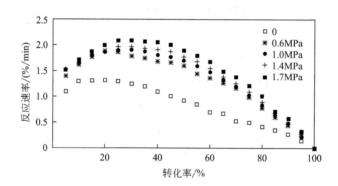

图 6-19　不同制焦压力下焦样（准东煤）反应速率随转化率的变化

可见，热重分析仪作为一种基础的分析仪器，在研究气化动力学等方面获得了广泛应用，但是存在一些不足：如煤样质量为毫克级，难以支持后续的检测；升温速率相对较低，难以模拟快速热解、气化过程；气化过程是半连续过程，与气固连续进料过程不同；热重往往被看作固定床，但实际上，热重中气固相接触方式（流场分布）与传统的固定床差别很大，与流化床和气流床差距更大，明显与工业装置的实际操作差距较大。

也可以看出，研究者利用热重、流化床反应器及夹带流反应器等研究气化动力学时，大都是直接利用实验数据与常用的动力学方程式进行拟合，选取合适的动力学表达式。实际上，由于反应器和操作条件的差异，同一模型的速率表达式有可能是不一样的，应该根据实验条件和反应特点，重新推导速率方程[5,6]。例如，在平推流反应器中研究半焦的水蒸气气化反应时，如果水蒸气浓度 x_{H_2O} 比较小或者停留时间比较长，则不可以直接采用表 6-1 中常见的未反应收缩核模型的速率方程。当反应处于一级化学反应控制时，根据反应式的化学计量关系，以单位时间单位内核反应面积为计量单位，可知消耗的碳量等于反应的水蒸气量的 β 倍，即：

$$\frac{-\mathrm{d}M_C}{\mathrm{d}t S_1} = \beta K_{H_2O} x_{H_2O}$$

式中，S_1 表示半焦内表面积，m^2；M_C 表示半焦中碳的物质的量，mol；β 表示水蒸气气化反应中水蒸气与碳的物质的量之比；x_{H_2O} 表示水蒸气体积浓度，mol/m^3；K_{H_2O} 表示气化反应速率常数。

表 6-1 未反应收缩核模型中不同速率控制步骤对应的气化反应速率

速率控制步骤	速率方程	备注
扩散控制	$x = (1/\theta) \times t$	有灰层形成
	$x = 1 - (1 - /\theta)^3$	无灰层形成
灰层控制	$t/\theta = 3 - 3(1 - x)^{2/3} - 2x$	
化学反应控制	$t/\theta = 1 - (1 - x)^{1/3}$	一级反应

如果视 x_{H_2O} 为定值，直接积分就可以得到表 6-1 中常用的动力学方程。但是此时，x_{H_2O} 随着反应器的长度变化而变化，应先找到 x_{H_2O} 与 t 的数学关系，然后代入积分。这种方法研究气固相反应动力学模型和反应器模型更贴合实验条件，更"接近真实"，也是对已有模型的正确运用[5,6,55,56]。简单运用已有的不同速率方程（如表 6-1 中方程）拟合实验数据，然后确定哪种模型更适合自己的实验条件，这种动力学处理方法的可靠性似乎有待商榷。因为现有的速率方程都是在特定条件下考虑主要因素、推理、积分的结果，是否适合自己的实验条件有待检验，甚至有的速率方程只适用于特定的温度或压力。

五、丝网反应器

丝网反应器是利用电流加热小直径的丝网，快速产生高温，可用来研究快速升温下褐煤的气化特性。丝网反应器主要由两层小间距的丝网和外围筒体组成，结构简单，操作方便，气化气氛灵活可控，见图 6-20。

实验时，两层丝网间的单层煤粉被瞬间加热，在一定气氛下发生热化学反应，气态产物由载气带走，半焦残留在丝网上。丝网间的煤粉尽量单层平铺，

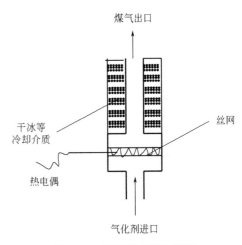

图 6-20 丝网反应器示意图

颗粒间相互作用较弱，挥发分-半焦间相互作用和挥发分二次裂解作用也较弱，在一定程度上可以反映工业化气流床（如 Texaco、Prenflo 和 GSP）气化反应过程。同时，加热速率范围宽泛，低至 0.1K/s，高可达 10000K/s，完全可以适用于不同升温速率下热解气化过程的研究和模拟。反应气氛也灵活可调，可以研究氧化性气氛、还原性气氛或惰性气氛下的热转化过程。更为有趣的是，该反应器还可以通过外加冷却装置实现反应后反应气氛中大分子产物的瞬间冷凝，研究大分子物质在不同"停留时间"下冷凝产物的差异。

利用丝网反应器可以研究反应气氛和升温速率（可分段设置）对褐煤气化的影响，尤其是快速升温过程，也可以研究负载不同催化剂的半焦的气化特性，还可以研究压力（0.25～15MPa）对气化过程的影响。但是该反应器为间歇操作，丝网间的煤样量仅几毫克，不利于后续分析。同时，该反应器虽可模拟工业气流床气化动力学过程，但是与工业气化炉仍有很大差距，无法研究模拟气相的流场分布、气固相间的相互作用等。利用丝网反应器研究压力（0.1～3.0MPa）对煤焦的 CO_2 气化反应的影响，结果发现，反应开始的 20s 内，升高压力使煤焦转化率呈直线增加，随时间的延长，压力影响逐渐变小[57]。这和"利用热重研究 CO_2 分压对气化速率的影响"得到的实验结论[46,47]一致，都可以用 Blackwood 等[38]提出的双复合物 CO_2 气化机理进行解释，也有力地佐证了该机理的正确性。

利用丝网反应器可以研究快速升温和恒温条件下碱金属和碱土金属对气化的催化作用。与夹带流或流化床反应器不一样，该反应器更接近微分反应器，实验结果对应某一时间点而不是时间域，类似于热重实验曲线上的某个点。Watanabe 等[58]利用圆柱形丝网反应器，研究了不同形态金属氧化物对褐煤低温氧化反应的催化作用，发现，钾、钠、铜的醋酸盐促进氧化反应，氯化钾、氯化钙、醋酸镁抑制氧化反应。Yu 等[59]采用丝网反应器考察了 AAEM 对褐煤半焦着火点的影响，发现 AAEM 显著影响褐煤半焦的反应性，进而改变其着火点，导致 21% O_2＋79% CO_2 环境下的着火点比在空气中提高了 210℃。

Hoekstra 等[60]开发出的新型丝网反应器，升温速率可达 10000℃/s，丝网和丝网间煤炭放置在真空（<30Pa）和用液氮冷却（<－80℃）的容器内，使热解、气化得到的气相产物"瞬间"液化，气相产物"寿命"小于 15～25ms，远远低于传统热解过程气相产物"寿命"，装置见图 6-21。结果发现，在惰性气氛下，反应后产物中油产率远远高于传统热解，半焦、煤气收率明显低于传统热解，但煤气组成变化不大，见图 6-22。另外，采用高速摄像技术监控冷凝产物的数量和状态，并且与反应器内的压力进行对照。结果发现 500℃时压力和冷凝物产量都在约 0.8s 后不再发生变化，主要变化发生在 0.5s 内。也就是说，热解过程主要在 0.5s 内进行，见图 6-23。其中，颜色深浅代表附着物的多少。

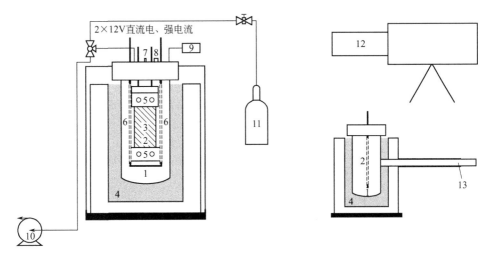

图 6-21 Hoekstra 等开发的新型丝网反应器示意图

1—反应器；2—金属丝/反应物；3—测温点；4—液氮浴；5—铜电极；6—摄像设备；

7—热电偶接口；8—压力传感器接口；9—注射器（用于气体）；10—真空泵；

11—氮气；12—高温计；13—玻璃管

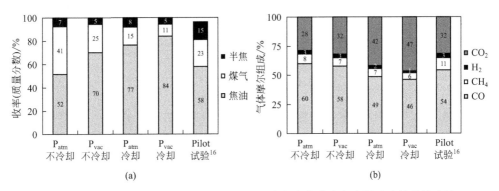

图 6-22 Hoekstra 等开发的新型丝网反应器热解产物分布与中间试验结果的比较

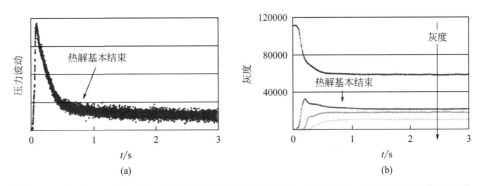

图 6-23 Hoekstra 等开发的新型丝网反应器热解实验中反应器压力变化和冷凝物含量变化

六、其他反应器

为了有效降低挥发物-半焦相互作用对气化过程的抑制作用，一些研究者开发了双床气化炉，将挥发分析过程和半焦气化过程分开进行，中间有热量耦合。图 6-24 是一种典型的燃烧-气化双床炉。

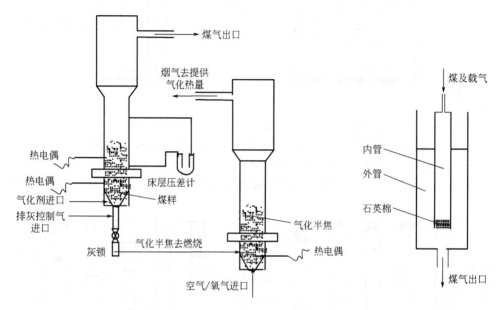

图 6-24　燃烧-气化双床炉示意图　　　图 6-25　套管式反应器

图 6-25 是套管式反应器，其内管下部有石英过滤板和石英棉，进行气固分离。Bayarsaikhan 等[61]在该反应器中研究了煤焦的水蒸气气化，发现催化气化和非催化气化是同时发生的，加热速率和气化压力等操作条件对半焦活性影响显著。

同时，一些改造的新型管式炉[62-64]、固定床[65,66]、超临界水反应器[67]也被用于制取褐煤半焦及气化条件优化研究，尤其是气化剂之间的"竞争"气化。Chen 等[62]分别利用管式沉降炉制取褐煤快速热解半焦，利用固定床制取慢速热解半焦，然后利用热重分析（TGA）研究其反应速率。结果发现，在 H_2O+CO_2 复合气氛下快速热解半焦和慢速热解半焦的气化速率小于 H_2O 和 CO_2 单独气氛下的气化速率之和，但大于任一种单独气氛下的气化速率，且水蒸气气化对 CO_2 气化具有阻碍作用。这可以用气化的解离吸附机理进行解释，该机理认为 $C(O)\longrightarrow CO$ 速率相对于 $C(H)\Longleftarrow 1/2H_2+C(f)$ 的速率明显较慢，并且 CO 离开碳表面后，不占据半焦-H_2O 气化活性位，但可以占据半焦-CO_2 气化活性位。水蒸气气化生成大量的 CO 抑制了 CO_2 气化。无独有偶，在"细长型"的类似固定床的反应器（$\phi 40mm\times 1100mm$）中[65]进行的不同温度、气化气氛和加煤量等条件下的褐煤气化实验表明，气化速率受气化剂之间的竞争和气化产物的抑制作用较为明显，半焦在复合气氛中的最高速率分别只有在纯气化剂（H_2O 和 CO_2）中的 49% 和 69%，煤焦与 CO_2 的反应受到明显抑制。这也与气化解离吸附机理吻合。温度是影响气化速率的首要条件，远远超过压力的影响，例如宝一褐煤煤焦在高压管式炉中不同温度下对气化速率的影响就不一样[64]。具体来看，在 800~950℃时，压力（2.0~2.5MPa）的影响很小；1000℃时，压力升高产生轻微抑制作用。如果将气化剂换成 H_2O，900℃时，压力影响很小；在 950℃时，促进作用开始显现[64]。这有可能是不同温度下褐煤气化时速率控制步骤和气化机理的差异性造成的，有待进一步研究。

另外，在这些新型反应器实验中 AAEM 的催化作用也得到了验证。周晨亮等[66]利用微型固定床反应装置（ϕ8mm×80mm）研究了胜利褐煤中矿物质对水蒸气气化的催化作用。结果发现，酸洗煤样和原煤的 H_2、CO_2 和 CO 生成速率存在明显差异，煤中盐酸溶性矿物质对其水蒸气气化反应具有显著的催化作用，并且可以促进 H_2 生成、抑制 CO 生成。进一步分析发现，催化作用主要是 AAEM 提高变换反应速率造成的，并提出了相应的原位催化机理。鉴于 AAEM 的催化作用，一些富含 AAEM 的物质，如生物质、赤泥及疏浚底泥等和褐煤共气化时可以加速气化速率，增大碳转化率等[67-69]。滇池底泥和褐煤共气化在间歇式超临界水反应装置进行共气化实验[67]，发现底泥气化煤气富氢但产气量小；褐煤气化碳气化率高、产气量大。底泥和褐煤共气化过程中碳气化率和产氢率存在明显协同效应，分别提高了 3.12% 和 55mL/g（相对于加权平均值）。这样既可处理底泥，又可获得较高的 H_2、CH_4 产率（350mL/g 和 113mL/g）。相对于采用外加纯净化合物（如 Na_2CO_3）的方式，这些研究更加注重矿物形式的 AAEM 的催化作用，也比较接近实际，因为煤中和泥中的 AAEM 多是以硅铝酸盐等矿物的形态存在，在气化过程中发生迁移和形态的演变。

七、小结

研究目的差异和褐煤煤质特点导致研究者开发了多种反应器，其中夹带流、固定床、流化床、热重分析仪是传统反应器，这些反应器多用来探讨适宜的操作条件及其协同作用和气化动力学。研究者已经发现氧化反应和水蒸气气化反应之间存在显著的协同作用，且夹带流反应器中协同作用明显大于流化床反应器。初步研究表明，该协同作用主要是由于氧化反应的开孔和扩孔作用丰富了半焦孔隙，使更多的碳表面活性位暴露出来，同时促进了半焦中 C＝O 键、C—O 键的断裂和高活性的羧基—COOH 的生成。煤粉进料速率和颗粒大小之间也存在协同作用，在不同的 H_2O/O_2 比（质量比）下协同作用差异显著，随进料速率的增大，褐煤转化率存在最大值。

气化温度越高气化反应速率越快，煤气中有效气含量越高，且不同温度的气化反应的速控步不同。气化压力对气化速率的影响主要取决于气化剂的分压，氧载体可以方便地改变气化剂分压。水蒸气和二氧化碳分压对气化速率的影响可以用氧交换机理、双复合物机理进行解释。粒径对煤气化的影响具有双面性，可以从颗粒孔隙特征、分子扩散速率与气化速率等方面着手研究。

丝网、一段（或二段）固定床-流化床、燃烧-气化双床炉及套管反应器等是针对褐煤气化过程中某些气化特性（如负压热解、快速热解、挥发分快速冷凝、挥发分-半焦相互作用等）而开发的新型反应器，日益受到重视。研究发现，负压快速热解（如 $10000℃/s$）的油产率远远高于传统热解；挥发分-半焦相互作用对气化过程具有抑制作用，主要由于挥发分重整产生的自由基占据半焦活性位或直接与半焦作用，促使半焦结构缩合、芳香度增大、反应性降低。同时，该相互作用通过加速 AAEM 的挥发或改变其分布状态降低气化速率。

不同的热解温度和压力制得的半焦中 AAEM 的赋存形态和含量明显不同，而且不同赋存形态的 AAEM 对半焦气化的催化作用存在显著差异。高活性的 AAEM 才有催化作用，可以与半焦官能团等发生离子交换，改变碳颗粒表面的电荷分布，形成活性位。以羧酸盐形式存在的 Na 容易与活性基团发生离子交换，催化性能较好。相反，以硅酸盐的形式存在的 Na，难以发生离子交换，基本没有催化作用。同时，只有依附在焦炭颗粒表面的 AAEM 才有催化作用，挥发性的 AAEM 没有催化作用。

当前的研究成果可在一定程度上为褐煤大规模高效气化提供一些支撑和参考，随着基础研究的深入，褐煤的气化特性及其微观机理日益受到重视，促进相应新型反应器的开发。如何高效、清洁地将褐煤的轻质组分尽量多地"拿出来"，获得高产率、高品质油品，对褐煤实施分级利用是目前研究者们关注的焦点，也是新型反应器开发的方向。从研究进展的分析和讨论，以及今后褐煤清洁、高效气化和合理分级转化的研究焦点来看，有如下认识：

（1）夹带流反应器用于研究停留时间对气化的影响时，往往通过改变进气总量来调节停留时间，这有待进一步商榷。首先，随着进气总量的变化，气固相间相对速度和传质速率发生了变化，甚至可能导致速率控制步骤发生变化；其次，随着进气总量的变化，气相和固相的停留时间不是严格的线性增加或减少，尤其是进口气速和反应器高径比较大时。因此，建议在设计反应器时将反应区域设置为多段，不但分段控温，而且分段设置气体出口。这样可通过改变反应器的长度调节反应时间，进行真正意义上的单因素实验，提高实验结果可靠性。

（2）从褐煤转化率来看，氧化反应与水蒸气气化反应之间存在协同作用，并且在不同类型反应器中协同作用的大小差异显著。但是影响协同作用的因素非常复杂，除已研究的反应器类型、温度外，压力、褐煤种类及气化氛围等条件对协同作用的影响仍需研究，只有系统研究这些因素对协同作用的影响，明确其宏观表现，才能更好地推测、演绎、验证协同作用的微观机理，实现宏观与微观的有机统一，并在此基础上，利用微观机理深入研究协同作用发生的最佳条件，为褐煤气化技术放大和优化提供支持。同样地，煤粉进料速率和颗粒大小之间的相互作用也需要系统的研究，然后探寻其作用机理，最后回归指导技术的放大。

（3）目前的研究表明，氧化反应是通过改变半焦的孔隙结构和官能团等化学结构促进水蒸气气化反应的。但是，水蒸气气化反应对半焦孔隙结构的影响也非常显著，尤其在气化前期，水蒸气的扩孔作用非常明显。水蒸气气化反应对氧化反应的协同促进作用是否存在以及协同作用的微观机理是什么等问题都有待进一步研究。同时，实验在贫氧条件下进行，氧化反应可能主要发生在气相，是活泼自由基的氧化过程，因此可以考虑从自由基反应角度探寻协同作用的机理。另外，协同作用存在时，水蒸气气化的本征动力学和气化机理将会发生哪些变化？如何与反应器建模过程有机结合，探寻协同作用对气化动力学和反应器建模影响的定量表达？这些是今后研究中值得关注的问题。

在研究协同作用影响下的水蒸气气化动力学时，研究者多采用未反应收缩核模型，但褐煤的煤质疏松，孔隙结构发达，可以考虑随机孔模型、修正随机孔模型、混合模型描述水蒸气气化反应速率。同时，结合实验条件，研究促进作用影响下不同反应器中这些模型的推导过程和数学形式的变化，将其与未反应收缩核模型进行比较，可以为气化炉反应器的设计和优化提供借鉴。

（4）一般地，粒径与气化速率正相关，但是一些研究发现，大粒径颗粒的气化速率高于小粒径褐煤。粒径对褐煤气化的影响比较复杂，涉及温度、气氛、颗粒孔隙特征、分子扩散速率与气化速率等问题，目前尚无系统的研究，可尝试从以下几方面着手：①不同的速控步。在相同的气化温度和气固相间相对速度下，小颗粒处于膜扩散或灰层扩散控制，而大颗粒处于气化反应速率控制，导致大颗粒具有较快的气化速率。②不同的孔隙特征。相同的气化气氛和温度下，大颗粒具有更发达的内部孔隙结构，小孔和微孔结构丰富，导致大颗粒的气化反应性优于小颗粒。③不同的表面化学结构（如官能团等）。相同的气化气氛和温度下，大颗粒表面具有更多的活性小分子基团。④半焦孔隙结构和化学结构同时存在差异，即②和③的组合。⑤进行预实验，避开抛物线极值点，合理选择粒径范围。

（5）用传统反应器来研究褐煤气化宏观动力学和本征动力学时，多数研究者都是直接利用实验数据与常用的动力学方程式进行拟合，进而判断哪种模型更合适。这种处理方法有待商榷。因为现有的速率方程都是在特定条件下考虑主要因素，经过推理、积分的结果，有的速率方程甚至只适用于特定的煤炭、温度或压力。研究者应该根据自己的实验条件和反应特点，重新推导实验条件下的速率方程，然后将推导得到的方程式作为实验数据的拟合对象，这样才能判定某个模型是否适合描述自己的实验结果以及描述的误差大小。

（6）AAEM 的赋存形态和赋存位置对其催化作用有显著影响，即吸附在半焦表面且具有高活性的 AAEM 才有催化作用，它们可以与半焦官能团等发生离子交换，改变碳颗粒表面的电荷分布，形成活性位。这是研究者以外加纯净化合物的形式（如碳酸钾）研究催化过程得到的。但实际上，工业气化炉煤灰以各种矿物的形式存在，并且在高温条件下发生各种赋存形态的转变（挥发和迁移），其催化作用要复杂得多，如何将复杂过程分解，在接近真实气化条件下研究 AAEM 的催化作用值得今后的研究关注。

（7）一般地，挥发分-半焦的相互作用可以显著抑制气化反应，主要有以下途径：①挥发分重整产生的自由基占据半焦活性位；②自由基促使碳结构中芳香环重整，芳香度增加，降低半焦反应性；③促使 Mg、Ca、Na 的挥发，改变催化剂的分布状态，降低气化速率。如何将挥发分-半焦相互作用对半焦炭结构芳香化的影响以及对 AAEM 的催化作用的影响最小化，为开发新型反应器提供了切入点，也为现有流化床反应器改造升级提供借鉴。

（8）在研究操作条件以及其协同作用对气化的影响时，多数实验都是在贫氧（体积分数不大于3%）条件下进行的，依靠外热（如电加热）维持气化温度。但是实际气化过程都是自热式的（燃烧部分碳提供气化热量），氧气浓度较高，炉内流场、温度场、协同作用等可能发生较大变化。因此，研究高氧气浓度下协同作用的宏观特征及其对气化动力学的影响、气固流场分布、化学反应分区、温度分布等，建立自热式气化炉模型，对气化技术的放大和优化更有指导意义。

第二节 · 低阶煤气化过程反应器建模常用方法

气化炉模型是气化炉的放大和最优化设计的重要工具，也减少了实验工作量和实验设备费用。无论是气化动力学的研究，还是气化炉内流场分布的研究，其目的都是为不同类型气化炉（反应器）模型的建立提供必要条件。尽管实现气化过程的反应器类型各异，有固定床、流化床、气流床等，但是建立反应器模型时需要考虑的"素材"是一样的，具体见图 6-26。本书研究的低阶煤下行气流床温和气化过程也不例外，建立反应器模型时也需要考虑煤灰熔融结渣性、气化温度、反应器类型、反应区域模型、气固流动模型等。

低阶煤下行气流床气化类似平推流，是实验室进行低阶煤气化基础研究常用的反应器，它在操作条件、反应气氛或气固流动等方面与固定床、流化床、大型气流床存在一定的差异，尤其是固定床。气流床温和气化过程的气化温度显著低于现有工业化气流床气化温度，气流床气化建模常用的热力学平衡常数法[57]、Gibbs 自由能最小化法[18]、小室模型[55,70]、反应器网络模型[3,71,72]等都是基于高温下部分或全部气相反应

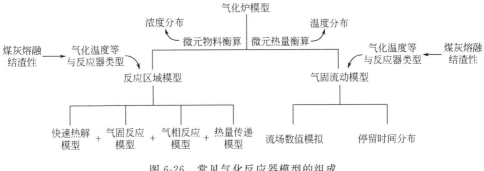

图 6-26　常见气化反应器模型的组成

达到平衡而建立的，不适用于温和气化，尤其是平衡常数法、Gibbs 自由能最小化法。气流床温和气化过程的气化温度接近现有工业化流化床气化温度，但是气固相的流场分布和返混程度存在显著差异，现有的流化床气化模型难以直接运用到气流床温和气化过程。

一、煤灰熔融结渣性预测模型及其对气化温度的影响

煤灰熔融温度和结渣性是煤炭气化过程中确定气化温度、选择排渣方式、设计反应器炉体的重要指标，如流化床气化温度必须低于煤灰变形温度 100～200℃，气流床气化温度必须高于煤灰的流动温度。对于低阶煤温和气化工艺而言，气化温度较低，采用固态排渣方式，气化温度必须至少低于煤灰变形温度 100～200℃，以免造成炉内的结渣。因此，准确预测煤灰熔融性和结渣性对气化温度的确定具有重要意义。在确定适宜气化温度后，气化过程中的流动模型、动力学模型、反应区域模型等才得以建立，尤其是宏观动力学模型和反应区域模型，如水蒸气气化反应在较高温度下处于扩散控制区域，较低温度下处于化学反应控制区域。

1. 煤灰熔融性预测及其对气化温度的影响

研究者从定性到定量对煤灰熔融温度进行了预测。Lowry[73]、Ghosh[74]、Hidero 等[75] 分别提出了定性预测煤灰熔融性难易的参数，如 Lowry[73] 以参数 K 来界定难熔煤灰和易熔煤灰，K 值用式 (6-1) 计算。为了定量预测煤灰熔融温度，研究者提出了多元回归法和三元相图法。多元回归法是指将煤灰熔融温度与其化学组成进行线性或非线性拟合，得到经验关系式。国内外的研究者通过直接拟合或向煤灰中添加氧化物或碳酸盐等化学品改变煤灰的化学成分进而间接拟合得到不同的拟合关系式，如式 (6-2)[76]。三元相图法指以灰分中三种氧化物为正三角形三个顶点的熔融相图，如 SiO_2-Al_2O_3-CaO、FeO-Al_2O_3-CaO。后来，一些研究者提出了复合三元相图，如碱性氧化物-酸性助熔氧化物-酸性非助熔氧化物[77,78]。研究者也提出了其他一些预测方

法，以进一步提高实用性和准确性[79-81]。

$$K = \frac{w_{SiO_2} + w_{Al_2O_3}}{w_{CaO} + w_{Fe_2O_3} + w_{MgO}} \qquad (6-1)$$

$$ST = 1530 - 2.12w_{SiO_2} + 4.15w_{Al_2O_3} - 8.35w_{FeO} - 10.29w_{CaO} - 5.17w_{MgO}$$
$$- 4.62(100 - w_{SiO_2} - w_{Al_2O_3} - w_{CaO} - w_{Fe_2O_3} - w_{MgO}) \qquad (6-2)$$

ST 表示软化温度。实际上，煤灰中的氧化物大部分以矿物形式而不是游离形态存在。同时，某一化学组分对熔融温度的影响受其他组分含量的影响比较大，用线性或非线性拟合的方法得到的预测结果误差较大[82-84]。简单三元相图有完备的液相线和共熔点，考虑了部分氧化物的矿物形态，但是没有考虑其他氧化物对熔融温度的影响，预测结果不理想[85-87]。复合三元相图缺乏绘制相线所需的大量试验数据，并且各研究者得出的结论也不一致，尚不具备定量预测功能[77]。

从化学组成上看，SiO_2、Al_2O_3、CaO、FeO 是组成煤灰的主要氧化物，其含量之和占煤灰的 70%～90%。它们以各种矿物形式赋存在煤灰中，在煤灰高温熔融时可以形成低温共熔物。分析 SiO_2-Al_2O_3-CaO 三元相图可以发现，这三种氧化物形成的钙长石（$CaAl_2Si_2O_8$）、钙黄长石（$Ca_2Al_2SiO_7$）、硅灰石[$Ca_3(Si_3O_9)$]等矿物分别在 1170℃和 1265℃发生低温共熔，形成低温共熔点。分析 SiO_2-Al_2O_3-FeO 三元相图可以发现，铁橄榄石（Fe_2SiO_4）、铁铝榴石[$Fe_3Al_2(SiO_4)_3$]、铁尖晶石（$FeAl_2O_4$）等在 1083℃发生低温共熔。这些低温共熔物大大降低了煤灰熔融温度，起到极大的助熔作用。白进等[88]分析了不同高温下煤灰中矿物的演变，发现在 1400℃下，煤灰主要组成是钙长石、假硅灰石、石英、莫来石和大量非晶态物质。根据 XRD 数据确定钙长石、假硅灰石、莫来石发生了明显的低温共熔现象。代百乾等[89]利用 X 射线衍射仪和扫描电镜能谱仪研究了高温气化条件下煤灰熔融行为，指出钙长石与钙黄长石的低温共熔作用在降低煤灰熔融温度过程中起到了关键作用。杨建国等[90]利用热分析方法和 XRD 分析，对低熔融温度的神木煤和高熔融温度的淮南煤煤灰在加热过程中矿物质的热行为及其演变进行了对比研究，发现钙黄长石和钙长石低温共熔是神木煤煤灰熔融温度低的主要原因。李帆等[91]把 CaO 和 FeO 按不同比例掺入煤灰中，研究了混合灰样的熔融特性，也发现了低温共熔现象，经过 XRD 数据分析，发现低温共熔时的矿物组成与三元相图一致。

2. 煤灰结渣性预测及其对气化温度的影响

国内外学者研究了气氛和灰分化学组成等对煤灰结渣难易的影响，提出了碱酸比、灰熔点、铁钙比、硅铝比等判据[92-98]。但是从国内外工程设计和装置运行情况来看，预测效果并不理想，准确率多低于 70%，有的只有 20%～30%[95-99]。研究者提出了一些新判据，如突变级数法[100]、重力筛分法[101]、模糊模式识别法[102]、模糊神经网络法[99,102]、热平衡相图法[99,103]、沉降炉硅碳棒法[99]、热显微镜观察法[99,104]以及磁力分析法[95,99]等。它们准确性有所提高，但试验或计算过程繁琐、权值和输入变量选择随意性大，甚至出现不同人员采用同一方法研判同一煤种结渣性而结果迥异的现象，难以适应工程人员设计和操作的需要，应用受到很大局限。研究表明，导致煤灰结渣的主要原因是气化或燃烧过程中煤灰中矿物在较低温度下形成共熔物，即低温共熔物。煤灰中矿物质由煤中矿物质演变而来，矿物种类和赋存形态丰富多样，发生低温共熔的体系也较多，但是研究者对低温共熔体系的研究主要集中于 SiO_2-Al_2O_3-CaO、SiO_2-Al_2O_3-FeO 三元体系[86-90,105-113,126]，而对四元体系或更多元体系的研究报道较少。这主要是由于，一方面，SiO_2 和 Al_2O_3 是煤灰中含量最高的两种氧化物，其次是 CaO、FeO，四种氧化物含量之和一般占煤灰的 70% 以上。在本书的 264 个煤样中，在 86% 的煤样中这 4 种氧化物含量之和大于 85%，在 70% 的煤样中大于 90%。SiO_2、Al_2O_3 与 CaO 或 FeO 形成的矿物之间发生低温共熔，低温共熔物生成量在很大程度上决定了煤灰结渣的难易。Al-Otoom 等[114]发现，加压流化床中团聚结渣物中含有大量可低温共熔的硅铝酸钙等；李风海等[115]研究了晋城无烟煤流化床气化结渣机理，发现 1100℃ 左右低熔点共熔物铁尖晶石（铁铝酸盐）以及钙长石（钙铝硅酸盐）等的形成是导致结渣的主要因素；毛燕东等[87]研究了 9 类典型煤种添加钾基催化剂和不同煤种灰成分对烧结温度的影响，发现钾盐极易同煤中铁、钙的矿物质反应生成低温共熔物，而钙、铁可加速硅铝酸盐间反应生成低温共熔物，进而加剧煤灰结渣。Wu 等[116]研究煤水蒸气、二氧化碳气化过程中矿物质熔融行为时，发现钙的存在和低熔点共熔物的形成明显加速了煤灰熔融结渣行为。研究者对三元体系的许多研究结论在生产和工程设计中得到了运用和验证，尤其是单煤或混煤煤灰熔融结渣性的预测和调控[98,99,103,115,117-122]。另一方面，多元体系平衡相图的建立缺少大量的实验基础数据，依靠热力学模拟软件得到的数据缺乏实验验证，并且随着"元数"增多，低温共熔物生成量减少，对煤灰熔融性的影响明显减弱，这也许是研究者提出复合三元相图（如碱性氧化物-酸性助熔氧化物-酸性非助熔氧化物相图）的原因[77,78,123,124]。

二、气固相流动特点

气流床实验中，采用气流夹带喷入（射流）式的进料方式，与高温气流床相比，炉内气体流场分布具有相似性。于遵宏[125]、Monaghan[4]、Gazzani[126]、Li 等[3]的研究表明，对于高温气流床而言，无论是干法进料还是水煤浆进料，流场模拟都发现炉内存在射流区、回流区、平流区三个分区。张金阁等[127]使用 Fluent 软件对多射流锥形对撞式气流床内流场分布进行模拟，同时使用三维动态颗粒分析仪对气流床内的速度场进行了测量，也发现炉内流体流动主要分为射流区、回流区和平流区。不同的高径比和射流速度会影响到三个区域的体积分布，随着射流速度的降低和高径比的增加，回流区减小，较小的高径比是回流区形成的主要原因[3,4,18,56,57,71,77,126-129]。一般地，对于大型气流床，在一定的喷嘴出口气体速度（大约200~400m/s）下，随高径比增大，平流区体积分数线性增加，回流区则减少[3,4,18,56,57,71,77,126,127]。许建良等[129]对某工业化单喷嘴 Texaco 炉（每小时处理84m³煤浆）进行数值模拟发现，当高径比为5时，平流区的长度占反应器总长度约50%。

在气流床实验中，气流床高2400mm，直径80mm，高径比为30，远远大于工业化气流床的高径比（约2~5）。同时，气流床的进气速度约为8m/s，也远远小于工业化气流床。因此，可以推测其射流区和回流区体积很小，基本可以忽略，平流区的体积分数接近1。当然，这有待于通过流场模拟和计算进行更深入的研究。

关于气流床中固体颗粒的流动，主要通过停留时间分布和数值模拟来描述。李超等[130,131]采用数值模拟研究了颗粒运动。发现气相的流动在很大程度上影响了固相的流动。通过整个气化炉的颗粒主要集中在喷嘴轴线以及气化炉轴线附近，回流导致气化炉喷嘴截面下部颗粒浓度较高。进口气速、颗粒粒径和密度的增加都导致颗粒最短停留时间减小。Wen[132]、Ubhayakar[133]和 Philip 等[134]在建立气流床气化炉一维模型时假定固体颗粒以活塞流的方式运动，气化炉径向均匀，即无浓度、温度、密度梯度，模型结果与实验数据相符较好。

三、反应区域模型

研究者根据气化剂在炉内的分布特点、气固相流动特点和不同化学反应速率，在建立气化炉模型时，往往将气化炉内划分为若干区域，不同区域发生不同的化学反应。图6-27是常见气化炉模型的反应区域模型[132,135,136]。

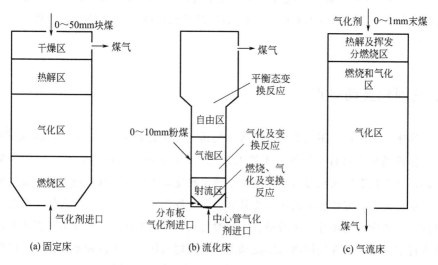

图6-27 常见气化炉化学反应分区示意图

四、快速热解模型

目前主要用单方程模型、双方程模型、考虑煤化学组成的 FLASHCHAIN 模型、考虑煤组成结构的 CPD 模型、不同煤种的煤热解通用模型等[137-139]描述挥发分总体析出速率，挥发分中各组分的析出速率则多采用一级反应模型、有限平行反应模型，无限平行反应模型[140-143]。其中有限平行反应模型的典型代表是分布活化能模型和转化率特征反应模型。分布活化能模型需要研究者根据经验对平行反应的活化能分布和反应转化率进行预先设定，例如假定活化能呈阶梯分布或高斯分布[140]，子反应的转化率为 0.58 等[141]；转化率特征反应模型也同样需要对特征反应的转化率进行设定，例如假定特征反应转化率为 0.632[142]。这些设定过程包含很多经验因素，不同的设定对预测结果影响较大。可以选用 Solomon 和 Colket[143] 的快速热解一级反应模型预测热解不同产物的逸出速率，见式 6-3。该模型计算简单，便于工程应用。

$$dw_i = k_i \exp(-E_i/RT)(w_{oi} - w_i) \tag{6-3}$$

式中，w_{oi} 是热解产物最终产率，可根据 Suuberg 等[144] 的矩阵方程（十元一次方程组）求得，该方法被广泛应用于热解产物分布的预测。该模型假定焦油和半焦由固定元素组成且组分恒定，同时将 CO、CO_2、CH_4、C_2H_6、半焦的生成量与煤的工业分析和元素分析进行了关联。k_i 和 E_i 分别是某一组分析出速率的指前因子和活化能，与实验煤种性质相关，可以用热解实验结果拟合求得或借鉴文献上的参考值。

五、气固反应模型

煤炭气化过程中，主要气固反应有半焦氧化、半焦气化和半焦甲烷化，见表 6-2。其中，半焦气化反应的动力学模型在第五章已经阐述，此处不再赘述。

表 6-2　煤炭气化过程主要的气固反应

序号	反应	化学方程式
1	半焦氧化	$C + \alpha O_2 = 2(1-\alpha)CO + (2\alpha-1)CO_2$
2	半焦气化	$(\beta_1 + 2\beta_2)H_2O + \beta C = (\beta_1 + 2\beta_2)H_2 + \beta_1 CO + \beta_2 CO_2, \beta = \beta_1 + \beta_2$
		$C + CO_2 = 2CO$
3	半焦甲烷化	$C + 2H_2 = CH_4$
		$2C + 2H_2O = CH_4 + CO_2$

1. 半焦燃烧

关于氧化反应的机理目前尚有争议，络合物分解机理被多数学者接受。该机理认为氧分子被活性位吸附后首先生成中间碳氧络合物（C_3O_4），然后由热分解或氧分子撞击分解成 CO 和 CO_2，CO 和 CO_2 的比例取决于扩散、吸附络合、固溶络合、氧分子撞击频率等因素[135,145]。反应方程式如下：

$$C + \alpha O_2 =\!\!=\!\!= 2(1-\alpha)CO + (2\alpha-1)CO_2$$

氧化反应是吸附于焦粒外表面的氧气与碳间的反应，由于该反应本征动力学速率较快，主要受灰层或气膜扩散阻力控制。Field[146]指出，粉煤氧化燃烧时，当粒度大于 0.1mm 时，燃烧的大部分时间受气膜扩散控制，燃烧后期受灰层扩散控制，而粒度小于 0.05mm 时，燃烧受化学反应控制。贺永德[135]在研究 Mulcahy 和 Smith 的研究成果时也证实，当粒度大于 0.1mm 时，一般情况下，燃烧受扩散控制；同时指出，粒度为 0.09mm，温度不高于 750K，或粒度小于 0.02mm，温度不高于 1600K 时，燃烧处于化学动力学控制区。

Field[147]认为，氧气分压与氧化反应速率成正比，提出了气膜扩散控制时燃烧速率的幂函数模型。该速率方程在粉煤燃烧的建模研究和工程设计等方面被广泛应用[148-151]。方程式如下：

$$r = \frac{p_{O_2}}{(1/k_{\text{diff}} + 1/k_r)}$$

$$k_r = k_{r0}\exp(-17967/T)$$

$$k_{r0} = 8710\text{g}/(\text{cm}^2 \cdot \text{s})$$

$$k_{\text{diff}} = 0.292D/(\alpha d_p T)$$

$$D = 4.26(T/1800)^{1.75}/p$$

式中，α 为半焦燃烧产物的分配系数，反映产物中 CO 和 CO_2 的比例，其值受温度、压力、粒子大小、半焦活性和组成等因素影响，其中温度和粒径的影响较大。

实际上，不同速率控制步骤下未反应收缩核模型有不同的数学表达式，可以用于判断不同实验条件下氧化反应的速率控制步骤。表 6-3 是气化剂的浓度不随时间变化，传质速率系数也不随碳转化率的变化而变化时不同速率控制步骤对应的气化反应速率表达式。在气流床实验中，氧气浓度较小，氧化反应速率较快，氧气浓度必然沿着反应器长度而变化。因此，不能直接应用表 6-3 中的模型表达式判断氧化反应的速率控制步骤，需要结合实验条件，重新推导。

表 6-3　常用的气化动力学积分表达式

序号	模型	使用条件	积分表达式
1	均相模型	1 级反应	$-\ln(1-x) = kt$
		1.5 级反应	$2(1-x)^{-1/2} = kt$
		2 级反应	$(1-x)^{-1} = kt$
2	修正均相模型	1 级反应	$-\ln(1-x) = \alpha t^{\beta}$

序号	模型	使用条件	积分表达式
3	缩核模型（球状）	有灰层，扩散控制	$x=\dfrac{1}{\tau}\times t$
		无灰层，扩散控制	$x=1-(1-t/\theta)^3$
		灰层控制	$t/\theta=3-3(1-x)^{2/3}-2x$
		1级反应控制	$t/\theta=1-(1-x)^{1/3}$
4	缩核模型（球状）	1级反应控制	$t/\theta=1-(1-x)^{1/2}$
5	缩核模型（片状）	1级反应控制	$t/\tau=x$
6	混合模型		$x=1-[1-kt/(1-m)]^{1/(1-m)}$
7	随机孔模型		$x=1-\exp[-\tau(1+\psi\tau/4)]$
8	修正随机孔模型		$x=1-\exp[-\tau(1+\psi\tau/4)]$
9	Anti-Jande 模型		$[(1+x)^{1/3}-1]^2=kt$

2. 半焦甲烷化

半焦与 H_2O、H_2 间的甲烷化反应，反应速率较低，尤其是半焦-H_2O 反应，对反应产物组成影响较小。Wen 等[132]的速率方程式被广泛应用。方程式如下：

$$r=\frac{1}{1/k_{diff}+1/k_r Y^2+1/k_{dash}(1/Y-1)}(p_{H_2}-\sqrt{p_{CH_4}/K_{eq}})$$

$$k_r=0.12\exp(-17921/T)$$

$$k_{diff}=1.33\times10^{-3}(T/2000)^{0.75}/(pd_p)$$

$$k_{eq}=5.12\times10^{-6}\exp(18400/1.8T)$$

$$Y=[(1-x)/(1-f)]^{1/3}$$

式中，k_{diff} 表示气体在气相主体中的扩散系数；k_{dash} 表示气体在灰层中的扩散系数；d_p 表示半焦颗粒直径；f 表示热解完成时形成的半焦直径与煤颗粒直径之比。相对于半焦与 H_2 间的甲烷化反应，半焦与 H_2O 间的甲烷化反应的速率和平衡常数明显较小[6,135]，见表 6-4，对气化过程影响很小，可以忽略。

表 6-4 $C+2H_2 \Longrightarrow CH_4$ 和 $2C+2H_2O \Longrightarrow CH_4+CO_2$ 的化学反应平衡常数

温度/K	反应平衡常数	
	$C+2H_2 \Longrightarrow CH_4$	$2C+2H_2O \Longrightarrow CH_4+CO_2$
298.16	7.902×10^8	0.00785
400.00	7.218×10^5	0.0358
500.00	2.668×10^3	0.0817
600.00	1.000×10^2	0.1367

六、气相反应模型

在气化过程中，气相间的反应主要有 H_2、CO、CH_4 的燃烧，CO 变换反应，CO 与 H_2 间的甲烷化反应，CO_2 与 H_2 间的甲烷化反应，见表 6-5。

表 6-5　气化过程中主要气相反应

序号	反应名称	反应方程式
1	甲烷燃烧	$CH_4 + 2O_2 \longrightarrow CO_2 + 2H_2O$
2	氢气燃烧	$H_2 + 0.5O_2 \longrightarrow H_2O$
3	一氧化碳燃烧	$CO + 0.5O_2 \longrightarrow CO_2$
4	水蒸气气化	$CO + H_2O \longrightarrow CO_2 + H_2$
5	一氧化碳甲烷化	$CO + 3H_2 \longrightarrow H_2O + CH_4$
6	二氧化碳甲烷化	$CO_2 + 4H_2 \longrightarrow 2H_2O + CH_4$
7	焦油燃烧	$Tar + O_2 \longrightarrow CO + CO_2 + H_2O$

焦油的燃烧速率较慢，可以忽略。H_2、CO、CH_4 燃烧的活化能大约为 $10^4 \sim 10^5 J/kmol$，文献报道焦油燃烧的活化能多在 $10^6 \sim 10^7 J/kmol$[152,153]。根据反应温度的不同，活化能变化 10% 左右，反应速率常数可变化几倍、几十倍甚至几万倍[135]。因此焦油燃烧的速率远小于 H_2、CO、CH_4 燃烧速率。Cen 等[154] 研究了 H_2、CO、CH_4 燃烧速率，认为 H_2、CO、CH_4 燃烧速率随它们的浓度和氧气浓度增大而增大，是 2 级反应，速率方程式如下：

$$r_{H_2} = 6.83 \times 10^6 \exp(-99760/RT)[H_2][O_2]$$

$$r_{CO} = 3.09 \times 10^4 \exp(-99760/RT)[CO][O_2]$$

$$r_{CH_4} = 3.55 \times 10^{14} \exp(E_{CH_4}/RT)[CH_4][O_2]$$

式中，E_{CH_4} 为甲烷化反应活化能；T 为气化温度；$[H_2]$、$[O_2]$、$[CH_4]$、$[CO]$ 分别为 H_2、O_2、CH_4、CO 的分压。

从反应速率来看，考虑变换反应和 CO 与 H_2 间的甲烷化反应，其他甲烷化反应如 $CO_2 + H_2 \longrightarrow H_2O + CH_4$ 反应速率较慢，且平衡常数较小[6,135]，可忽略，见表 6-6。

表 6-6　气相甲烷化反应的反应平衡常数

温度/K	反应平衡常数	
	$CO + 3H_2 \longrightarrow H_2O + CH_4$	$CO_2 + 4H_2 \longrightarrow 2H_2O + CH_4$
298.16	7.870×10^{24}	8.578×10^5
400.00	4.083×10^{15}	9.481×10^4
500.00	1.145×10^{10}	9.333×10^3
600.00	1.977×10^6	8.291×10^2

Singh 等[155]提出的变换反应速率方程被广泛接受，见下式，其中 δ_1 是描述煤炭中一些金属元素的催化作用对变换反应速率的影响。

$$r_{CO} = \delta_1 (2.77 \times 10^5)(y_{co} - y_{co}^*) \exp(-27760/1.987T) \times p^{(0.5 - p/250)} \exp(-8.91 + 5553/T)$$

$$y_{co}^* = [y_{co_2} y_{H_2}/(K_{eq} y_{H_2O})]/p$$

$$K_{eq} = \exp[-3.6893 + 7234/(1.8T)]$$

$$\delta_1 = 0.20$$

式中，K_{eq} 表示反应平衡常数；T 表示气化温度；p 表示反应总压力；y 表示某种气体分压。

目前对于合成气甲烷化动力学的研究大部分是在催化剂存在条件下的宏观或本征动力学，于建国等[156]研究了甲烷化的宏观动力学，认为甲烷化速率与 CO 浓度、H_2 浓度的 0.5 次方成正比，速率方程式如下：

$$r_{H_2} = g(T)[H_2]^{0.5}[CO]^{0.5}$$

七、热量传递模型与能量衡算

气化炉内微元能量衡算是获得温度分布的一种手段，主要热量传递过程包括反应体系向炉壁的传热、颗粒与气体之间的传热、颗粒之间的传热、反应热等。由于本章采用的下行气流床反应器是外热式实验装置，气化过程在恒温下进行，因此，这里不再赘述气化炉建模时热量传递相关模型和能量衡算的各种方法。

参 考 文 献

[1] 程相龙，王永刚，孙加亮，等. 胜利褐煤外热式气流床温和气化建模研究 I 模型的建立 [J]. 煤炭学报，2017，42（9）：2447-2454.

[2] 程相龙，王永刚，申恬，等. 胜利褐煤外热式气流床温和气化建模研究 II 模型的求解及运用 [J]. 煤炭学报，2017，42（10）：2742-2751.

[3] Li C, Dai Z, Sun Z, et al. Modeling of an opposed multiburner gasifier with a reduced-order model [J]. Ind. Eng. Chem. Res. , 2013, 52（16）：5825-5834.

[4] Monaghan R F D, Ghoniem A F. A dynamic reduced order model for simulating entrained flow gasfi-ers. Part I：Model development and description [J]. Fuel, 2012, 91（1）：61-80.

[5] 毛在砂. 化学反应工程学基础 [M]. 北京：科学出版社，2004.

[6] 臧雅茹. 化学反应动力学 [M]. 天津：南开大学出版社，1995.

[7] 王永刚，孙加亮，张书. 反应气氛对褐煤气化反应性及半焦结构的影响 [J]. 煤炭学报，2014，39（8）：1765-1771.

[8] Sun J L, Chen X J, Wang F, et al. Effects of oxygen on the structure and reactivity of char during steam gasification of Shengli brown coal [J]. Journal of Fuel Chemistry & Technology, 2015, 43（7）：

769-778.

[9] 程相龙，王永刚，孙加亮，等．氧化反应对胜利褐煤水蒸气气化反应的促进作用Ⅰ：宏观反应特性研究 [J]．燃料化学学报，2017，45（1）：15-20.

[10] 程相龙，王永刚，孙加亮，等．氧化反应对胜利褐煤水蒸气气化反应的促进作用Ⅱ：作用机理研究 [J]．燃料化学学报，2017，45（2）：138-146.

[11] Molina-sabio M，Gonzalez M T，Rodriguez-reinoso F，et al. Effect of steam and carbon dioxide activation in the micropore size distribution of activated carbon [J]. Carbon，1996，34（4）：505-509.

[12] 向银花，王洋，张建民，等．煤焦气化过程中比表面积和孔容积变化规律及其影响因素研究 [J]．燃料化学学报，2002，30（2）：108-112.

[13] 范冬梅，朱治平，那永洁，等．一种褐煤煤焦水蒸气和 CO_2 气化活性的对比研究 [J]．煤炭学报，2013，38（4）：681-687.

[14] 白旭东，冯兆兴，董建勋，等．常压夹带流气化/燃烧模拟器下超细煤粉燃尽特性试验研究 [J]．热力发电，2006，35（10）：40-42.

[15] Zhang S，Hayashi J I，Li C-Z. Volatilization and catalytic effects of alkali and alkaline earth metallic species during the pyrolysis and gasification of Victorian brown coal. Part Ⅸ. Effects of volatile-char interactions on char-H_2O and char-O_2 reactivities [J]. Fuel，2011，90（4）：1655-1661.

[16] Kordylewski W，Zacharczuk W，Hardy T，et al. The effect of the calcium in lignite on its effectiveness as a reburn fuel [J]. Fuel，2005，84（9）：1110-1115.

[17] Tremel A，Spliethoff H. Gasification kinetics during entrained flow gasification—Part Ⅲ：Modelling and optimization of entrained flow gasifiers [J]. Fuel，2013，107（1）：170-182.

[18] Dai Z，Gong X，Guo X，et al. Pilot-trial and modeling of a new type of pressurized entrained-flow pulverized coal gasification technology [J]. Fuel，2008，87（10）：2304-2313.

[19] Tremel A，Haselsteiner T，Kunze C，et al. Experimental investigation of high temperature and high pressure coal gasification [J]. Applied Energy，2012，92（1）：279-285.

[20] Karimipour S，Gerspacher R，Gupta R，et al. Study of factors affecting syngas quality and their interactions in fluidized bed gasification of lignite coal [J]. Fuel，2013，103（103），308-320.

[21] 朱廷钰，王洋．粒径对煤温和气化特性的影响 [J]．煤炭转化，1999，22（3）：39-43.

[22] 孙德财，张聚伟，赵义军，等．粉煤气化条件下不同粒径半焦的表征与气化动力学 [J]．过程工程学报，2012，12（1）：68-74.

[23] 靳志伟，唐镜杰，张尚军，等．大尺度褐煤煤焦气化特性研究 [J]．洁净煤技术，2013，19（4）：59-63.

[24] 程相龙．褐煤温和气化反应及灰特性研究 [D]．北京：中国矿业大学（北京），2017.

[25] 王芳，曾玺，余剑，等．微型流化床中煤焦水蒸气气化反应动力学研究 [J]．沈阳化工大学学报，2014，28（3）：213-219.

[26] 刘皓，黄永俊，杨落恢，等．高温快速加热条件下压力对煤气化反应特性的影响 [J]．燃烧科学与技术，2012，18（1）：15-19.

[27] Saucedo M A，Lim J Y，Dennis J S，et al. CO_2-gasification of a lignite coal in the presence of an iron-based oxygen carrier for chemical-looping combustion [J]. Fuel，2013，127（1）：186-201.

[28] Bayarsaikhan B，Sonoyama N，Hosokai S，et al. Inhibition of steam gasification of char by volatiles in a fluidized bed under continuous feeding of a brown coal [J]. Fuel，2006，85（3）：340-349.

［29］ 郭卫杰. U-GAS 气化炉飞灰理化性质及造粒性能研究［D］. 焦作：河南理工大学，2015.

［30］ Quyn D M，Hayashi J I，Li C Z. Volatilisation of alkali and alkaline earth metallic species during the gasification of a Victorian brown coal in CO_2［J］. Fuel Processing Technology，2005，86（12）：1241-1251.

［31］ Quyn D M，Wu H W，Bhattacharya S P，et al. Volatilisation and catalytic effects of alkali and alkaline earth metallic species during the pyrolysis and gasification of Victorian brown coal. Part Ⅱ：Effects of chemical form and valence［J］. Fuel，2002，81：151-158.

［32］ Tay H L，Li C Z. Changes in char reactivity and structure during the gasification of a Victorian brown coal：Comparison between gasification in O_2 and CO_2［J］. Fuel Processing Technology，2010，91（8）：800-804.

［33］ Zhang S，Min Z H，Tay H L，et al. Effects of volatile-char interactions on the evolution of char structure during the gasification of Victorian brown coal in steam［J］. Fuel，2011，90（4）：1529-1535.

［34］ Kajitani S，Tay H L，Zhang S，et al. Mechanisms and kinetic modeling of steam gasification of brown coal in the presence of volatile-char interactions［J］. Fuel，2013，103：7-13.

［35］ Wu H，Quyn D M，Li C Z. Volatilisation catalytic effects of alkali，alkaline earth metallic species during the pyrolysis，gasification of Victorian brown coal. Part Ⅲ：The importance of the interactions between volatiles and char at high temperature［J］. Fuel，2002，81（1）：1033-1039.

［36］ Song Y，Xiang J，Hu S，et al. Importance of the aromatic structures in volatiles to the in-situ destruction of nascent tar during the volatile-char interactions［J］. Fuel Processing Technology，2015，132：31-38.

［37］ Gadsby J，Long F L，Sleightholm P，et al. The inhibition of CO on char gasification［J］. Proc Roy Soc，1948，A193：357-365.

［38］ Blackwood J D，Ingeme A J. The reaction of carbon with carbon dioxide at high pressure［J］. Australian Journal of Chemistry，1960，13（2）：194-209.

［39］ Tay H L，Kajitani S，Zhang S，et al. Inhibiting and other effects of hydrogen during gasification：Further insights from FT-Raman spectroscopy［J］. Fuel，2014，116：1-6.

［40］ Long F J，Sykes K W. The mechanism of the steam-carbon reaction［J］. Proc Roy Soc，1948，A193：377-399.

［41］ Li X，Wu H，Hayashi J-I，et al. Volatilisation and catalytic effects of alkali and alkaline earth metallic species during the pyrolysis and gasification of Victorian brown coal. Part Ⅵ：Further investigation into the effects of volatile-char interactions［J］. Fuel，2004，83（1）：1273-1279.

［42］ Li T T，Zhang L，Dong L，et al. Effects of gasification atmosphere and temperature on char structural evolution during the gasification of Collie sub-bituminous coal［J］. Fuel，2014，117：1190-1195.

［43］ Wu H W，Li X J，Hayashi J I，et al. Effects of volatile-char interactions on the reactivity of chars from NaCl-loaded Loy Yang brown coal［J］. Fuel，2005，84（10）：1221-1228.

［44］ Masek O，Sonoyama N，Ohtsubo E，et al. Examination of catalytic roles of inherent metallic species in steam reforming of nascent volatiles from the rapid pyrolysis of a brown coal［J］. Fuel Processing Technology，2017，88（2）：179-185.

［45］ 王明敏，张建胜，岳光溪，等. 煤焦与水蒸气的气化实验及表观反应动力学分析［J］. 中国电机工程学报，2008，28（5）：34-38.

[46] 向银花，王洋，张建民，等．加压条件下中国典型煤二氧化碳气化反应的热重研究 [J]．燃料化学学报，2002，30（5）：398-402．

[47] 陈义恭，沙兴中，任德庆，等．加压下煤焦与二氧化碳反应的动力学研究 [J]．华东理工大学学报，1984，1（1）：42-53．

[48] Ergun S. Kinetics of the reactions of carbon dioxide and steam with coke（No. Bulletin 598）[R]. Washington：United States Government Printing Office，1962.

[49] Johnson J L. Kinetics of coal Gasification [M]，New York：John Willy and Sons，1979.

[50] 刘洋，杨新芳，雷福林，等．添加 CaO 的准东煤中温水蒸气气化特性的研究 [J]．燃料化学学报，2018，46（3）：265-272．

[51] Kim Y K，Park J，Jung D，et al. Low-temperature catalytic conversion of lignite：1. Steam gasification using potassium carbonate supported on perovskite oxide [J]. Journal of Industrial and Engineering Chemistry，2014，20（1）：216-221.

[52] Cakal O G，Yucel H，Guruz A G. Physical and chemical properties of selected Turkish lignites and their pyrolysis and gasification rates determined by thermogravimetric analysis [J]. Journal of Analytical and Applied Pyrolysis，2007，80（1）：262-268.

[53] Zhu X L，Sheng C D. Influences of carbon structure on the reactivities of lignite char reacting with CO_2 and NO [J]. Fuel Processing Technology，2010，91（8）：837-842.

[54] 李强，史航，郝添翼，等．煤焦的高温高压反应动力学 [J]．煤炭学报，2017，42（7）：1863-1869．

[55] Zhong H，Lan X，Gao J. Numerical simulation of pitch—water slurry gasification in both downdraft single-nozzle and opposed multi-nozzle entrained-flow gasifiers：A comparative study [J]. Journal of Industrial & Engineering Chemistry，2015，27：182-191.

[56] Watkinson A P，Lucas J P，Lim C J. A prediction of performance of commercial coal gasifier [J]. Fuel，1991，70（4）：519-527.

[57] Hindmarsh C J，Thomas K M，Wang W X，et al. A comparison of the pyrolysis of coal in wire-mesh and entrained-flow reactors [J]. Fuel，1995，74（8）：1185-1190.

[58] Watanabe W S，Zhang D-K. The effect of inherent and added inorganic matter on low-temperature oxidation reaction of coal [J]. Fuel Processing Technology，2001，74（3）：145-160.

[59] Yu Q，Zhang L，Binner E，et al. An investigation of the causes of the difference in coal particle ignition temperature between combustion in air and in O_2/CO_2 [J]. Fuel，2010，89（11）：3381-3387.

[60] Hoekstra E，Van S W P M，Kersten S R A，et al. Fast pyrolysis in a novel wire-mesh reactor：Design and initial results [J]. Chemical Engineering Journal，2012，191：45-58.

[61] Bayarsaikhan B，Hayashi J I，Shimada T，et al. Kinetics of steam gasification of nascent char from rapid pyrolysis of a Victorian brown coal [J]. Fuel，2005，84（12/13）：1612-1621.

[62] Chen C，Wang J，Liu W，et al. Effect of pyrolysis conditions on the char gasification with mixtures of CO_2 and H_2O [J]. Proceeding of the Combustion Institute，2013，34（2）：2453-2460.

[63] Ding L，Zhou Z J，Huo W，et al. Comparison of steam-gasification characteristics of coal char and petroleum coke char in drop tube furnace [J]. Chemical Engineering，2015，23（7）：1214-1224.

[64] 邓一英．煤焦在加压条件下的气化反应性研究 [J]．煤炭科学技术，2008，36（8）：106-109．

[65] 朱龙雏，王亦飞，陆志峰，等．煤焦在气化合成气中高温气化反应特性 [J]．化工学报，2017，68（11）：4249-4260．

[66] 周晨亮，刘全生，李阳，等. 胜利褐煤水蒸气气化制富氢合成气及其固有矿物质的催化作用 [J]. 化工学报，2013，64（6）：2092-2102.

[67] 王奕雪，宁平，谷俊杰，等. 滇池底泥-褐煤超临界水共气化制氢实验研究 [J]. 化工进展，2013，32（8）：1960-1966.

[68] Yan X，Miao P，Chang G，et al. Characteristics of microstructures and reactivities during steam gasification of coal char catalyzed by red mud [J]. Chemical Industry & Engineering Progress，2018.

[69] Zhang Z，Pang S，Levi T. Influence of AAEM species in coal and biomass on steam co-gasification of chars of blended coal and biomass [J]. Renewable Energy，2017，101：356-363.

[70] Watanabe H，Otaka M. Numerical simulation of coal gasification in entrained flow coal gasifier [J]. Fuel，2006，85（12）：1935-1943.

[71] 杨俊宇，李超，代正华，等. 基于停留时间分布的气流床气化炉通用网络模型 [J]. 华东理工大学学报（自然科学版），2015，41（3）：287-292.

[72] Dutta S，Wen C，Belt R J. Reactivity of coal and char [J]. Industrial & Engineering Chemistry，Process Design and Development. 1977，16（1）：20-30.

[73] Lowry H H. Chemistry of coal utilization [M]. New York：Wiley，1945.

[74] Ghosh S K. Understanding thermal coal ash behavior [J]. Mining Engineering，1985，2：158-162.

[75] Hidero U，Shohei T，Takashi T，et al. Studies of the fusibility of coal ash [J]. Fuel，1986，65（2）：1505-1510.

[76] 陈文敏，姜宁. 利用煤灰成分计算我国煤灰熔融性温度 [J]. 煤炭加工与综合利用，1995（3）：13-17.

[77] Gray V R. Prediction of ash fusion temperature from ash composition for some New Zealand coals [J]. Fuel，1987，66（9）：1230-1239.

[78] Song W J，Tang L H，Zhu X D. Fusibility and flow properties of coal ash and slag [J]. Fuel，2009，88（2）：297-304.

[79] Markus R，Mathias K，Marcus S，et al. Relationship between ash fusion temperatures of ashes from hard coal，brown coal，and biomass and mineral phases under different atmospheres：A combined FactSage™ computational and network theoretical approach [J]，Fuel，2015，151：118-123.

[80] Liu Y P，Wu M G，Qian J X. Predicting coal ash fusion temperature based on its chemical composition using ACO-BP Neural Network [J]. Thermochim Acta，2007，454：64-68.

[81] Chakravarty S，Ashok M，Amit B，et al. Composition，mineral matter characteristics and ash fusion behavior of some Indian coals [J]. Fuel，2015，150：96-101.

[82] Vassilev S V，Kitano K，Takeda S. Influence of mineral and chemical composition of coal ashes on their fusibility [J]. Fuel Process Technol，1995，4（5）：27-32.

[83] 张龙，黄镇宇，沈铭科，等. 不同的灰熔点调控方式对煤灰熔融特性的影响 [J]. 燃料化学学报，2015，43（2）：145-152.

[84] 许洁，刘霞，张庆，等. 高钙山鑫煤灰熔融及黏温特性分析 [J]. 中国电机工程学报，2013，33（20）：46-51.

[85] 魏砾宏，马婷婷，李润东，等. 灰中酸性成分对灰熔融温度的影响 [J]. 燃料化学学报，2014，42（10）：1206-1211.

[86] 陈龙，张忠孝，乌晓江，等. 用三元相图对煤灰熔点预报研究 [J]. 电站系统工程，2007，23（1）：

22-24.

[87] 毛燕东, 金亚丹, 李克忠, 等. 煤催化气化条件下不同煤种煤灰烧结行为研究 [J]. 燃料化学学报, 2015, 43 (4): 403-409.

[88] 白进, 李文, 李保庆. 高温弱还原气氛下煤中矿物质变化研究 [J]. 燃料化学学报, 2006, 34 (3): 292-297.

[89] 代百乾, 乌晓江, 陈玉爽, 等. 煤灰熔融行为及其矿物质作用机制的量化研究 [J]. 动力工程学报, 2014, 34 (1): 70-76.

[90] 杨建国, 邓芙蓉, 赵红, 等. 煤灰熔融过程中的矿物演变及其对灰熔点的影响 [J]. 中国电机工程学报, 2006, 26 (17): 122-126.

[91] 李帆, 邱建荣, 郑楚光. 煤中矿物质对灰熔融温度影响的三元相图分析 [J]. 华中理工大学学报, 1996, 24 (10): 96-99.

[92] Gupta S K, Wall T F, Creelman R A, et al. Ash fusion temperatures and the transformations of coal ash particles to slag [J]. Fuel Processing Technology, 1998, 56 (1): 33-43.

[93] Nowok J W, Hurley J P, Benson S A. The role of physical factors in mass transport during sintering of coal ashes and deposit deformation near the temperature of glass transformation [J]. Fuel Processing Technology, 1998, 56 (1): 89-101.

[94] Li H, Xiong J, Tang Y, et al. Mineralogy study of the effect of iron-bearing minerals on coal ash slagging during a high-temperature reducing atmosphere [J]. Energy & Fuels, 2015, 29 (11): 6948-6955.

[95] Li F, Huang J, Fang Y T, et al. Formation mechanism of slag during fluid-bed gasification of lignite [J]. Energy Fuels, 2011, 25 (1): 273-280.

[96] Borio R W, Narciso R R. The use of gravity fraction techniques for assessing slagging and fouling potentional of coal ash [J]. Journal of Engineering for Gas Turbines & Power, 1979, 101 (4): 500.

[97] Su S, Pohl J H, Holcombe D, et al. Slagging propensities of blended coals [J]. Fuel, 2001, 80 (9): 1351-1360.

[98] 刘胜华. 配煤降低陕北煤灰熔点和结渣性的研究及机理初探 [D]. 延安: 延安大学, 2015.

[99] 禹立坚. 动力配煤结渣特性沉降炉试验研究 [D]. 杭州: 浙江大学, 2008.

[100] 陈红江, 彭小兰. 突变级数法在电站燃煤锅炉结渣预测中的应用 [J]. 中国安全生产科学技术, 2014 (8): 97-102.

[101] 万茜, 韩滨兰. 采用重力筛分和弱酸溶碱技术对煤结渣积灰特性的研究 [J]. 电站系统工程, 2012, 28 (2): 17-18.

[102] 王宏武, 孙保民, 张振星, 等. 基于模糊C均值聚类和支持向量机算法的燃煤锅炉结渣特性预测 [J]. 动力工程学报, 2014, 34 (2): 91-96.

[103] 刘文胜, 赵虹, 杨建国, 等. 三元相图在配煤结渣特性研究中的应用 [J]. 热力发电, 2009, 38 (10): 5-10.

[104] 陈力哲, 吴少华, 孙绍增, 等. 煤燃烧结渣特性判定法及测量设备研究 [J]. 哈尔滨工业大学学报, 2001, 33 (2): 197-199.

[105] Li W D, Li M, Li W F, et al. Study on the ash fusion temperatures of coal and sewage sludge mixtures [J]. Fuel, 2010, 89 (7), 1566-1572.

[106] 曹祥, 李寒旭, 刘峤, 等. 三元配煤矿物因子对煤灰熔融特性影响及熔融机理 [J]. 煤炭学报, 2013, 38 (2), 314-319.

[107] Yan T, Kong L, Bai J, et al. Thermomechanical analysis of coal ash fusion behavior [J]. Chemical Engineering Science, 2016, 147 (1): 74-82.

[108] Song W J, Tang L H, Zhu X D, et al. Effect of coal ash composition on ash fusion temperatures [J]. Energy Fuels, 2009, 24 (1): 182-189.

[109] Kong L X, Bai J, Bai Z Q, et al. Improvement of ash flow properties of low-rank coal for entrained flow gasifier [J]. Fuel, 2014, 120 (120): 122-129.

[110] Vassileva C G, Vassilev S V. Behaviour of inorganic matter during heating of Bulgarian coals. 2. Sub-bituminous and bituminous coals [J]. Fuel Processing Technology, 2006, 87 (12): 1095-1116.

[111] 郭治青. 燃煤矿物转化及结渣特性研究 [D]. 武汉: 华中科技大学, 2008.

[112] Huggins F E, Kosmack D A, Huffman G P. Correlation between ash-fusion temperatures and ternary equilibrium phase diagrams [J]. Fuel. 1981, 60 (7): 577-584.

[113] Tomeczek J, Palugniok H. Kinetics of mineral matter transformation during coal combustion [J]. Fuel. 2002, 81 (5): 1251-1258.

[114] Al-Otoom A Y, Elliott L K, Moghtaderi B, et al. The sintering temperature of ash, agglomeration and defluidization in a bench scale PFBC [J]. Fuel, 2005, 84 (1): 109-114.

[115] 李风海, 黄戒介, 房倚天, 等. 流化床气化中小龙潭褐煤灰结渣行为 [J]. 化学工程, 2010, 38 (10): 127-131.

[116] Wu X, Zhang Z, Piao G, et al. Behavior of mineral matters in Chinese coal ash melting during char-CO_2/H_2O gasification reaction [J]. Energy & Fuels, 2009, 23 (5): 2420-2428.

[117] Zhang Q, Liu H F, Qian Y P, et al. The influence of phosphorus on ash fusion temperature of sludge and coal [J]. Fuel Process. Technol. 2013, 110 (110), 218-226.

[118] Qiu J R, Li F, Zheng Y, et al. The influences of mineral behaviour on blended coal ash fusion characteristics [J]. Fuel, 1999, 78 (8): 963-969.

[119] 李风海, 黄戒介, 房倚天, 等. 晋城无烟煤流化床气化结渣机理的探索 [J]. 太原理工大学学报, 2010, 41 (5): 666-669.

[120] Belén F M, María D R, Jorge X, et al. Influence of sewage sludge addition on coal ash fusion temperatures [J]. Energy Fuels, 2005, 19 (6): 2562-2570.

[121] 姚星一, 王文森. 灰熔点计算公式的研究 [J]. 燃料学报, 1959, 4 (3): 216-223.

[122] 禹立坚, 黄镇宇, 程军, 等. 配煤燃烧过程中煤灰熔融性研究 [J]. 燃料化学学报, 2009, 37 (2): 139-144.

[123] 姚星一. 煤灰熔点与化学成分的关系 [J]. 燃料化学学报, 1965, 6 (2): 151-161.

[124] Markus R, Mathias K, Marcus S, et al. Relationship between ash fusion temperatures of ashes from hard coal, brown coal, and biomass and mineral phases under different atmospheres: A combined FactSage™ computational and network theoretical approach [J]. Fuel, 2015, 151 (1): 118-123.

[125] 于遵宏, 龚欣, 沈才大, 等. 气化炉停留时间分布的数学模型 [J]. 高校化学工程学报, 1993, 7 (4): 322-329.

[126] Gazzani M, Manzolini G, Macchi E, et al. Reduced order modeling of the Shell: Prenflo entrained flow gasifier [J]. Fuel, 2013, 104 (2): 822-837.

[127] 张金阁, 曲旋, 张荣, 等. 多射流锥形对撞气流床流场特性实验及模拟 [J]. 化学反应工程与工艺, 2016, 32 (1): 1-7.

[128]　管清亮，毕大鹏，吴玉新，等. 气流床煤加氢气化反应器的数值模拟及流场特性分析 [J]. 清华大学学报（自然科学版），2015，55（10）：1098-1104.

[129]　许建良，赵辉，代正华，等. 单喷嘴水煤浆气化炉高径比对反应流动影响 [J]. 化学工程，2016，44（4）：68-73.

[130]　Li C，Dai Z H，Li W F，et al. 3D numerical study of particle flow behavior in the impinging zone of an Opposed Multi-Burner gasifier [J]. Powder Technology. 2012，225：118-123.

[131]　李超，代正华，许建良，等. 多喷嘴对置式气化炉内颗粒停留时间分布数学模拟研究 [J]. 高校化学工程学报，2011，25（3）：416-422.

[132]　Wen C Y，Chaung T Z. Entrainment coal gasification modeling [J]. Industrial & Engineering Chemistry Process Design and Development，1979，18（4）：684-695.

[133]　Ubhayakar S K，Stickler D B，Gannon R E. Modelling of entrained-bed pulverized coal gasifiers [J]. Fuel，1977，56（3）：281-291.

[134]　Philip J S，Smoot D L. One-dimensional model for pulverized coal combustion and gasification [J]. Combustion Science and Technology，1980，23（1/2）：17-31.

[135]　贺永德. 现代煤化工技术手册 [M]. 2 版. 北京：化学工业出版社，2011：445-450.

[136]　Bi J C，Luo C H，Aoki K I，et al. A numerical simulation of a jetting fluidized bed coal gasifier [J]. Fuel，1997，76（4）：285-301.

[137]　Niksa S，Kerstein A R. Flashchain theory for rapid coal devolatilization kinetics. I Formulation [J]. Energy & Fuels. 1991，5（5）：647-665.

[138]　Grant D M，Pugmire R J，Fletcher T H，et al. Chemical model of coal devolatilization using percolation lattice statistics [J]. Energy & Fuels. 1989，3（2）：175-186.

[139]　Fu W B，Yu W D. Application of the general devolatilization model of coal particles in a combustor with non-isothermal temperature distribution [J]. Fuel，1992，71（7）：793-795.

[140]　Burnham A K. An nth-order Gaussian energy distribution model for sintering [J]. Chemical Engineering Journal，2005，108（1/2）：47-50.

[141]　Miura K. A new and simple method to estimate $f(E)$ and $k_0(E)$ in the distributed activation energy model from three sets of experimental data [J]. Energy & Fuels，1995，9（2）：302-307.

[142]　Scott S A，Dennis J S，Davidson J F，et al. An algorithm for determining kinetics of devolatilisation of complex solid fuels from thermogravimetric experiments [J]. Chemical Engineering Science，2006，61（8）：2339-2348.

[143]　Solomon P R，Colket M B. Coal devolatilization [J]. Symposium（International）on combustion，1979，17（1）：131-143.

[144]　Suuberg E M，Peters W A，Howard J B. Product compositions and formation kinetics in rapid pyrolysis of pulverized coal-implications for combustion [J]. Symposium（International）on Combustion，1979，17，（1）：117-130.

[145]　Kimura T，Kojima T. Numerical model for reactions in a jetting fluidized bed coal gasifier [J]. Chemical Engineering Science，1992，47（9）：2529-2534.

[146]　Field M A. Rate of combustion of size-graded fractions of char from a low-rank coal between 1200 K and 2000 K [J]. Combustion and Flame，1969，13（3）：237-252.

[147]　Field M A. Measurements of the effect of rank on combustion rates of pulverized coal [J]. Combustion

and Flame，1970，14（2）：237-248.

[148] Wibberley L J，Wall T F. Alkali-ash reactions and deposit formation in pulverized-coal-fired boilers: The thermodynamic aspects involving silica，sodium，sulphur and chlorine [J]. Fuel，1982，61 (1)：87-92.

[149] Khatami R，Levendis Y A. An overview of coal rank influence on ignition and combustion phenomena at the particle level [J]. Combustion and Flame，2016，164：22-34.

[150] Mao Z，Zhang L，Zhu X，et al. Modeling of an oxy-coal flame under a steam-rich atmosphere [J]. Applied Energy，2016，161：112-123.

[151] Wen C，Gao X，Yu Y，et al. Emission of inorganic PM_{10} from included mineral matter during the combustion of pulverized coals of various ranks [J]. Fuel，2015，140：526-530.

[152] 王素兰，张全国. 生物质焦油燃烧动力学特性研究 [J]. 可再生能源，2006，126（2）：38-41.

[153] 张素萍，颜涌捷，李庭琛，等. 生物质裂解焦油燃烧特性及动力学模型 [J]. 华东理工大学学报 （自然科学版），2002，28（1）：104-106.

[154] Cen K F，Ni M J，Luo Z Y. Theories：Design and operation of circulating fluidized bed boiler [M]. Beijing：China Electric Power Press，1998.

[155] Singh C P P，Saraf D N. Simulation of high-temperature water-gas shift reactors [J]. Industrial & Engineering Chemistry Process Design & Development，1977，16（3）：313-319.

[156] 于建国，于遵宏，孙杏元，等. SDM-1 型耐硫甲烷化催化剂宏观动力学 [J]. 化工学报，1994，45 (1)：120-124.

第七章

低阶煤流化床气化
过程稳定性分析

针对目前我国能源短缺及高灰粉煤难以有效利用的现状，选用义马跃进矿煤为原料，在内径3.0m，高16.0m的工业化气化炉上进行了工业化试验，通过对工业化试验的稳定性进行分析，主要分析了气化过程中气化炉温度、压力、煤气产率及其组成波动，气化炉基本处于稳态运行（尤其在100%负荷下），证明了选用流化床气化加工低阶煤的可行性。在此基础上，分析了氧气量、水蒸气量及气化温度、压力等操作参数对气化过程的影响，得到最佳操作条件。最后，对流化床工业气化试验工艺计算过程进行了物料和热量计算，对气化炉常用参数和碳转化率等进行了分析，为工艺优化提供借鉴。

第一节 · 低阶煤流化床气化炉温炉压波动研究

一、工业气化原料和工艺

1. 原料

以河南省义马市跃进矿高灰低阶煤为原料，其灰含量和水含量分别高达34%和11%，是煤炭机械化开采过程中产生的典型长焰煤。该煤样的工业分析和元素分析见表7-1。一方面受机械化设备开采的影响，另一方面，该粉煤属年轻的长焰煤，质地硬度小、多空隙、易风化、易碎裂，造成该粉煤中小粒度的煤特别多。干燥破碎后气化原料的粒度分析见表7-2。从表7-2可以看出，筛分后的跃进煤中，约20%粒径小于0.15mm，约50%粒径小于0.90mm。

表 7-1　原料的工业分析和元素分析

原料	工业分析			元素分析		
	$V_{ad}/\%$	$A_{ad}/\%$	$FC_{ad}/\%$	$C/\%$	$H/\%$	$S_{t,ad}/\%$
跃进煤	25.82	34	33.87	40.83	2.78	1.71

注：V_{ad}表示煤挥发分；A_{ad}表示灰分；FC_{ad}表示固定碳；$S_{t,ad}$表示全硫。

表 7-2　气化炉入炉煤的粒度分析

粒度/mm	>6	2~6	2~0.9	0.9~0.15	<0.15
质量分数/%	5.24	19.44	28.19	29.19	17.94

2. 工艺

原煤经过破碎干燥，达到预定的粒度分布和含水量要求后进入大型流化床气化炉（$\phi 3m \times 16m$）中进行气化试验，该气化炉是工业规模的灰融聚流化床气化炉，单炉年处理煤量达到 2.5 万吨，生产能力为 $50000m^3/h$。试验工艺流程见图 7-1。合格的煤粉在煤气、二氧化碳、氮气的喷吹下进入气化炉，在 $0.15 \sim 0.25MPa$ 和 $900 \sim 1000 \degree C$ 条件下发生燃烧、热解、气化反应，炉渣经过螺旋冷渣机间接冷却后从气化炉底部排出，定时称重；煤气依次经过预除尘、降温、精除尘等处理后，送低温甲醇洗净化工段。将过程中收集的飞灰定时称重。

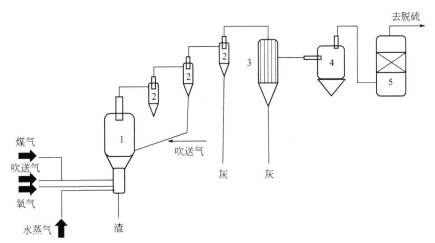

图 7-1　跃进煤工业化试验工艺流程图

1—气化炉；2—旋风分离器；3—废热锅炉；4—布袋除尘器；5—水洗塔

试验分 3 个阶段：即点火试验阶段、在 50% 负荷下煤的工业化试验阶段、在 100% 负荷下稳定的煤工业化试验阶段。试验共历时 9 天。气化炉运行平稳，实现了连续稳定运转。

二、气化结果与分析

1. 炉温波动分析

炉温是气化炉运行的重要参数，是决定煤气产量和组成的最关键因素[1,2]，现场操作经验表明，炉温上下波动 $5 \sim 10 \degree C$，煤气的组成就会发生明显变化，尤其是大分子物质（如萘及其同系物）组分的含量变化将十分显著。图 7-2 是高灰分煤气化试验期间炉温曲线。可以看出气化炉在 50％和 100％负荷下稳定运行时温度波动较小，底部温度（底温，T_3）分别稳定在 870℃和 885℃，中部温度（中温，T_2）分别稳定在 900℃和 915℃左右，顶部温度（顶温，T_1）分别稳定在 935℃和 975℃左右。在 50％负荷时最高炉温和最低炉温的差值不大于 30℃，在 100％负荷时最高炉温和最低炉温的差值不大于 16℃，气化炉运行稳定。系统在 50％负荷下稳定运行约 20h 时，炉温有所降低。这主要是氧气量基本不变而水蒸气量明显增大的缘故。随着水蒸气量的增加，一方面入炉的水蒸气吸收大量的显热用于自身的升温，带走大量显热；另一方面，水蒸气浓度的增加促进了水煤气反应，该反应为强吸热反应。温度降低有利于变换反应的正向进行，使煤气中氢气的含量增大，这一点可以从煤气组成的变化看出。运行至 23h 时，随水蒸气量的降低，炉温又有所回升，也佐证了这一点。

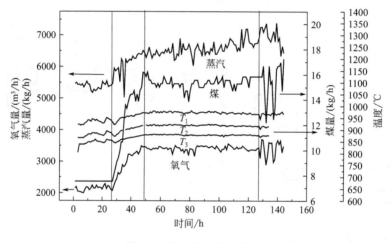

图 7-2　炉温随时间的变化

在 9～12h 时段，炉温有所升高；在 21～25h 时段，炉温快速升高。这主要是由于在气化炉内发生了复杂的吸热和放热化学反应（表 7-3），这些反应相互作用，共同决定了炉温的升降。其中，燃烧反应 [式（1）和式（2）] 是放热反应，为整个气化过程提供热源；式（3）、式（4）和式（5）是炉内的耗能反应，其余反应速率较小，基本可以忽略。由图 7-2 可以看出，在 9～12h 时段，氧气量基本保持不变，入炉水蒸气量大幅减小，导致水蒸气气化反应 [式（4）和式（5）] 消耗的热量减少，进而炉温升高。在 9～12h 时段的操作工况下，水蒸气量随炉温的变化率约为 25kg/℃。在 21～25h 时段，入炉氧气含量增多，水蒸气量略有减少，导致燃烧反应加剧，气化反应减弱，炉温升高且升温速率较快。在 21～25h 时段的操作工况下，氧气量随炉温的变化率约 7m³/℃。随着水蒸气量的减少，一方面入炉的水蒸气吸收的显热减少，消耗热量减少；另一方面，水蒸气浓度的减小不利于水蒸气气化反应和水煤气反应的进行。

从运行的第 28h 开始，系统开始调整负荷，增加进煤量，水蒸气量和氧气量随进煤量增加也相应增加，以调整炉温，使其缓慢升高。直到第 49h，炉温升至 975℃左右，顺利地完成了前一阶段煤的置换、工况调整，系统完全进入 100% 负荷运转。在 49~128h，系统在全负荷下稳定运行，根据进煤量调整进炉的氧气量和水蒸气量，炉温十分稳定，维持在 975℃左右。该负荷下气化炉的稳定性明显好于 50% 负荷时。其中，在第 78h 左右时，进煤量明显减少，随之相应减少了进入系统的水蒸气量和氧气量，以协调入炉煤燃烧和气化的比例，使其燃烧放出的热量与气化反应和炉料升温需要的热量基本保持平衡，保持炉温的稳定。运行 95h 左右，进煤量增加，随之相应增大了进入系统的水蒸气量和氧气量，炉温仍然稳定。运行 128h 以后，由于入炉原料煤细粉太多，煤锁斗音叉料位计出现误指示（进煤量指示错误），导致几个加煤系统空转，气化炉减负荷情况发生，入炉的氧气量波动较大，水蒸气量先增加后减小，波动较大，炉温（中温）不稳，系统运行稳定性变差。

表 7-3 气化炉内主要化学反应

反应	化学方程式	编号
燃烧	$C+1/2O_2 \Longrightarrow CO-110.4kJ/mol$	（1）
燃烧	$C+O_2 \Longrightarrow CO_2-393.8kJ/mol$	（2）
CO_2 气化	$C+CO_2 \Longrightarrow 2CO+162.4kJ/mol$	（3）
水蒸气分解	$C+H_2O \Longrightarrow CO+H_2+131.5kJ/mol$	（4）
水蒸气分解	$C+2H_2O \Longrightarrow CO_2+2H_2+90.0kJ/mol$	（5）
CO 变化	$CO+H_2O \Longrightarrow CO_2+H_2-41.5kJ/mol$	（6）
甲烷化	$C+2H_2 \Longrightarrow CH_4-84.3kJ/mol$	（7）

同时可以看出，在 100% 负荷时，入炉氧气、水蒸气及入炉煤量在 80~100h 时段均有不同程度的波动，但是炉温却呈一条平稳的直线，波动非常小。这有力地说明了炉温的变化是气化炉内复杂的气固、气气反应共同作用的结果。在气化炉操作过程中可以通过避免单一地改变操作条件（如氧气量或水蒸气量）来保持炉温的稳定。

为了进一步说明炉温波动和入炉气化剂量的关系，我们收集了试验期间煤气各组成的变化曲线，见图 7-3。可以看出，约在 10h，煤气中 CO、H_2、CO_2 含量均上升，这主要是由于进氧量不变情况下入炉水蒸气量减小、炉温升高，导致燃烧反应和气化反应速率增大。流化床气化过程中为了维持煤炭颗粒的流态化，往往需要通入大量过剩的水蒸气，这种情况导致温度对煤气组成的影响显著大于水蒸气浓度对反应速率的影响。约在 22h，煤气中 CO 含量上升，H_2 含量下降，CO_2 含量基本不变，这主要是由于进氧量增加、入炉水蒸气量减少（水蒸气量减少量显著大于进氧量增加量），炉内水蒸气浓度降低，减小了它们从气相主体扩散到煤颗粒表面的传质推动力，反应速率降低，不利于煤颗粒发生气化反应。同时，气固相之间相对速度减小，气相扩散阻力增加，不利于气相中的氧气和水蒸气扩散到煤颗粒表面[3]。由于氧化反应多为气膜扩散控制，扩散阻力增加导致煤炭颗粒表面吸附的氧分子减少，处于亚饱和状态，进行不充分燃烧，使产物中 CO 含量升高。对于水蒸气分解反应，其反应速率相对较慢，多为化学反应控制，扩散阻力增加对其反应速率影响不大。H_2 含量下降主要是水蒸气浓度的降低导致的。同时，由于炉温升高，CO_2 还原反应速率大大增加，也有利于 CO 的生成。实际上，炉温的升高也促进了水蒸气分解反应和燃烧反应，并且温度对反应速率的影响远远超过水蒸气浓度变化对反应速率的影响。这也导致了净煤气产量的上升，见图 7-4。约在 61h，CO 和 CO_2 含量增加，这可能是由于入炉水蒸气量保持一定的情况下，入炉煤量的增加和氧气量的微量增加促进了炭的燃烧，使煤气中 CO 和 CO_2 含量增加，煤气产量也明显增多，见图 7-4。

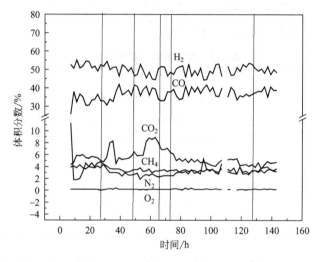

图 7-3　煤气组成随时间的变化

　　进煤量也是影响炉温的重要因素，但是调整进煤量往往存在滞后的问题（温度变化与进煤量变化不同步）。一般情况下会按照预先设计的参数调整进入气化炉的水蒸气量和氧气量，协调入炉煤燃烧和气化的比例，使其燃烧放出的热量与气化反应和炉料升温需要的热量基本保持平衡，维持系统的热平衡和气化炉的稳定运行。在 27～49h 的负荷调整阶段、80h 左右、95h 左右，随着进煤量变化，相应增大或者减小了入炉的水蒸气量和氧气量。如果仅仅减小进煤量而保持水蒸气量和氧气量不变，往往会导致炉膛温度急剧上升。这主要是由于其中的燃烧反应速率远远大于 CO_2 还原反应和水蒸气分解反应速率，进煤量的减少对燃烧反应影响较小，发生燃烧反应的煤量减少较小，而用于 CO_2 还原反应和水蒸气分解反应的煤量却明显减少。若相应减小入炉的水蒸气量和氧气量，即可保持炉温的稳定。

　　从图 7-3 还可以看出气化炉在 50% 负荷和 100% 负荷下稳定运行时，煤气组成变

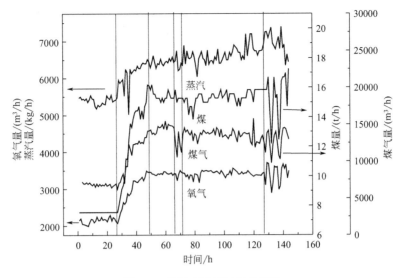

图 7-4　煤气产量随时间的变化

化不大，煤气中有效成分含量较高，其中 CO 含量约为 35%，H_2 含量约为 50%，总和约为 85%。另外，煤气中 CH_4 含量约为 4%，O_2 含量约为 0.2%，惰性组分 3% 左右。系统在 50% 负荷下稳定运行时，在 35h 左右，N_2 含量下降而 CO_2 含量上升，这主要是由于实际情况下粗煤气中 N_2 含量较高，吹送气切换为 CO_2。同时，水蒸气量下降而其他操作条件基本不变也导致煤气中 CO_2 含量增大，相应的 CO 和 H_2 含量的下降也佐证了这一点。约在 60h，CO_2 含量陡增而 H_2 含量下降。这可能是由于水蒸气量基本不变的情况下，进煤量增大和氧气量略增共同加剧了碳的燃烧，使煤气中 CO_2 含量增加，进而抑制了水煤气变换反应的进行，使煤气中 H_2 含量下降。随着进煤量和氧气量的下降，CO_2 含量下降，CO 和 H_2 的含量出现相反的变化趋势。约在 120h，CO_2 含量下降，H_2 含量上升，这主要是在其他操作条件不变的情况下水蒸气量增大的缘故。

　　由图 7-4 还可以看出，气化炉在 50% 负荷和 100% 负荷下稳定运行时，产气量分别稳定在 6800m³/h 和 14000m³/h。在 28～49h，系统处于调整负荷时期，增加进煤量，水蒸气量和氧气量随进煤量增加也相应增加。在炉温稳定和炉压降波动不大的情况下，净煤气产率随进煤量的增加而增大，增大速率与进煤量增大速率的变化趋势明显相同。在 66～72h，由于气化炉在未减负荷的情况下，将部分粗煤气作放空处理，因此经计量的净煤气产量明显出现大幅波动，产量下降。在 120h 左右，净煤气产量较大，这可能在进煤量等其他操作条件基本不变的情况下入炉水蒸气量陡然增大所致。在 128h 以后，由于煤锁斗音叉料位计对进煤量的错误指示，导致几个加煤系统空转，炉压和炉温波动明显变大，产气量随之出现较大波动，但其变化趋势仍然与进煤量保持一致。这进一步说明炉温和炉压的波动可能在系统稳定运行允许的范围内。

2. 炉压波动分析

除炉温外，炉压是气化炉操作过程中的另一个重要参数，炉压主要反映床层气固物料均匀性以及床层高度[1,4]。在流化床中，床层压差在一定程度上反映了床层重量即床层持料量的多少。如果50%负荷和100%负荷下物料平均停留时间相同，100%负荷下床层持料量应该约为50%负荷下的两倍。但是在该工业化试验过程中，主要通过炉底灰渣中碳含量这一指标确定操作条件和物料停留时间，不同负荷下的压差不存在这一关系。图7-5是跃进矿高灰粉煤试验过程中气化炉炉顶和炉底压力变化曲线及气化炉压差变化曲线。可以看出在50%负荷和100%负荷下炉压波动较小，维持稳定，炉底压力（p_1）、炉顶压力（p_2）分别约为205kPa和166kPa，最大压力和最小压力的差值小于16kPa，气化炉运行稳定，床层形成良好的流化状态，气化炉压差（p_3）分别维持在31kPa和37kPa左右。

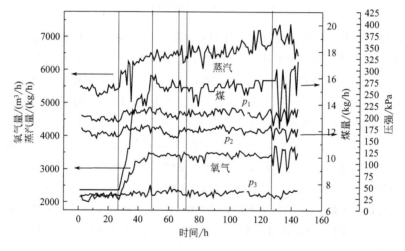

图 7-5　炉压随时间的变化

进煤量和排渣量是影响压力波动的主要因素，增大进煤量或者减小排渣量都可以增大气化炉压差。从图7-5可以看出，随着进煤量的变化，气化炉压差出现相应的变化，尤其在128h以后，这种"形影相随"更加明显。当时由于进煤量计量系统出现差错，几个加煤系统空转，炉顶压力、炉底压力随之明显波动。这主要是由于在流化床中，物料处于流态化悬浮状态，气体穿过床层的压降取决于床层物料的重量[5]。图7-6是气体穿过煤灰颗粒时速度和相应的床层压降图，可以看出，当气体的流量较小时，颗粒之间没有相对运动，床层压降与流体流量之间近似于线性关系。随流体流量的增加，床层压降增大，这一阶段床层属于固定床。当流体的流量增大到某一值时，床层发生松动，流体流动带给颗粒的曳力平衡了颗粒的重力，导致颗粒被悬浮，颗粒间的结合力减弱，颗粒开始进入流化状态，即临界流化状态。继续增加流体速度，床层压降将不再变化，但床层缓慢膨胀，颗粒间的距离逐渐增加，床层具有流体的性质，这一阶段床层属于流化床。升速法和降速法是试验中测定临界状态的两种方法，根据颗粒性质差异，两种方法具有不同的适用对象[6]。

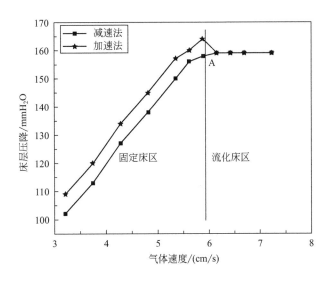

图 7-6　煤灰颗粒的流化过程

入炉的水蒸气和氧气量只能改变气化炉内气体的流速，在稳定的流化床中基本不影响气化炉压降。从图 7-5 可以看出，在 100h 和 83h 左右，随着氧气量的减少，炉压波动很小，甚至出现反向增加的现象。在 118h 左右，随着水蒸气量的变化，炉压也出现类似的情况，说明了气化剂量对炉压基本没有影响。毕继诚系统地研究了单、双、三组分颗粒床层压降变化，发现颗粒松动流化前后床层压降具有不同的规律，在颗粒松动流化之后压降受气体速度影响非常小[6-8]。郭晋菊利用大型工业流化床在热稳定状态下进行了气化剂对床层的单因素实验，发现入炉的氧气量或水蒸气量增大，炉底压力、炉顶压力、炉顶和炉底之间的压差基本保持不变[9]。Delebarre 对不同类型颗粒的最小流化速度进行了研究，从理论上分析了 Chen、Wen 等以粒径小于3.376mm 的颗粒的临界流化现象，即颗粒松动流化之后床层压降随气体速度增大基本保持不变[10]。Rao 也发现了同样的结果[11]。

随着进料量的增加，入炉的水蒸气和氧气量明显增大。一方面，气相中氧气和水蒸气浓度增大，增加了气相中的氧气和水蒸气气体分子从气体混合物扩散到跃进煤内外表面的动力，增大了传质速率，有利于气化炉内各种相关化学反应进行；另一方面，流化数增大，气固相之间相对速度明显增大，气相扩散阻力减小，也有利于气体分子的传质扩散[7]。因此，在 100% 负荷下，煤颗粒燃烧、气化的速率大于 50% 负荷下的情况，且灰渣中碳含量较低，大约 2%～4%。128h 以后，煤锁斗音叉料位计出现误指示（进煤量错误），导致几个加煤系统空转，入炉的氧气量和水蒸气量波动较大，导致炉顶压力、炉底压力波动明显变大，出现煤的工业化试验过程中压力的最低值，系统运行稳定性变差。

3. 煤灰中碳含量的波动

图 7-7 是煤的工业化试验期间气化炉灰中固定碳含量变化曲线。可以看出气化炉在 50% 负荷和 100% 负荷下稳定运行时，灰渣和飞灰的碳含量基本相同且变化幅度在 5% 以内，系统运行非常稳定。灰渣中碳含量最大值为 4.87%，最小值 0.91%，平均为 2.03%；飞灰中固定碳含量最大值为 37.46%，最小值为 33.73%，平均为 35.05%。灰渣中碳含量很低，在一定程度上反映了气化炉结构的合理性，提高了整个系统的碳转化率。飞灰中固定碳含量较高主要是由于原料煤中小粒径颗粒较多，在炉内停留时间较短，未被有效气化，如何降低其含碳量有待于进一步研究。

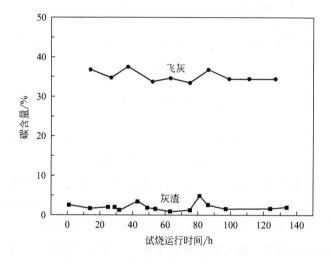

图 7-7　气化炉灰中碳含量随时间的变化

综上所述，通过对义马跃进矿煤的工业化试验过程过中气化炉温度、压力、煤气产率及其组成的分析，发现煤的工业化试验期间气化炉运行稳定，灰渣中碳含量维持在 2% 左右，顺利采集到了可靠的数据，为下一步跃进矿煤 U-GAS 流化床加压气化（1000kPa）工艺过程的设计和相应的操作提供了可信的数据。

三、小结

① 义马矿区的高灰粉煤在流化床气化过程中适宜的操作温度为 975℃ 左右（中部

温度），炉温波动（炉温极值之差）不大于16℃，气化炉运行稳定。炉温随水蒸气量的变化率明显小于炉温随氧气量的变化率，如果仅仅减小进煤量而保持水蒸气量和氧气量不变，会导致气化炉飞温。炉温的波动对煤气产量和组成的影响远大于入炉水蒸气量和氧气量变化的影响。

② 流化床气化过程中气化炉压差为37kPa左右，炉底压力为205kPa，压力波动（压力极值之差）小于16kPa，流化良好。进煤量和排渣量是影响压力波动的主要因素，增大进煤量或者减小排渣量都可以增大气化炉压差，入炉的水蒸气量和氧气量不影响炉压波动。

第二节 · 气化剂量对流化床工业气化过程炉温炉压影响

一、水蒸气量对炉温的影响

图7-8是在进煤量、氧气量不变的情况下，水蒸气量对炉温的影响。可以看出，随着水蒸气量的增加，炉温总体呈下降趋势。在进煤量和氧气量不变的情况下，增加入炉的水蒸气量可以降低气化炉的温度。这主要由于随着炉膛内水蒸气量的增多，一方面水蒸气的浓度增大，另一方面水蒸气与煤炭颗粒之间的气固速率增大，流化床内气泡的直径和破碎频率都增大，加剧了气泡间的聚并和破碎，传质、传热阻力减小，这些都加快了水蒸气的分解。分解过程吸收大量的热量，炉温随之降低[12]。另一个重要原因是随着水蒸气量增多，水蒸气分解率（转化率）降低，未分解的水蒸气吸收

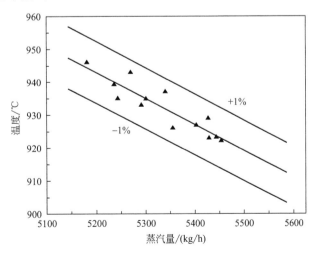

图 7-8 气化炉炉温随水蒸气量的变化曲线

热量用于自身的升温，并且随着煤气一起出炉，带走部分显热，致使炉温降低。另外，水蒸气量的增加降低了炉内氧气的浓度，减小了其扩散动力，不利于燃烧反应的进行[5,13]。

为了进一步掌握入炉水蒸气量对炉温的影响幅度，对采集到的"炉温-水蒸气量"数据进行拟合，以便找到其间的定量关系，更好地指导气化炉的实际操作。结合图 7-8 中数据的分布点和气化炉热量平衡关系，在进煤量和氧气量不变的情况下，忽略出口煤气和渣灰带出的热量以及水蒸气量增多吸收的显热，可以粗略认为水蒸气量与炉温呈一次线性关系，$Y = A_{v1} + B_{v1} X_v$。假定其残差的平均值为 0，方差符合正态分布，采用最小二乘法进行拟合，结果见表 7-4。可以看出，拟合得到的一次函数的线性相关性较高，接近 0.907，拟合的标准差仅为 3.452，方差齐性检验的显著性水平小于 0.0001。拟合曲线能够准确预测入炉水蒸气量对炉温的影响幅度，预测值与测量值的误差明显小于 1‰，见图 7-8，完全可以满足工程上的需要[7]，对气化炉操作具有较好的实际现场指导作用。

表 7-4　气化炉炉温和水蒸气量的线性拟合参数值

项目	参数				准确度			
	A_{v1}	拟合系数误差(A_{v1})	B_{v1}	拟合系数误差(B_{v1})	相关性系数 R_{v1}	拟合的标准差 SD_{v1}	参与拟合的数据点数 N_{v1}	相关性系数为 0 的概率 P_{v1}
数值	1353.835	58.906	−0.079	0.011	−0.907	3.452	13	$<10^{-4}$

拟合曲线是在忽略出口煤气和渣灰带出的热量，粗略认为水蒸气量与炉温呈一次线性关系的基础上得到的，为了进一步检验如此简化的误差大小，对采集到的"炉温-水蒸气量"数据进行了一元二次、一元三次拟合，发现所得曲线基本与一次曲线重合，进一步说明了粗略认为水蒸气量与炉温呈一次线性关系在工程上的可行性。一元二次、一元三次方程分别为 $Y = A_{v2} + B_{v2} X_v + C_{v2} X_v^2$、$Y = A_{v3} + B_{v3} X_v + C_{v3} X_v^2 + D_{v3} X_v^3$，拟合所得曲线的参数见表 7-5、表 7-6。

表 7-5　气化炉炉温和水蒸气量的二次曲线拟合参数值

项目	参数				准确度			
	A_{v2}	B_{v2}	C_{v2}	拟合系数误差(A_{v2})	R_{v2}	SD_{v2}	N_{v2}	P_{v2}
数值	1353.835	−0.079	6.7×10^{-20}	3.152	1	7.8×10^{-14}	13	$<10^{-4}$

表 7-6　气化炉炉温和水蒸气量的三次曲线拟合参数值

项目	参数					准确度			
	A_{v3}	B_{v3}	C_{v3}	D_{v3}	拟合系数误差(A_{v3})	R_{v3}	SD_{v3}	N_{v3}	P_{v3}
数值	1353.835	−0.079	6.7×10^{-20}	4.9×10^{-21}	3.152	1	7.8×10^{-14}	13	$<10^{-4}$

二、氧气量对炉温的影响

图7-9是在进煤量、水蒸气量不变的情况下，氧气量对炉温的影响。可以看出，随着氧气量的增加，炉温总体呈上升趋势。在进煤量和水蒸气量不变的情况下，增加入炉的氧气量可以提高气化炉的温度。入炉氧气量增加促进了煤炭的燃烧，加快了燃烧的速率和燃烧的完全程度，放出大量的热量。首先，随着氧气量的增大，气相中氧气浓度增大，床层内气泡的破碎频率增大，气泡间的聚并和破碎加剧，增大了气相中的氧气分子从气相主体扩散到煤炭表面的动力，增大了传质速率；其次，随着氧气量的增大，气固相之间相对速度增大，气相扩散阻力减小，也有利于气体分子的传质扩散。这些都有利于煤炭的燃烧。另外，氧气量的增大对水蒸气的浓度具有一定程度的稀释作用，减小了水蒸气分子扩散到煤炭颗粒表面的动力，不利于水蒸气的分解反应[5,12-14]。当然，炉顶煤气和炉底渣灰也会带出少部分热量，但相对于煤炭燃烧放出的热量而言，其值明显较小，约3%～5%[15,16]。

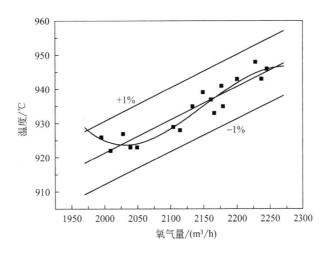

图7-9　炉温随氧气量的变化曲线

为了定量反映氧气量对炉温的影响，对采集到的"炉温-氧气量"数据进行拟合，以便找到其间的定量关系，更好地指导气化炉的实际操作。结合图7-9中数据的分布特点和气化炉热量平衡关系，在进煤量和水蒸气量不变的情况下，忽略出口煤气和渣灰带出的热量，可以粗略认为氧气量与炉温呈一次线性关系，$Y = A_{01} + B_{01} X_{0}$。这里也采用最小二乘法进行拟合，结果见表7-7。从图7-9可以看出，拟合曲线的预测值与测量值的误差小于1%，满足工程上的需要[7]，在一定程度上能够准确预测入炉氧气量对炉温的影响，对气化炉的操作起到一定的指导作用。

表 7-7　气化炉炉温和氧气量的线性拟合参数值

项目	参数				准确度			
	A	B_{O1}	拟合系数误差(A_{O1})	拟合系数误差(B_{O1})	R_{O1}	SD_{O1}	N_{O1}	P_{O1}
数值	727.120	0.097	20.985	0.0098	0.931	3.18	17	$<10^{-4}$

　　同样对数据进行了一元二次、一元三次拟合，参数见表7-8、表7-9。所得曲线与一次曲线较为相近，尤其是一元三次曲线，"徘徊"在一元一次曲线左右，见图7-9。这些进一步说明了粗略认为水蒸气量与炉温呈一次线性关系的工程可行性。

表 7-8　气化炉炉温和氧气量的二次曲线拟合参数值

项目	参数				准确度			
	A_{O2}	B_{O2}	C_{O2}	拟合系数误差(A_{O2})	R_{O2}	SD_{O2}	N_{O2}	P_{O2}
数值	734.391	0.098	-1.3×10^{-18}	-8.4×10^{-12}	1	6.2×10^{-14}	17	$<10^{-4}$

表 7-9　气化炉炉温和氧气量的三次曲线拟合参数值

项目	参数				准确度			
	A_{O3}	B_{O3}	C_{O3}	D_{O3}	R_{O3}	SD_{O3}	N_{O3}	P_{O3}
数值	33243.384	-45.354	0.021	3.3×10^{-6}	0.910	2.820	17	$<10^{-4}$

　　当然，影响气化炉炉温的因素较多，且各影响因素之间相互影响，相互联系，要想准确预测炉温、水蒸气量和氧气量对气化炉炉温的多因素影响，需要大量多因素交互试验和先进可靠的模拟工具等。有待在气化炉的日常运行中积累更多的数据和经验，进行进一步研究。

三、水蒸气量和氧气量对炉压的影响

　　炉压的波动大小是气化炉稳定运行的风向标，直接反映了炉内料层的稳定性以及床层高度的大小。图7-10是在进煤量和氧气量不变的情况下，水蒸气量对炉压、炉顶和炉底之间的压差随入炉水蒸气量的变化情况。可以看出，随入炉的水蒸气量增大，炉压（炉底压力）波动较小，基本维持在200kPa左右，炉顶和炉底之间的压差维持在31kPa左右，说明气化炉内建立了稳定的床层，气化炉运行稳定。

　　图7-11是在进煤量和水蒸气量不变的情况下，氧气量对炉温的炉压、炉顶和炉底之间的压差随入炉氧气量的变化曲线。可以看出，随入炉的氧气量增大，炉压（炉底压力）、炉顶和炉底之间的压差基本保持不变，与图7-10中水蒸气量对气化炉压力的影响基本一致。

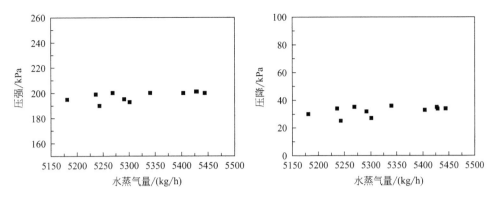

图 7-10　水蒸气量对炉压及炉压差的影响

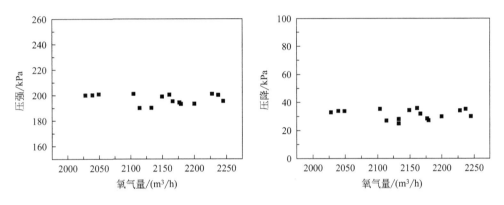

图 7-11　氧气量对炉压及炉压差的影响

由图 7-10 和图 7-11 可以看出，入炉氧气量或水蒸气量的变化对炉压（炉底压力）、炉顶和炉底之间的压差无明显影响，尤其对于炉顶和炉底之间的压差。由于气化炉内煤炭颗粒处于流态化操作状态，床层压降等于单位床层截面积上的颗粒重量，水蒸气和氧气的流动带给颗粒的曳力平衡了颗粒的重力，导致颗粒被悬浮，继续增加水蒸气或者氧气的入炉量，床层压降仍然等于单位床层截面积上的颗粒重量，但床层可能缓慢膨胀，颗粒间的距离逐渐增加。山西煤化所毕继诚课题组[7,8]系统地研究了单、双、三组分颗粒从静止到流态化悬浮的过程变化，发现床层的压降在颗粒松动流化之前随气体速度增大而增大，在颗粒松动流化之后随气体速度增大波动非常小，基本保持不变。Delebarre[10]对不同类型颗粒的最小流化速度进行了研究，从理论上分析了 Chen、Wen 等以粒径小于 3.376mm 的颗粒的临界流化现象，即颗粒松动流化之后床层压降随气体速度增大而基本保持不变。Rao 等[11]也研究了不同组分的流化，发现了同样的结果。

四、结论

本节对在内径 3.0m，高 16.0m 的流化床气化炉上采集到的粉煤工业化气化数据进行了整理、分析、拟合，初步找到了氧气量、水蒸气量对气化炉炉温的影响。同时，探讨了入炉气量对炉压、炉顶和炉底之间压差的影响。本节的研究结果可为流化床自动化控制、操作、开车设计提供重要的依据，对流化床粉煤气化现场操作具有一定的指导和参考作用。具体可总结如下：

① 对于义马矿区粉煤的流化床加压气化，操作温度随入炉水蒸气量的增大而降低，随氧气量的增大而上升。通过比较拟合曲线，说明可以采用线性关系式 $Y = 1353.835 - 0.079X_V$ 和 $Y = 727.120 + 0.097X_O$ 分别反映水蒸气量、氧气量对炉温的影响程度，误差均小于 1%，完全可以满足工程上的需要，为流化床粉煤气化自动化控制、操作、开车设计提供了重要的依据，对现场操作具有了一定的指导和参考价值。

② 在义马矿区粉煤流化床工业气化过程中，入炉氧气量或水蒸气量的变化对炉压（炉底压力）、炉顶和炉底之间压差无明显影响，尤其对于炉顶和炉底之间的压差。气化炉的压差随水蒸气或者氧气入炉量的增多，保持不变，但床层可能缓慢膨胀，颗粒间的距离逐渐增加。

第三节·流化床工业气化试验工艺计算过程分析

一、工艺计算界区

煤的工业化气化试验共历时数十天，气化炉运行平稳，实现了连续稳定运转，取得了一定的运行经验，为大规模工业装置的开发奠定了基础。图 7-12 为粉煤气化试验工艺流程及衡算范围。

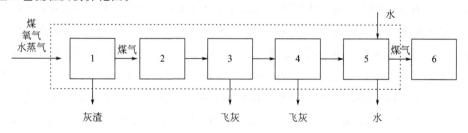

图 7-12　粉煤气化试验工艺流程示意图及衡算范围

1—气化炉；2—废锅；3，4—飞灰过滤器；5—水洗塔；6—甲醇洗塔

常见的煤气化工艺过程计算方法有两种，一种是以实验实测数据为依据的实验法，一种是以大量经验数据和经验公式为依据的模拟法[14]。由于流化床煤气化过程是一个复杂的反应体系，影响气化工艺过程的因素较多，除一些常规的操作特性（煤进料量及吹送比、氧/空气/煤比、水煤比、气化温度、气化压强）外，煤质特性和气化炉的结构特性对气化工艺过程计算也有较大影响，模拟法建立在许多理想假定和经验估计的基础上，误差往往较大。本节选用实验法进行工艺过程计算。

二、物料衡算

煤的工业化试验共历时数十天，选取某一时刻的运行数据进行工艺计算，探讨煤气中水含量的计算方法及工艺计算的其他问题，如水洗塔下部出口污水中碳含量的计算。以单位时间（每小时）气化炉的进煤质量、氧气质量和水蒸气质量和渣量为计算基准进行物料衡算和热量衡算。

未经脱碳的煤气为粗煤气，脱硫脱碳后的煤气为净煤气，煤气组成见表 7-10。假定从气化炉底部排出的灰渣中碳含量约为 2%；飞灰碳含量约为 37.6%。另外，操作温度 935℃（中部温度），压力 194kPa（炉底压力）；入炉煤粉和氧气温度为 30℃；入炉水蒸气压力 350kPa，温度 330℃。

表 7-10　煤气成分分析

煤气种类	CO_2/%	H_2/%	O_2/%	N_2+Ar/%	CH_4/%	CO/%	C_nH_m/%
粗煤气	31.7	34.28	0.2	3.04	3.41	25.14	0.29
净煤气	5.40	52.19	0.18	4.24	3.92	33.24	0.23

入炉物料主要有煤炭、水蒸气、氧气，出炉物料有灰渣、飞灰、粗煤气，按照元素守恒法分别计算各个部分物料流中的 C、H、O、N、S 元素含量以及灰含量（如入炉煤），计算结果见表 7-11。

表 7-11　入炉煤物料流中主要元素含量计算　　　单位：kmol

元素	C	H	O	N	S
进煤	256.55	262.48	67.29	2.96	4.03

按照同样的方法可以计算出飞灰、灰渣、粗煤气中的 C、H、O、N、S 元素含量以及灰含量，但是在计算粗煤气元素组成时需要首先确定粗煤气中水蒸气的含量，然后才能进行计算。由于粗煤气中水蒸气含量是无法直接测得的，在进行气化工艺计算时往往是根据粗煤气经过水洗后饱和温度对应的饱和蒸气压计算。这种计算往往误差较大，可以采用氢平衡或氧平衡进行计算。

利用粗煤气的组成，根据氢平衡计算煤气中的水蒸气量[15,16]，公式如下：

$$Q_1 + Q_2 = Q_3 + Q_4$$

Q_1、Q_2、Q_3 分别代表入炉煤、入炉水蒸气和煤气中可燃组分氢的物质的量。以表 7-11 中数据为例，分别为 262.48kmol、598.00kmol 和 370.05kmol，Q_4 为煤气中水蒸气中氢的物质的量。计算可得，其值为 490.48kmol，因此含有的水蒸气物质的量为 245.24kmol。对该水蒸气量的正确性进行验证，可以用氧平衡，也可以用净煤气的量及其组成。粗煤气经过栲胶法脱硫和吸附法脱碳得到净煤气，煤气中的氢含量基本不变。鉴于吹送气采用 CO_2，可以利用净煤气组成计算水蒸气量。其中，CO_2 为 16.34kmol；H_2 为 158.40kmol；CO 为 100.87kmol；O_2 为 0.56kmol；CH_4 为 11.89kmol。

计算可得煤气中可燃组分的氢物质的量 Q_3 为 364.36kmol，因此煤气中水蒸气中氢的物质的量 $Q_4 = Q_1 + Q_2 - Q_3 = (262.48 + 598 - 364.36)$kmol $= 496.12$kmol，即煤气中的水蒸气量为 248.06kmol。说明按照粗煤气组成计算得到的煤气中水蒸气量正确。由此可以计算出煤气中 C 含量约 222kmol，结合灰渣和飞灰中的固定碳量，利用碳平衡对该值进行验证可知，该值可取。

根据以上计算，可得整个过程的物料平衡，见表 7-12。

表 7-12 工艺过程物料平衡表

项目	进煤	入			出				
		水蒸气	氧气	收入合计	粗煤气	水蒸气	灰渣	飞灰	支出合计
C 含量/kmol	256.55	0	0	256.55	222	0	3.34	30.48	256.00
H 含量/kmol	262.48	598	0	860.48	370	490.48	0	0	860.48
O 含量/kmol	67.29	299	192.14	558.40	181	245.24	0	0	558.40
N 含量/kmol	2.96	0	0	2.96	0	0	0	0	0
S 含量/kmol	4.03	0	0	4.03	0	0	0	0	0
灰分/kg	2563.60	0	0	0	0	0	1716.8	606.94	2323.74

三、热量衡算

气化炉在稳定运行时，进口物料的热（焓）值应该等于出口物料的热（焓）值与热损失之和。据此对气化炉进行热量衡算，计算其热损失和气化效率[17,18]。

进口物料带入的热值包括煤炭的燃烧热和显热、水蒸气和氧气热（焓）；出口物料的热值包括灰渣热（焓）、固定碳热损失、煤气热（焓）和水蒸气热（焓）。其中煤气热焓可以按照平均比热容计算。

0～850℃煤气中各组分平均比热容数据如下：

CO 的比热容：0.9369kJ/（m³·K）

CO_2 的比热容：$1.8645kJ/(m^3 \cdot K)$

H_2 的比热容：$0.8487kJ/(m^3 \cdot K)$

N_2 的比热容：$0.9211kJ/(m^3 \cdot K)$

CH_4 的比热容：$2.5037kJ/(m^3 \cdot K)$

H_2S 的比热容：$1.425kJ/(m^3 \cdot K)$

$0\sim850℃$ 煤气平均比热容：$1.185kJ/(m^3 \cdot K)$

对以上数据进行汇总，可得气化炉的热量平衡关系。经过计算可知，入炉热量中煤炭的燃烧热占87.36%，水蒸气的热（焓）占12.24%，煤炭的显热和氧气热（焓）仅仅占0.16%和0.06%。大约12%的热量被水蒸气带出，11%的热量被热飞灰带出。

四、工艺过程技术经济指标计算

1. 碳转化率

考虑到粗煤气表指示值偏小，为了防止计算的碳转化率误差较大，可以利用碳守恒对其进行核算。假定进料煤中的碳除了部分随灰渣和飞灰一起排出外，其余的碳全部进入煤气，即水洗下来的碳为零，可以计算得到碳转化率接近90%。该结果进一步说明水洗下来的碳很少，在煤的工业化试验过程中也发现水洗的碳量明显较少、水质较好、浊度较低。

2. 煤气单耗指标

煤气单耗指标是反应过程经济性的重要指标，一般指每生产 $1km^3$（或1t）产品（粗煤气、净煤气、煤）所消耗的原料（煤、蒸汽、氧气）和利用废热锅炉产生的蒸汽的量。见表7-13和表7-14。

表7-13 工艺过程煤气单耗指标

原料	产品	原料消耗量（试验值）	原料	产品	原料消耗量（试验值）
煤/t	粗煤气	0.840	蒸汽/t	煤	0.713
	净煤气	1.11	氧气/m^3	粗煤气	237
蒸汽/t	粗煤气	0.590		净煤气	316
	净煤气	0.790	废锅产蒸汽/t	粗煤气	0.690

表7-14 煤产量及产率

项目	数值	备注	项目	数值	备注
粗煤气产量/(m^3/h)	10958	含 CO_2 吹送气	气化强度/[$t/(m^2 \cdot h)$]	1.420	
粗煤气产率/(m^3/t)	1377	含 CO_2 吹送气	灰渣残碳/%	2.00	质量分数

可以看出，在流化床中细粉（飞灰和水洗部分细粉）带出量较多，且这些细粉中

碳含量较高。由物料衡算中的碳平衡和热量衡算可以看出，进入飞灰和水洗液的碳大约占入炉总碳的10％。大量细粉的带出导致大量细颗粒在炉内停留时间变短，未发生燃烧和气化反应而被有效利用，碳的利用率下降，转化率和有效气产率降低[19,20]。提高其燃烧放出热量的利用效率，可以大大提高系统的热效率和气化效率。

在流化床中细粉带出量较多，首先是长焰煤自身结构特点造成的。跃进煤空隙结构丰富，水分和灰含量较高，具有易风化、易碎裂的特点。入炉煤中粒径小于0.15mm的煤颗粒占18％，这些煤颗粒粒径较小，流化速度和带出速度较低，容易被流化气带到炉外，在炉内停留时间较短，不能被有效气化[19,20]。其次，床层高度也是影响细颗粒带出的因素之一。床层高度越高，床层内气体通过时形成的气泡直径就越大，越容易形成腾涌，使带出量增大。另外，流化数达到2.4～3.2时，气流速度越大，气泡上升速度越快，在气泡到达床层顶部破裂时细颗粒被甩出距离越远，细颗粒带出量将明显增大。所有影响因素中，流化气速（流化数）和床层高度对细颗粒带出的影响较大。

五、小结

① 元素守恒法可以很好地与气化炉运行数据结合，可以方便快速地对流化床气化炉进行过程衡算，并且煤气中含水量可以用氧平衡或氢平衡计算和验证，也可以用净煤气的量及其组成进行计算和验证。

② 由于进入水洗部分的碳量无法直接测得，可以利用返算法进行计算，即假定进料煤中的碳除了部分随灰渣和飞灰一起排出外，其余的碳全部进入煤气，即水洗下来的碳为零，计算出煤气中的碳含量后，与实测的煤气中的碳含量进行比较，其差值即为进入水洗部分的碳量。

③ 由于长焰煤煤自身具有易风化、易碎裂的特点，入炉煤细颗粒较多，在稳定运行过程中细粉带出较大。床层高度较高和流化速度较大进一步加剧了细颗粒的带出，造成碳损失较大，无法被有效利用。提高细粉所带出的碳燃烧放出热量的利用效率，可以大大提高系统的热效率和气化效率。

参 考 文 献

[1] Yu J, Tahmasebi A, Han Y, et al. A review on water in low rank coals: the existence, interaction with coal structure and effects on coal utilization [J]. Fuel Processing Technology, 2013, 106 (2): 9-20.

[2] Sjostrom K, Chen G, Yu Q, et al. Promoted reactivity of char in cogasification of biomass and coal: synergies in the thermochemical process [J]. Fuel, 1999, 78 (10): 1189-1196.

[3] 程相龙，王永刚，孙加亮，等．氧化反应对胜利褐煤水蒸气气化反应的促进作用：宏观反应特性研究[J].燃料化学学报，2017，45（1）：15-20.

[4] Tahmasebi A，Yu J，Han Y，et al. A study of chemical structure changes of chinese lignite during fluidized-bed drying in nitrogen and air [J]. Fuel Processing Technology，2012，101（22）：85-93.

[5] 金涌，祝京旭，汪展文，等．流态化工程原理[M].北京：清华大学出版社，2001：20-21.

[6] 程相龙．煤与生物质流化床共气化过程中灰行为研究[D].太原：山西煤炭化学研究所，2010.

[7] 李克忠，张荣，毕继诚．生物质焦与煤焦及煤灰的流化特性研究[J].化学反应工程与工艺，2008，24（5）：416-421.

[8] 宋新朝，王志锋，孙东凯，等．生物质与煤混合颗粒流化特性的实验研究[J].煤炭转化，2005，28（1）：74-77.

[9] Jayaraman K，Gökalp I，Jeyakumar S. Estimation of synergetic effects of CO_2 in high ash coal-char steam gasification [J]. Applied Thermal Engineering，2017，110（2）：991-998.

[10] Delebarre A. Revisition the Wen and Yu Equations for minimum fluidization velocity prediction [J]. Chemical Engineering Research and Design，2004，82（A5）：587-590.

[11] Rao T R，Bheemarasetti R J V. Minimum fluidization velocities of biomass and sands [J]. Energy，2001，26（6）：633-644.

[12] 程相龙，李克忠，张荣，等．流化床中灰分对煤焦和生物质焦混合特性影响[J].煤炭转化，2010，33（3）：76-81.

[13] 朱家亮，陈祥佳，张涛，等．基于CFD的内构件强化内循环流化床流场结构分析[J].环境科学学报，2011，31（6）：1213-1215.

[14] 贺永德．现代煤化工技术手册[M].北京：化学工业出版社，2011：461-498.

[15] Grbner M，Meyer B. Performance and exergy analysis of the current developments in coal gasification technology [J]. Fuel，2014，116（1）：910-920.

[16] Murakami K，Sato M，Tsubouchi N，et al. Steam gasification of Indonesian subbituminous coal with calcium carbonate as a catalyst raw material [J]. Fuel Processing Technology，2015，129：91-97.

[17] 汪寿建．现代煤气化技术发展趋势及应用综述[J].化工进展，2016，35（3）：653-664.

[18] Jang D，Kim H，Chan L，et al. Kinetic analysis of catalytic coal gasification process in fixed bed condition using aspen plus [J]. International Journal of Hydrogen Energy，2013，38（14）：6021-6026.

[19] 程相龙．生物质与煤流化床共气化过程中灰行为研究[J].山西煤化所科技产出，2010.

[20] 郭卫杰．U-GAS气化炉飞灰理化性质及造粒性能研究[D].焦作：河南理工大学，2015.

第八章

低阶煤流化床气化飞灰
加工途径分析

流化床气化过程产生大量飞灰，造成生产现场的粉尘污染，也大大降低气化效率。本章分析了飞灰常见的利用方法，提出将其造粒后用作锅炉原料的处理方法。针对圆盘造粒、对辊造粒及液压造粒三种工艺，研究了造粒工艺适宜的造粒条件，分析了三种工艺的造粒产品与锅炉原煤在 N_2 和 N_2+O_2 气氛下的热重曲线差异。发现这三种工艺的造粒产品具有相似的热解和燃烧特性，明确了造粒产品热解特性、燃烧特性与锅炉原煤的关系。同时比较了三种工艺的经济性：都具有较好的盈利能力。圆盘造粒产品含水量高，必须设置干燥及冷却设备。对辊工艺如果成型前水分较少，可以考虑省去干燥工段，大大减少投资，是首选的造粒工艺。液压造粒主要设备为高压压球机和搅拌机，设备投资和电耗较高，但生产能力大，适合规模化生产。

第一节 · 飞灰来源及加工方式探讨

煤气化作为洁净煤技术的"龙头"，是解决能源短缺与环境污染的重要途径，气化技术的选型成为建设新型煤化工项目首要考虑的关键技术问题[1-3]。其中固定床气化技术最为成熟，但是它只能以优质的块煤为原料，并且对煤的热稳定性、机械强度等要求较高[4,5]。气流床的煤种适应范围较为广泛，但即便如此，对原料煤的水分、灰含量、灰熔融性也有严格要求[3,6]。流化床气化技术具有煤种适应范围广、可消耗高灰煤（或劣质粉煤）、物料混合均匀、传热传质性能好等优点，是煤炭清洁高效利用的重要方向[7,8]。经过十多年的研发，国内山西煤炭化学研究所开发的灰融聚流化床气化技术已经圆满完成了常压下气化炉的工业化应用，并在石家庄等地也建设了多套加压条件下的流化床气化工业装置，正在摸索高压下实现流化床"安、稳、长、满、优"运行的操作规律和工程经验[9-11]。国外的 U-GAS 流化床气化技术也获得了长足的发展，先后在中国枣庄、义马建设了加压工业装置[12-14]。但是在加压条件下，煤炭入炉后更加容易二次破碎生成细粉，同时炉内颗粒间的相互碰撞和摩擦也会产生细粉，尤其热稳定性较差的煤炭，细粉量更大。在高流化气速下，许多细粉从气化炉顶部飞出，产生大量飞灰，一方面造成化工企业现场粉尘污染，另一方面大大降低气化炉气化效率，碳流失严重，造成资源浪费[15-17]。

将飞灰用于气流床气化炉掺烧，理论上是可行的。一方面，飞灰粒度较细，既能大大节省气流床气化过程磨煤的电耗，另一方面，飞灰在气化炉内经过高温后活性较差，需要高温才能快速气化，正适合在气流床气化炉1400～1500℃高温下运行。但是气化飞灰类似面粉状，流动性大且容易飞扬，装车、运输、卸料都较为困难。虽可用罐车，但成本较高。

如果将飞灰直接通过管道送入流化床锅炉作为燃料进行掺烧，管道气力输送可以安全稳定地将飞灰送入锅炉[18,19]。但是现场试验发现，飞灰粒径较小，很容易被高速流化气带出而进入烟道系统，在烟道内发生燃烧，造成烟道系统的超温，影响后续烟气净化设备的运行，严重时引起联锁停车。也考虑将飞灰用于制砖的燃料，但是经过实地考察调研，多数砖厂使用煤气或瓦斯作为燃料。

为了有效利用飞灰，考虑将飞灰与造粒配煤按照一定比例混合后进行造粒，造粒产品作为锅炉的原料。从造粒的工艺，如圆盘造粒、对辊造粒和液压造粒工艺，对造粒产品的强度、成球率、反应活性（燃烧特性曲线）、水分含量的影响，判断造粒产品是否能够满足锅炉用煤的品质要求。同时比较了三种工艺的投资、经济性、项目盈利能力，以期为加压流化床的工艺完善和经济运行提供参考。

第二节 · 飞灰的圆盘造粒、对辊造粒

一、造粒原料及工艺

1. 造粒原料

气化原料为义马矿区的长焰煤，粒度小于10mm，热值约为16.5MJ/kg。该长焰煤在破碎过程中产生的细粉作为造粒配煤，其工业分析和元素分析见表8-1，粒度分析见表8-2。同时该长焰煤也是锅炉原煤。选用在1000℃，0.9MPa操作条件下工业化U-GAS流化床气化炉旋风分离器和陶瓷过滤器收集的飞灰作为实验原料，飞灰粒度小于200μm，类似面粉状，工业分析和元素分析见表8-3，粒度分析见表8-4。其中，M_{ad}、A_{ad}、V_{ad}、FC_{ad}分别表示空气干燥基煤样的水分、灰分、挥发分、固定碳含量。

表 8-1　原料煤的工业分析及元素分析

原料	工业分析/%				元素分析/%				
	M_{ad}	A_{ad}	V_{ad}	FC_{ad}	C_{ad}	H_{ad}	S_{ad}	O_{ad}	N_{ad}
长焰煤	6.9	34.2	25.0	33.9	40.8	3.8	1.67	9.15	2.68

表 8-2　原料煤的粒度分析

粒度/mm	>6	2～6	2～0.9	0.9～0.15	<0.15
占比/%	5	19	28	30	18

表 8-3　飞灰的工业分析及元素分析

原料	工业分析/%				元素分析/%				
	M_{ad}	A_{ad}	V_{ad}	FC_{ad}	C_{ad}	H_{ad}	S_{ad}	O_{ad}	N_{ad}
粉煤灰	0.46	48.33	6.60	44.61	46.53	2.32	0.17	2.01	0.18

表 8-4　飞灰的粒度分析

粒度/mm	>100	38～100	<38
占比/%	1.88	5.66	92.46

2. 造粒过程

将飞灰、造粒配煤、水分按照一定比例加入混合搅拌机中，搅拌约 10min，加入一定量的黏结剂后继续搅拌约 20～30min。然后将混合物料送入造粒机（圆盘机、对辊机），收集造粒后的产品，筛分，计算成球率。待造粒产品在空气中自然干燥后进行工业分析和 N_2 气氛、$N_2 + O_2$ 气氛下的热重分析。热重分析仪为铂金埃尔默 TGA 4000，$N_2 + O_2$ 气氛下 N_2 与 O_2 体积比 80∶20，模拟空气的组成，气体流速为 30mL/min，温度由室温升至 1000℃，升温速率 20℃/min。

二、圆盘与对辊造粒工艺的适宜操作条件

图 8-1 是飞灰和细粉按照不同比例混合后圆盘造粒产品在 80％$N_2 + 20％O_2$ 气氛下的热重曲线。可以看出，随着飞灰含量的增加，曲线拐点位置逐渐后移，最后失重率逐渐减小，说明飞灰含量越高造粒产品的反应活性越低。这主要是由于添加的细粉活性较高，而飞灰经过流化床高温（950～1200℃）环境和复杂气氛（主要是 CO＋ H_2）发生热解、气化反应，其活性明显低于细粉。也就是说，细粉的加入提高了造粒产品的燃烧性能，使燃烧更加稳定，造粒产品的燃烧性能明显优于仅飞灰造粒。同时，也对造粒产品进行了强度测试，发现随着细粉量的增多，造粒产品的强度增强，当细粉含量为 70％时强度值为细粉含量为 30％时的 2.5 倍。这可能是由于细粉中大

孔和微孔中的水分被挤压分散后形成均匀分布，水分子间的范德华力增强的结果。考虑到添加的细粉越多，造粒的成本越大，同样质量的细粉处理的飞灰越少，选定飞灰的含量不低于50%为宜。

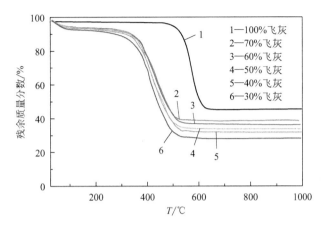

图 8-1　不同飞灰和细粉比例下圆盘造粒产品的燃烧特性曲线（热重分析）

表 8-5 是不同黏结剂和水分含量的飞灰和细粉混合物料（50%飞灰）的造粒结果。采用圆盘造粒工艺，保持黏结剂含量为 4.3% 时，比较 0 号实验和 1 号实验数据可见：水含量为 25% 时，圆盘造粒的成球率仅有 37%；当水含量为 30.7% 时，圆盘造粒的成球率快速增加至 55%。说明圆盘造粒成型需要较高的水含量，且水含量以不低于 30.7% 为宜。同样地，比较 1 号实验与 2 号实验可以发现：在水含量为 30.7% 时，黏结剂的添加量由 4.3% 提高到 6.1% 时，成球率仅仅提高 3%，故在一定水含量下黏结剂含量对圆盘造粒的成球率影响较小。

表 8-5　圆盘造粒和对辊造粒实验条件及成球率

实验号	实验条件					
	细粉：飞灰	黏结剂/%	水分/%	转鼓强度/%	成球率/%	成型工艺
0	1:1	4.3	25.0		37	圆盘造粒
1	1:1	4.3	30.7	94	55	圆盘造粒
2	1:1	6.1	30.7	90	58	圆盘造粒
3	1:1	4.3	18.8	88	65	对辊造粒
4	1:1	3.7	11.2	61	60	对辊造粒

因此，圆盘造粒过程虽然工艺简单，但是对造粒原料含水量要求较高，导致造粒产品也含有较高的水分，需要配套相应的干燥工序以降低产品水分，达到锅炉用煤的原料要求。

在两组对辊造粒实验中，3 号实验与 4 号实验黏结剂的含量分别为 4.3% 和

3.7％，水含量分别为18.8％和11.2％。两组实验成球率都在60％以上，说明相对于圆盘造粒工艺，对辊造粒工艺对水含量和黏结剂含量的要求较低，成球率更高。

另外，从造粒产品的转鼓强度来看，除0号和4号实验外，所有实验条件下造粒产品转鼓强度都大于88％。圆盘造粒比对辊造粒具有更高的强度，说明造粒产品具有一定的抗破碎能力，为造粒产品作为锅炉燃料提供有利条件。

三、造粒产品性能分析

1. 造粒产品在惰性气氛下热重分析

煤炭的燃烧可以看作是挥发分燃烧和半焦燃烧的组合，因此，热解过程对燃烧具有较大的影响，尤其是对挥发分的含量及其析出速率的影响。鉴于此，我们对造粒产品以及造粒配煤在 N_2 气氛下进行了热重分析，见图 8-2 和图 8-3。

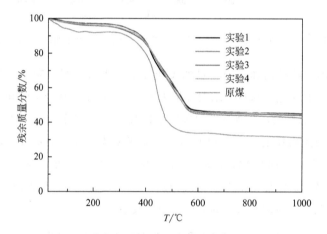

图 8-2　圆盘造粒和对辊造粒产品热解 TG 曲线

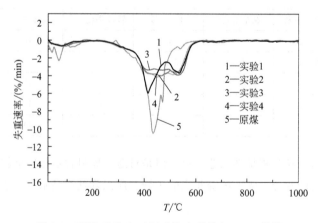

图 8-3　圆盘造粒和对辊造粒产品热解 DTG 曲线

可以看出，1～4号实验的造粒产品的热重曲线基本重合，这主要是由于造粒产品的原料都是细粉和飞灰按照1∶1的比例配置，仅仅黏结剂和水分添加量略有不同，造粒产品的灰分、挥发分和固定碳含量相差较小，见表8-6。同时，造粒产品的挥发分含量在15%左右，对造粒产品进入锅炉后的燃烧具有显著促进作用，挥发分首先燃烧释放热量进而促进固定碳的燃烧[20-22]。

表 8-6　圆盘造粒和对辊造粒产品工业分析

实验号	$A_d/\%$	$V_d/\%$	$FC_d/\%$	实验号	$A_d/\%$	$V_d/\%$	$FC_d/\%$
1	45.88	16.28	37.84	3	46.81	14.37	38.82
2	46.29	15.46	38.25	4	46.71	14.04	39.25

实验用煤为长焰煤，挥发分含量高、活性好。由图8-2也可以看出，造粒产品与造粒配煤的热重曲线形状类似，均呈"Z"字形，相应的拐点位置（切线交点）温度差值小于35℃。具体来看，大约在100～200℃之间造粒产品与造粒配煤都缓慢失重，主要是完成脱水、脱氮气、脱二氧化碳等，这些气体吸附在煤炭的空隙内，受热后发生解析逸出；约250℃就开始发生热解作用；300～600℃之间主要发生煤炭的热解，以解聚和分解反应为主[23,24]；450℃左右，反应最为剧烈，失重速率最大；600℃以后，样品的质量减少都不明显。造粒配煤和造粒产品的第一个拐点都发生在300℃左右，第二个拐点发生在495～530℃之间。

同时，相对于造粒产品，造粒配煤的热重曲线具有较大的失重速率，说明造粒配煤的活性比造粒产品的活性高。这是因为飞灰是经过高温热解、气化后的产物，其活性明显低于造粒配煤。另外，仔细观察DTG曲线可以发现，大约在480～500℃，造粒配煤和造粒产品的DTG曲线出现一个小"凹区"，说明出现了样品在短时间内的快速失重现象。这可能是热产焦油析出过程中发生二次裂解，快速逃逸出煤炭颗粒，增大了煤炭失重速率。其具体原因有待进一步深入研究。

比较四个造粒产品的热重曲线可以发现，圆盘造粒1号产品的最大失重速率明显大于圆盘造粒2号产品，对辊造粒4号产品大于对辊造粒3号产品，这与表8-6中转鼓强度的变化完全一致。由于1～4号产品都是细粉和飞灰按照1∶1的比例配置，仅仅黏结剂和水分添加量略有不同，造粒产品的灰分、挥发分和固定碳含量相差较小。出现明显失重速率差异的现象，主要是造粒后产品的孔隙度和比表面积的差异所导致的。转鼓强度在一定程度上说明了造粒后颗粒的致密性。

2. 造粒产品在 $N_2 + O_2$ 气氛下热重分析

在实际流化床锅炉中，煤炭燃烧以空气为燃烧剂。为了验证造粒产品与锅炉原料煤的燃烧性能是否存在较大差异，我们模拟空气气氛，N_2 和 O_2 按照体积比4∶1混合，在 $N_2 + O_2$ 气氛下进行了热重实验，实验结果见图8-4和图8-5。由于在 N_2 气氛下，两种造粒工艺得到的四种造粒产品的热重曲线基本重合（图8-2和图8-3），并且工业分析也非常相近（表 8-6），我们仅选用 2 号实验的造粒产品进行 $N_2 + O_2$ 气氛下的热重实验。

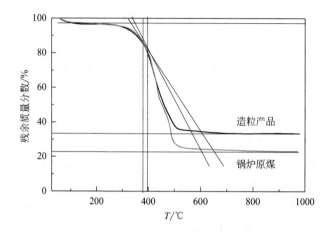

图 8-4　圆盘造粒和对辊造粒产品燃烧特性 TG 曲线

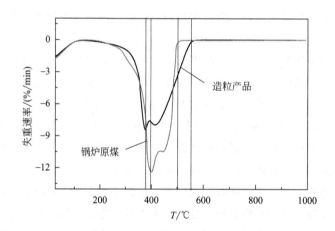

图 8-5　圆盘造粒和对辊造粒产品燃烧特性 DTG 曲线

可以看出，造粒产品与造粒配煤的热重曲线形状类似，均成 "Z" 字形，拐点位置温度差值小于 15℃。造粒产品在大约 520℃ 之后质量保持不变，而造粒配煤，也就是锅炉原料煤在 500℃ 之后质量保持不变。按照文献 [20] 中的方法确定造粒产品与造粒配煤的着火温度、燃尽温度和综合燃烧特性指数，发现它们着火温度仅相差 8℃，燃尽温度相差 20℃，综合燃烧特性指数分别为 11.37×10^{-7} 和 16.43×10^{-7}。在工业化循环流化床中，气固两相均匀混合，传质传热效果较好，燃烧速率很快，造粒产品与锅炉原料煤的燃烧性能的差别将变得更加不明显。

飞灰如果直接进入流化床锅炉中燃烧，由于飞灰粒度较小，在高速气流的带动下，在锅炉内的停留时间很短，无法完全燃烧，很容易逃逸到烟道，在烟道内燃烧，致使烟道后续的换热器壁面超温，造成锅炉系统故障，甚至停车。通过造粒以后，颗粒粒度增加，停留时间延长，可以进行充分燃烧，并且减少被带出的可能，有利于造粒产品用作锅炉原料。

以上分析说明，两种造粒工艺得到的造粒产品在 N_2+O_2 气氛下与锅炉原料煤具有相似的燃烧特性，燃烧特性相差较小，为造粒产品作为锅炉用煤提供了利好条件。

四、两种造粒工艺比较和经济性分析

从成型效果考虑，圆盘造粒和对辊造粒两种工艺并无明显差别。从投资上看，圆盘造粒工艺成型前水分要求大于 30.7%，必须设置干燥及冷却设备，设备总体造价为 251 万元，电耗为 502kW，见表 8-7；对辊造粒工艺成型前水分较少，可以考虑省去干燥工段，设备投资约 69 万元，电耗 369kW。如果由于某些原因，需要考虑干燥工段，设备总体造价为 263 万元，电耗 562kW，见表 8-8。

表 8-7　圆盘造粒工艺投资估算

序号	设备名称	规格型号	功率/kW	数量/台	单价	总价/万元
1	圆盘搅拌机	$\phi2000$	7.5	4	2 万/台	8
2	皮带输送机	B600-13m	4	3	950 元/米（皮带）	3.7(39m)
3	圆盘喂料机	$\phi2200$	11	2	1.6 万/台	3.2
4	圆盘造粒机	3m	7.5	8	3 万/台	24
5	皮带输送机	B600-4m	3	2	950 元/米（皮带）	0.76(8m)
6	皮带输送机	B1000-14m	7.5	1	1200 元/米（皮带）	1.68(14m)
7	烘干机	2.8m×28m	45	1	98 万/台	98
8	烘干引风机	12c	55	2	3 万/台	6
9	皮带输送机	B1000-13m	7.5	2	1200 元/米（皮带）	3.12(26m)
10	冷却机	2.6m×26m	30	1	85 万/台	85
11	双口分料仓	1m×2m		1	1 万/台	1
12	单口筛分机	1.5m×5m	5.5	2	2.4 万/台	4.8
13	皮带输送机	B1000-15m	7.5	1	1200 元/米（皮带）	1.8(15m)
14	双口料仓	15m³		1	3 万/个	3
15	包装秤		2.2	2	3.6 万/台	7.2
	合计（设备投资）		502			251.26

表 8-8　对辊造粒工艺投资估算

序号	设备名称	规格型号	功率/kW	数量/台	单价	总价/万元
1	圆盘搅拌机	φ2000	7.5	4	2 万元/台	8
2	皮带输送机	B600-13m	4	3	950 元/米（皮带）	3.7(39m)
3	圆盘喂料机	φ2200	11	2	1.6 万元/台	3.2
4	对辊造粒机	22kW	22	12	3 万元/台	36
5	皮带输送机	B600-4m	3	2	950 元/米（皮带）	0.76(8m)
6	皮带输送机	B1000-14m	7.5	1	1200 元/米（皮带）	1.68(14m)
7	烘干机	2.8m×28m	45	1	98 万元/台	98
8	烘干引风机	12c	55	2	3 万元/台	6
9	皮带输送机	B1000-13m	7.5	2	1200 元/米（皮带）	3.12(26m)
10	冷却机	2.6m×26m	30	1	85 万元/台	85
11	双口分料仓	1m×2m		1	1 万元/台	1
12	单口筛分机	1.5m×5m	5.5	2	2.4 万元/台	4.8
13	皮带输送机	B1000-15m	7.5	1	1200 元/米（皮带）	1.8(15m)
14	双口料仓	15m³		1	3 万元/台	3
15	包装秤		2.2	2	3.6 万元/台	7.2
	合计（设备投资）		562			263.26

表 8-9　圆盘造粒和对辊造粒工艺经济性比较　　　单位：万元/年

项目	对辊造粒		圆盘造粒
	含干燥工序	不含干燥工序	含干燥工序
煤成本	3400	3400	3400
辅助材料	2120	1920	2120
职工薪酬（含福利）	24	24	24
折旧	17.83	4.7	16.7
修理费	5.2	3.4	5
电费	251	164.6	161.3
水费	32	24	24
财务费用	12.74	3.4	12.2
管理费用	4.8	4.8	4.8
销售费用	5	5	5
合计	5872.45	5554	5772.8
产值	6000	6000	6000
利润	127.6	446	227

按照年处理飞灰 20 万吨，飞灰 50 元/吨，造粒配煤 120 元/吨，造粒后产品 150 元/吨计，详细成本分析见表 8-9。可以看出，对辊造粒和圆盘造粒都具有较好的盈利能力，都可以实现飞灰的二次利用，变废为宝。但是不含干燥工段的对辊造粒工艺经济性最好，圆盘造粒次之，含干燥工段的对辊造粒最差。

五、小结

　　以 U-GAS 流化床气化飞灰和锅炉原煤为原料，进行了对辊造粒和圆盘造粒实验，在 $100\%N_2$ 和 $80\%N_2+20\%O_2$ 气氛下对造粒产品进行了热重分析，考察了造粒产品与锅炉原煤的燃烧特性差异，同时比较了对辊造粒和圆盘造粒的经济性，主要结论如下：

　　① 两种工艺造粒时飞灰和黏结剂的含量分别为 50% 和 4.3% 为宜，圆盘造粒要求水含量不低于 30.7%，对辊造粒工艺对水含量和黏结剂含量的要求相对较低。相对造粒产品，造粒配煤的热重曲线具有较大的失重速率；造粒产品最大失重速率与转鼓强度的变化一致。

　　② 造粒产品与造粒配煤的热重曲线形状类似，均呈"Z"字形，相应的拐点位置（切线交点）温度差值小于 15℃（N_2+O_2 气氛）。造粒产品（2 号实验）与造粒配煤的着火温度仅相差 8℃，燃尽温度相差 20℃，综合燃烧特性指数分别为 11.37×10^{-7} 和 16.43×10^{-7}，燃烧性能差别很小，可作为锅炉原料，避免飞灰单独入炉燃烧造成烟道超温。

　　③ 对辊造粒工艺和圆盘造粒工艺都具有较好的盈利能力，不含干燥工段的对辊造粒工艺经济性最好，圆盘造粒次之，含干燥工段的对辊造粒最差。圆盘造粒成型前水分要求较高，必须设置干燥及冷却设备。如果对辊造粒成型前水分较少，可以考虑省去干燥工段，减少投资，是首选的造粒工艺。

第三节 · 飞灰的液压造粒

一、造粒原料与工艺

1. 造粒原料

　　同圆盘造粒和对辊造粒实验过程一样，选用河南义马矿区的长焰煤为气化原料，粒度为 0～10mm，热值约为 16.5MJ/kg，该长焰煤在破碎过程中的细粉作为造粒配煤，其工业分析和元素分析见表 8-1，粒度分析见表 8-2。选用在 1000℃，0.9～

1.0MPa 操作条件下 U-GAS 流化床气化炉旋风分离器和陶瓷过滤器收集的飞灰作为实验原料，飞灰粒度小于 $200\mu m$，类似面粉状，工业分析和元素分析见表 8-3，粒度分析见表 8-4。

2. 造粒过程

选用洛阳双勇公司中型液压压辊造粒机，造粒压力 $30\sim50kN$，生产能力 $2.5\sim3.5t/h$。将飞灰、造粒配煤、水分按照一定比例加入带电动搅拌装置的储罐中，在密封条件下搅拌约 10min，然后加入一定量的黏结剂（主要成分为腐植酸钠、沥青、水玻璃），继续搅拌约 $20\sim30min$。最后将混合物料送入造粒机，收集造粒后的产品，筛分，计算成球率。

待造粒产品在空气中自然干燥后按照 GB/T 212—2008 进行工业分析，按照 GB/T 27761—2011 进行 N_2+O_2 气氛下的热重分析（粒度不大于 $200\mu m$）。热重分析仪为铂金埃尔默 TGA 4000，N_2+O_2 气氛下 N_2 与 O_2 体积比为 80∶20，模拟空气的组成，气体流速为 30mL/min，温度由室温升至 1000℃，升温速率 20℃/min。

二、液压造粒工艺的适宜操作条件

飞灰和细粉的混合比例不但会影响到造粒产品的物理、化学性能，而且影响造粒工艺的原料成本。前期研究发现，在飞灰圆盘造粒和对辊造粒过程中，造粒配煤的加入量越多，飞灰的燃烧越稳定，且强度越强。图 8-6 是飞灰和细粉按照不同质量比混合后圆盘造粒产品燃烧特性曲线。可以看出，添加造粒配煤前后燃烧特性曲线具有较大差异。随着飞灰含量的增加，曲线拐点位置逐渐后移，最后失重率逐渐减小，说明飞灰含量越多造粒产品的反应活性越低。这主要是由于添加的细粉活性较高，而飞灰

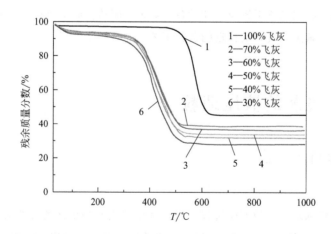

图 8-6　飞灰和细粉的混合比例对造粒产品燃烧特性曲线（热重分析）

经过流化床高温（950～1200℃）环境和复杂气氛（主要是 CO＋H$_2$）发生热解、气化反应，其活性明显低于细粉。也就是说，细粉的加入提高了造粒产品的燃烧性能，使燃烧更加稳定，造粒产品的燃烧性能明显优于飞灰。100％飞灰燃烧曲线与30％～70％飞灰燃烧曲线拐点位置差异较大，60％和70％飞灰燃烧曲线拐点相近，50％和40％飞灰燃烧曲线拐点也相近，但是60％和50％飞灰燃烧曲线拐点明显相差较大。考虑到添加的造粒配煤越多，造粒的成本越大，同样质量的细粉处理的飞灰越少，借鉴圆盘造粒的实验结果，选定飞灰的质量分数不低于50％为宜。

表 8-10 是不同黏结剂和水分含量的飞灰和细粉混合物料的液压造粒结果，其中飞灰和细粉按照 1∶1 比例混合（飞灰的质量分数 50％），黏结剂含量在 5％～8％，水分含量 15％～22％。从 2、3 号实验中可以看出，黏结剂含量由 6.5％增加到 8.0％，成球率由 57％增加到 65％。观察 3、4、5 号实验，可以看出当水分含量分别为 22％、18％、15％时，对应的成球率分别为 65％、53％、38％，水分含量对成球率的影响十分显著。当水含量不大于 15％时，成球率仅 38％。但是成型前水含量较高时造粒产品含有较高的水分，需要配套相应的干燥工序，以便降低造粒产品的含水量，达到锅炉用煤的原料要求，这样便使得整个设备的占地和投资达到增加。因此，综合考虑，水分含量以不大于 20％为宜，而黏结剂以不大于 6.5％为宜。

表 8-10　液压造粒实验条件及成球率

实验号	飞灰∶细粉	黏结剂/％	水分含量/％	成球率/％
1	1∶1	5.0	20	52
2	1∶1	6.5	22	57
3	1∶1	8.0	22	65
4	1∶1	8.0	18	53
5	1∶1	8.0	15	38

可知，黏结剂和水分添加量对造粒产品的工业分析的影响较小[25,26]。理论上，造粒产品的原料都是细粉和飞灰按照 1∶1 的比例配置，仅仅黏结剂和水分添加量略有不同，造粒产品的灰分、挥发分和固定碳含量相差较小。选择实验 2、实验 3 和实验 4 的造粒产品进行工业分析，见表 8-11。可以看出，造粒产品的灰含量为 55.54％～56.93％，挥发分含量在 9.59％～10.90％之间，固定碳含量在 32.36％～34.37％之间，即造粒产品的工业分析数据相差不大。按照挥发分助燃的机理，造粒产品含有一定量挥发分对提高其燃烧速度和燃尽速率具有一定促进作用[21,22,27]。

表 8-11　造粒产品工业分析

实验号	A_d/％	V_d/％	FC_d/％	实验号	A_d/％	V_d/％	FC_d/％
2	55.54	10.90	33.56	4	56.04	9.59	34.37
3	56.93	10.71	32.36				

三、造粒产品性能分析

1. 造粒产品热重分析

对液压造粒产品以及造粒配煤在 $80\%N_2+20\%O_2$ 气氛下进行热重分析，见图 8-7 和图 8-8。可以看出，实验的造粒产品与原煤的热重曲线形状非常类似，而且主要的拐点位置对应的温度值相差约 $40\sim60℃$，差值较小。尤其是实验得到的造粒产品，即实验 1、实验 2 和实验 3 三条曲线的热重曲线基本重合，拐点位置对应的温度值相差仅 $20℃$。$200℃$ 之前质量减少主要由于成型产品的脱水、脱氮、脱二氧化碳等，这些气体吸附在煤炭的较大空隙内，低温下即可发生解析。实验用煤为长焰煤，活性较高，约 $280℃$ 就发生热解，$300\sim600℃$ 之间主要发生煤炭的热解和燃烧，热解以解聚和分解反应为主，$450℃$ 左右反应最为剧烈[22,24,28,29]。$600℃$ 以后，几个样品的质量减少都不明显。造粒配煤的热重曲线比实验的造粒产品的热重曲线具有稍微提前的拐点和较大的失重面积，说明造粒配煤的活性比实验的造粒产品的活性高。这是飞灰在气化炉内已经经过高温热解，挥发分含量较少，固定碳含量较多，其活性明显降低的缘故。

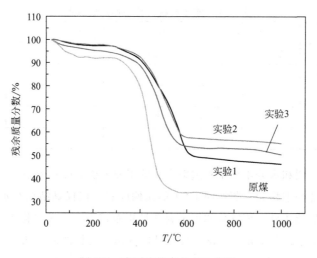

图 8-7 液压造粒产品 TG 曲线

另外，观察 DTG 曲线可以发现，实验 1 和实验 3 造粒产品都只有一个 DTG "凹区"，这主要是固定碳燃烧导致的失重峰。由于飞灰的挥发分含量较低，导致造粒产品中挥发分燃烧失重不明显，曲线中没有峰值。相反，造粒配煤挥发分含量高，有两个 DTG "凹区"，第一个是挥发分燃烧造成的，第二个是挥发分燃烧后引起固定碳燃烧造成的，两个燃烧峰相互交叉形成宽峰[15,22,27]。大约在 $480\sim500℃$，实验 2 造粒产品的 DTG 曲线出现一个小 "凹区"，说明出现了样品在短时间内的快速失重现象，这

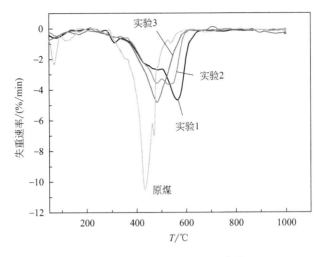

图 8-8　液压造粒产品 DTG 曲线

可能是由于热产焦油析出过程中发生二次裂解，快速逃逸出煤炭颗粒，增大了煤炭失重速率[24,28,29]。具体机理有待进一步深入研究。总之，造粒产品与锅炉原料煤有相似的热解燃烧特性，为造粒产品作为锅炉用煤提供了利好条件。

2. 造粒产品燃烧特征值分析

　　根据现场的运行经验，如果飞灰直接用气力输送进入循环流化床锅炉中燃烧，由于飞灰粒度较小，密度较小，在循环流化床高速气流的冲击下，将很快逃逸到烟道中，在烟道内燃烧，致使烟道后续的换热器壁面超温，造成锅炉系统的故障。造粒成型以后，颗粒粒度增大且具有一定强度，在流化床中停留时间延长，可以进行充分地燃烧。为了验证造粒产品与锅炉原料煤的燃烧性能是否存在较大差异，我们模拟空气组成在热重中进行了燃烧实验。由于三种造粒产品的热重曲线基本重合（图 8-7 和图 8-8），并且工业分析也非常相近（表 8-11），我们仅选用实验 3 的造粒产品进行燃烧特征值的分析，以便定量说明造粒产品和锅炉原煤的性质差异大小。

　　图 8-9 和图 8-10 是实验 3 的造粒产品和造粒配煤（锅炉原煤）在 $20\%O_2+80\%$ N_2 气氛下的热重曲线。可以看出，造粒产品与造粒配煤的热重积分曲线形状均为"Z"字形，燃尽处拐点位置十分相近，温差约 $25℃$；热重微分曲线均为"V"字形，最低点为最大燃烧速率点，两条曲线在该点温差 $48℃$。造粒产品在大约 $600℃$ 之后质量保持不变，而造粒配煤也就是锅炉原料煤在 $470℃$ 之后质量保持不变，造粒产品的燃尽时间大于锅炉原煤，但是差别不大。造粒产品的反应性稍低于锅炉原煤，这主要是由于造粒产品中含有 50% 的飞灰，飞灰经过高温转化后，活性组分逸出，固定碳含量增加，形成类似于灰渣的多孔物质（图 8-11），反应活性大大降低，进而降低了造粒产品的活性。

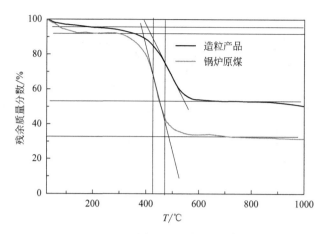

图 8-9　液压造粒产品燃烧特性曲线（热重 TG 分析）

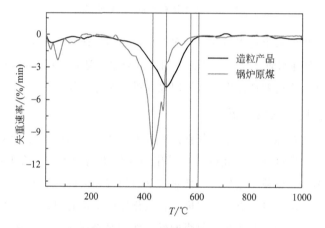

图 8-10　液压造粒产品燃烧特性曲线（热重 DTG 分析）

图 8-11　飞灰 SEM 图（10000 倍）

按照文献［29，30］中的方法确定造粒产品与造粒配煤的着火温度 T_1、燃尽温度 T_2 和综合燃烧特性指数 S 等特征值。具体方法为，在 TG 曲线中作最大燃烧速率点（DTG 曲线最低点对应的温度点）的切线，切线与燃烧开始时的平行线的交点为着火温度 T_1，切线与燃烧基本结束时的平行线的交点为燃尽温度 T_2。

$$S_1 = v_{max}/T_1^2 = (dw/dt)_{max}/T_1^2$$

$$S_2 = v_{mean}/T_2 = (dw/dt)_{max}/T_2$$

$$S = S_1 \times S_2 = [(dw/dt)_{max}/T_1^2] \times [(dw/dt)_{max}/T_2]$$

其中，S_1 表示燃料的可燃性指数，其值越大，说明燃料越容易燃烧，可燃性越好，量纲为 1；S_2 为燃尽指数，其值越大，表明燃尽时间越短，量纲为 1；S 表示综合燃烧特性指数，量纲为 1；v_{max} 和 v_{mean} 表示最大燃烧速率和平均燃烧速率，$\%/min$。

按照上述方法分析图 8-8 和图 8-9，结果发现，造粒产品和造粒配煤（锅炉原煤）着火温度仅相差 10℃，燃尽温度相差 45℃，可燃性指数分别为 2.94×10^{-5} 和 7.10×10^{-5}，综合燃烧特性指数分别为 10.47×10^{-7} 和 16.43×10^{-7}，燃烧性能差别较小。在工业化循环流化床中，由于气速较高，循环倍率都在 50 以上，固体颗粒与燃烧气体混合均匀，气相和固相之间传热滞留层较薄，传热系数较高，气相和固相之间传质速率在气流的高速扰动下极大增加，相同粒径的颗粒在同一横截面上近似均匀混合，燃烧速率很快[18,25,26]，因此造粒产品与锅炉原料煤的燃烧性能的差别将变得更加不明显。

造粒以后，颗粒粒度增加，停留时间延长，减少了被带出的可能，可以进行充分燃烧，飞灰在炉膛就可以燃尽，难以逃逸到锅炉烟道。这些说明，液压造粒工艺可以处理流化床飞灰，用于生产锅炉用煤。

四、经济性分析

根据中试结果，如果建设工业化液压造粒装置，年处理飞灰 20 万～30 万吨，需要投资约 930 万元，全工艺功率约为 388.5kW，主要设备为高压球磨机和双螺旋混合器，投资分别为 250 万元和 19.2 万元，功率分别为 240kW 和 37kW。具体的设备、投资、功率情况见表 8-12。

表 8-12　液压造粒工艺投资估算

编号	主要设备	功率/kW	数量/台	单价/万元	总价/万元	备注
1	MLC-5 密封简仓		2	5.1	10.2	原材料
2	螺旋给料机	5.5	2	5.3	10.6	
3	4m³ 反应釜	5.5	2	5.2	10.4	黏合剂
4	双螺旋混合器	37.0	2	19.2	38.4	混合

编号	主要设备	功率/kW	数量/台	单价/万元	总价/万元	备注
5	TD75 带式输送机	5.5	2	4.8	9.6	
6	YC10 永磁除铁器		1	6.8	6.8	除铁
7	高压球磨机	240.0	3	250.0	750.0	除铁
8	振动筛	3.0	3	5.2	15.6	
9	带式输送机	3.0	1	3.3	3.3	
10	除尘器	75.0	1	20.0	20.0	除尘
11	带式输送机	3.0	1	2.8	2.8	
12	电气控制操作台		1	49.0	49.0	
13	溜槽、支架等		1	2.8	2.8	
14	反应器搅拌器	5.5	2	10.4	20.8	
	总计	388.5	24	384.3	929.5	

按照年处理飞灰 20 万吨，流化床气化飞灰 20 元/吨，造粒配煤 120 元/吨，造粒后产品 150 元/吨，详细成本分析见表 8-13。可以看出，液压造粒工艺具有较好的经济性，年净利润 186 万元，税后静态投资回收期约 5.4 年。

表 8-13　液压造粒工艺经济性分析

类别	项目	价格/万元	计算依据
投资	煤	3400	粉煤灰 20 元/吨 煤粉 120 元/吨 增值税 17%
	辅助材料	1750	活页夹和其他税
	职工工资(含福利费)	24	
	折旧	58.3	14 年折旧,打捞率 4%
	修理费	17	
	电费	411	0.55 元/(kW·h)
	水费	24	4 元/吨
	财务成本	41.7	贷款生产期年平均利息
	管理成本	4.8	
	销售费用	5	
	合计	5735.8	
生产	产值	6000	150 元/吨 增值税 17%
	总计	6000	
利润	税前	265	25%所得税
	税后	186	

五、小结

① 通过液压造粒中试、造粒产品的热重分析及工业分析，发现飞灰和造粒配煤以质量比1:1，水分含量不大于20%，黏结剂含量不大于6.5%为宜。造粒产品与锅炉原煤的热重曲线均呈"Z"字形，着火温度仅相差10℃，燃尽温度相差45℃，可燃性指数分别为2.94×10^{-5}和7.10×10^{-5}，综合燃烧特性指数分别为10.47×10^{-7}和16.43×10^{-7}，燃烧性能差别小，且具有含水量较低和在炉膛停留时间较长的特点，避免了飞灰单独入炉燃烧造成的烟道超温现象，可作为锅炉原料。

② 通过经济性分析发现，年处理飞灰20万吨，项目需投资约930万元，主要设备为高压压球机和搅拌机，全工艺功率约为917kW。按照流化床气化飞灰20元/吨，造粒配煤120元/吨，造粒后产品150元/吨流化床计算，年净利润186万元，税后静态投资回收期约5.4年。

参 考 文 献

[1] Grbner M，Meyer B. Performance and exergy analysis of the current developments in coal gasification technology [J]. Fuel，2014，116 (1)：910-920.

[2] Murakami K，Sato M，Tsubouchi N，et al. Steam gasification of Indonesian subbituminous coal with calcium carbonate as a catalyst raw material [J]. Fuel Processing Technology，2015，129：91-97.

[3] 汪寿建. 现代煤气化技术发展趋势及应用综述 [J]. 化工进展，2016，35 (3)：653-664.

[4] Jang D，Kim H，Chan L，et al. Kinetic analysis of catalytic coal gasification process in fixed bed condition using aspen plus [J]. International Journal of Hydrogen Energy，2013，38 (14)：6021-6026.

[5] Chang H，Khim H C. Industrial-scale fixed-bed coal gasification：Modeling，simulation and thermodynamic analysis [J]. 2014，22 (5)：522-530.

[6] Li C，Dai Z，Sun Z，et al. Modeling of an opposed multiburner gasifier with a reduced-order model [J]. Ind Eng Chem Res，2013，52 (16)：5825-5834.

[7] Oscar Farias. Mathematical modeling of coal gasification in a fluidized bed reactor using a eulerian granular description [J]. International Journal of Chemical Reactor Engineering，2015，9 (1)：42-43.

[8] 毛燕东，李克忠，孙志强，等. 小型流化床燃煤自供热煤催化气化特性研究 [J]. 高校化学工程学报，2013 (5)：798-804.

[9] 蒋海波，朱治平，王月，等. 流化床煤气化试验研究 [J]. 化学工程，2014 (8)：60-64.

[10] Song W，Song G，Qi X，et al. Transformation characteristics of sodium in Zhundong coal under circulating fluidized bed gasification [J]. Fuel，2016，182：660-667.

[11] 李风海，黄戒介，房倚天，等. 流化床气化中小龙潭褐煤灰结渣行为 [J]. 化学工程，2010，38 (10)：127-131.

[12] 章保. U-GAS粉煤流化床煤气化废水设计及运行实例 [J]. 工业用水与废水，2016，47 (1)：

51-54.

[13] Watanabe H，Otaka M. Numerical simulation of coal gasification in entrained flow coal gasifier [J]. Fuel，2006，85 (12/13)：1935-1943.

[14] Chen B，Qu K L. U-GAS gasification furnace installing method：CN 104018679 A [P]. 2014-09-03.

[15] 景旭亮，王志青，张乾，等. 流化床气化炉半焦细粉的燃烧特性及其动力学研究 [J]. 燃料化学学报，2015，42 (1)：13-21.

[16] 李风海，李振珠，黄戒介，等. 神木煤流化床气化带出细粉的特性 [J]. 燃料化学学报，2015，42 (10)：1153-1159.

[17] 杨鑫，黄戒介，房倚天，等. 无烟煤流化床气化飞灰的结渣特性 [J]. 燃料化学学报，2015，41 (1)：1-8.

[18] Goel A，Mittal A，Mallick S S，et al. Experimental investigation into transient pressure pulses during pneumatic conveying of fine powders using Shannon entropy [J]. Particuology，2016，29 (6)：143-153.

[19] 黄芬霞，靳世平. 管道内颗粒气力输送的研究现状与热点分析 [J]. 中国粉体技术，2017 (5)：87-91.

[20] 郭永成，王春波，李新号. 基于工业分析的恒温下煤粉燃尽特性预测模型 [J]. 动力工程学报，2017，37 (3)：192-198.

[21] Duan L，Sun H，Zhao C，et al. Coal combustion characteristics on an oxy-fuel circulating fluidized bed combustor with warm flue gas recycle [J]. Fuel，2014，127：47-51.

[22] 刘雨廷，何榕. 包含反应阶数变化的分形煤焦颗粒燃烧模型的建立与实验验证 [J]. 化工学报，2016，67 (1)：339-348.

[23] 罗希韬，王志奇，武景丽，等. 基于热重红外联用分析的热解机理研究 [J]. 燃料化学学报，2015，40 (9)：1147-1152.

[24] Wang M，Li Z，Huang W，et al. Coal pyrolysis characteristics by TG-MS and its late gas generation potential [J]. Fuel，2015，156：243-253.

[25] Xin Y，Jie H J，Tian F Y，et al. Slagging characteristics of fly ash from anthracite gasification in fluidized bed [J]. Journal of Fuel Chemistry & Technology，2013，41 (1)：1-8.

[26] 鹿鹏，韩东，蒲文灏，等. 高压密相气力输送煤粉输送速率通量及神经网络模拟 [J]. 化工学报，2013，64 (5)：1607-1613.

[27] Singh R I，Brink A，Hupa M. CFD modeling to study fluidized bed combustion and gasification [J]. Applied Thermal Engineering，2013，52 (2)：585-614.

[28] Hayashi J I，Takahashi H，Doi S，et al. Reactions in brown coal pyrolysis responsible for heating rate effect on tar yield [J]. Energy & Fuels，2000，14 (2)：400-408.

[29] Zhao G W，Yu W Q，Xiao Y H. Study on brown coal pyrolysis and catalytic pyrolysis [J]. Advanced Materials Research，2011，236-238：660-663.

[30] 郭卫杰. U-GAS 气化炉飞灰理化性质及造粒性能研究 [D]. 焦作：河南理工大学，2015.

第九章

低阶煤灰熔融特性及其对
流化床气化的影响

煤灰的灰熔点，即熔融性温度，是煤炭燃烧、气化过程中选择排渣方式、设计反应器炉体、确定操作条件的重要指标。因此，灰熔点的预测具有重要意义。本章首先介绍了煤灰的组成以及各种矿物的热行为，进而说明了煤灰熔融性温度的影响因素以及预测熔融性温度的常用方法。然后，考虑到 SiO_2 和 Al_2O_3 是煤灰中含量最高的两种化学成分，讨论了 SiO_2、Al_2O_3 及 SiO_2-Al_2O_3 型矿物对煤灰熔融温度的影响。同时，讨论了 SiO_2 和 Al_2O_3 等化学成分形成低温共熔物对熔融性温度的影响，提出了预测熔融性温度的新方法。最后，讨论了不同煤样混灰的熔融性温度与混合灰样化学组成的关系并作出混灰熔融性温度的预测。

第一节 · 低阶煤灰的组成以及各种矿物的热行为

煤灰的组成分为化学组成和矿物组成。化学组成是指将煤灰视为金属和非金属氧化物组成的混合物。化学分析结果表明，煤灰由 SiO_2、Al_2O_3、Fe_2O_3、CaO、MgO、Na_2O、TiO_2 等组分构成，可分为酸性氧化物和碱性氧化物，酸性氧化物有 SiO_2、Al_2O_3、TiO_2，碱性氧化物有 Fe_2O_3、CaO、MgO、Na_2O 等。这些氧化物在纯净态下的熔点很高。然而，煤中矿物多以复合化合物的形式存在，燃烧生成的灰分也往往是多种组分结成的共晶体。

实际上，各元素在煤灰中的形态是多样的，不一定以氧化物的形式存在，很可能以矿物的形式存在，这些矿物主要是煤中的矿物发生热分解、化合等一系列反应的产物和未发生反应的矿物。煤中矿物按照来源不同可以分为三类：原生矿物、次生矿物和外来矿物。原生矿物是原始成煤植物含有的矿物，其含量一般不超过 $1\%\sim2\%$。次生矿物是在成煤过程中进入煤层的矿物，包括通过水力和风力搬运到泥炭沼泽中而沉积的碎屑矿物和从胶体溶液中沉积出来的化学成因矿物，其量约 10% 以下。原生矿物和次生矿物统称煤的内在矿物，较难洗选脱除。外来矿物质是在采煤过程中混入煤中的底板、顶板和夹石层中的矸石，其量一般为 5%～10%，高的可达 20% 以上，这类矿物较易通过洗选除去。

煤中矿物主要由下列物质组成，这些物质有机结合构成一系列的复合盐类，其主要存在形态见表 9-1。

① 酸酐——硅酸酐、硫酸酐、碳酸酐等；

② 硫化物——主要是 FeS_2；

③ 氧化物——Si、Al、Fe、Ca、Mg、Na、K 等元素的氧化物。

表 9-1　煤中矿物的主要存在形态[1-5]

名称	主要成分	名称	主要成分
高岭石	$Al_2O_3 \cdot 2SiO_2 \cdot 2H_2O$	磷石英	SiO_2
伊利石	$K_2O_3(AlFe)_2O_3 \cdot 16SiO_2 \cdot 4H_2O$	方石英	SiO_2
方解石	$CaCO_3$	钠长石	$NaAlSi_3O_8$
钾云母	$K_2O \cdot 3Al_2O_3 \cdot 6SiO_2 \cdot 2H_2O$	黏土	$(Mg,Ca)O \cdot Al_2O_3 \cdot 5SiO_2 \cdot nH_2O$
钠云母	$Na_2O \cdot 3Al_2O_3 \cdot 6SiO_2 \cdot 2H_2O$	钾长石	$KAlSi_3O_3$
绢云母	$KAl_2(AlSi_3O_{10})2H_2O$	石榴石	$3CaO \cdot Al_2O_3 \cdot 3SiO_2$
菱铁矿	$FeCO_3$	角闪石	$CaO \cdot 3FeO \cdot 4SiO_2$
白铁矿	FeS_2	石膏	$CaSO_4 \cdot 2H_2O$
黄铁矿	FeS_2	绿矾	$FeSO_4 \cdot 7H_2O$
岩盐	$NaCl$	磁铁矿	Fe_3O_4
钾盐	KCl	赤铁矿	Fe_2O_3
石英	SiO_2	白云石	$CaCO_3 \cdot MgCO_3$

煤中这些矿物在高温燃烧时，大部分矿物发生化学反应，与未发生化学反应的那部分矿物一起转变为灰分。硫铁矿和菱铁矿中的大部分 Fe 被氧化成氧化铁，以赤铁矿和磁铁矿的形式存在于煤灰中[6]；含钙矿物主要转化为硅铝酸盐和硫酸钙，易形成低温共熔体，降低煤灰灰熔点[7,8]；黏土、石膏等失去化合水，碳酸盐分解，硫化矿物氧化等。经过一系列的化学反应，煤中矿物转变成灰分，煤灰中的主要矿物如表 9-2。

表 9-2　煤灰中矿物的主要存在形态[2,4,8,9]

名称	主要成分	熔融温度/℃	名称	主要成分	熔融温度/℃
刚玉	$\gamma\text{-}Al_2O_3$	—	赤铁矿	Fe_2O_3	1550
莫来石	$3Al_2O_3 \cdot 2SiO_2$	1850	硫酸钙	$CaSO_4$	1450
磁铁矿	Fe_3O_4	1540	钙长石	$CaAl_2Si_2O_8$	1553

名称	主要成分	熔融温度/℃	名称	主要成分	熔融温度/℃
黄长石	$Ca_2AlSi_2O_7$	1590	铁钙辉石	$Ca(Fe,Mg)(SiO_3)_2$	—
钙黄长石	$2CaO \cdot Al_2O_3 \cdot SiO_2$	—	铁橄榄石	$2FeO \cdot SiO_2$	618
硅线石	Al_2SiO_5	—	铁钙橄榄石	$CaO \cdot FeO \cdot SiO_2$	1065
铝酸钙	$2CaO \cdot Al_2O_3$	1500	铁铝尖晶石	$FeAl_2O_4$	808
硅酸钙	$2CaO \cdot SiO_2$	1540	硫酸镁	$MgSO_4$	1137
斜辉石	$Fe(SiO_3)_2$	—	氧化亚铁	FeO	1420

煤灰是由各种矿物组成的混合物，在加热过程中，各种矿物组分除熔融外，还会发生反应生成新的无机成分，同时各矿物组分之间还会发生低温共熔现象，形成低温共熔体，从而影响煤灰的熔融特性。各种矿物在加热过程中有如下行为[5-9]：

石英（SiO_2）：为原煤中含有的矿物，在800℃左右，石英与高岭石等其他成分在高温下反应，生成新的矿物或非晶体的玻璃体物质。

高岭石（$Al_2O_3 \cdot 2SiO_2 \cdot 2H_2O$）：它和石英一样是原煤中含有的黏土类矿物，高岭石在较低的温度下发生脱水反应，转变成偏高岭石。大约在800～1000℃左右偏高岭石转变成莫来石。

莫来石（$3Al_2O_3 \cdot 2SiO_2$）：黏土矿物发生高温相变的产物（熔点为1850℃），在1000℃左右出现，在1000～1400℃间随温度升高而增加，并一直存在，莫来石含量高则煤灰熔融性温度越高。

赤铁矿（Fe_2O_3）：原煤中硫铁矿（FeS_2）在800℃以前已全部分解为赤铁矿（Fe_2O_3），由于炉内还原性气氛不强，故赤铁矿在1400℃仍然存在，赤铁矿的含量对煤灰熔融性温度影响较大。

硬石膏（$CaSO_4$）：原煤中没有石膏（$CaSO_4 \cdot 2H_2O$）存在，此处硬石膏是由方解石分解的CaO与SO_3气体发生反应而生成，在1200℃后又分解成CaO。

钙长石（$CaAl_2Si_2O_8$）：为高温反应产物（熔点为1553℃），即硬石膏分解生成的CaO与偏高岭石及莫来石反应而生成，钙长石在1200℃下仍然存在，在1400℃时趋于消失。

根据以上的分析讨论，对于煤灰中各矿物在加热过程中的主要行为可推测如下：

高岭石→偏高岭石→莫来石

方钙石（碳酸盐的分解产物）+硫的氧化物→硬石膏→方钙石（碳酸盐的分解产物）+硫的氧化物

方钙石（碳酸盐的分解产物）+偏高岭石→钙长石

第二节 · 影响低阶煤灰熔融性的因素

一、化学组成对煤灰熔融性的影响

煤灰主要由金属元素氧化物和部分非金属元素的氧化物组成，分类如下：

> 酸性氧化物　　　　SiO_2，Al_2O_3，TiO_2
> 碱性氧化物　　　　Fe_2O_3，Na_2O，CaO，MgO，K_2O

煤灰的熔融过程是一个复杂的物理-化学过程，一般认为酸性氧化物含量越高，煤灰熔融性温度越高，碱性氧化物含量越高，煤灰熔融性温度越低。硫在煤灰中能够与金属结合，在氧化条件下形成硫酸盐，从而降低灰熔点[10]。各种氧化物对煤灰熔融性的影响具体分析如下：

SiO_2：煤灰中 SiO_2 主要以非晶体的状态存在，含量在 $45\%\sim60\%$ 时，与灰熔点负相关；含量大于 70% 时，灰熔点均大于 $1350℃$；在其他情况下，具有很大的助熔不确定性[11]。

Al_2O_3：煤灰中 Al_2O_3 的含量对煤灰熔融性温度的密切程度最高，且成正相关。Al_2O_3 质量分数自 15% 开始，煤灰熔融性温度随着 Al_2O_3 含量的增加而有规律地升高，当质量分数超过 40% 时，不管其他煤灰成分含量变化如何，软化温度一般都大于 $1400℃$[12]。

CaO：CaO 质量分数变化很大，多在 $1\%\sim50\%$，当其含量较低时煤灰熔融性温度随 CaO 的增高而降低；当其含量较高时煤灰熔融性温度随 CaO 的增高而增高。临界点与样品中 CaO 的含量和其他组分有关[11,13]。煤灰中 CaO 质量分数大于 40% 时，软化温度有显著升高的趋势。

Fe_2O_3：无论在氧化气氛或者弱还原气氛中，煤灰中的 Fe_2O_3 均起降低煤灰熔融性温度的作用，在弱还原性气氛下助熔效果最显著[12,13]。

MgO：煤灰中 MgO 含量较少，大部分在 3% 以下，一般很少超过 13%。煤灰中 MgO 通常起降低煤灰熔融性温度的作用[12]。

Na_2O 和 K_2O：煤灰中的 Na_2O 和 K_2O 含量一般较低，若它们以游离形式存在于煤灰中时，则均能显著降低煤灰熔融性温度。但它们在煤灰中多以伊利石和云母的形式存在，对灰熔点的降低作用就减弱了[11,12]。

TiO_2：在煤灰中，它含量较小，始终起到提高煤灰熔融性温度的作用，其含量增减对煤灰熔融性温度的升降影响非常大，质量分数每增加 1%，煤灰熔融性温度增加 $36\sim46℃$[14]。

张堃等[13]采用氧化物和碳酸盐等化学品替代煤灰中的化学成分，通过人工控制灰样的成分和含量的变化，模拟煤灰的化学组成，研究了常见化学成分对煤灰熔融性的影响。结果表明，SiO_2、Al_2O_3、CaO的含量与灰熔点成开口向上的抛物线关系，即：含量比较小时，它们助熔，降低煤灰的灰熔点；含量较大时，它们提高煤灰的灰熔点。Fe_2O_3、Na_2O、K_2O和MgO均起到良好的助熔作用。马艳芳等[15]也用同样的方法，研究了常见化学成分对煤灰熔融性的影响，得到同样的结果。陈文敏等[16]用计算机绘制出了各种煤灰成分与软化温度的分布图，并据此推导出计算煤灰熔点的多元回归式。结果表明：软化温度随Al_2O_3含量的增高而增高，随Fe_2O_3和CaO含量的增高而降低；SiO_2在灰中含量小于30％时软化温度都低于1350℃，而其含量在30％～65％之间时软化温度从小于1100℃至大于1500℃范围变化，表明SiO_2含量在很大范围内与煤灰熔融性软化温度（ST）的关系不甚明显；MgO含量大都低于5％，它与ST的关系也不甚明显。

Vorres[17]认为，煤灰中的化学成分在高温下的变化与其离子的化学结构特性有关，从而提出了"离子势"的概念。所谓离子势，即离子化合价与离子半径比。Si^{4+}、Al^{3+}、Ti^{4+}和Fe^{3+}离子势分别是9.5、5.9、5.9和4.7，Mg^{2+}、Fe^{2+}、Ca^{2+}、Na^+和K^+的离子势分别为3.0、2.7、2.0、1.1和0.75。可见，酸性组分具有较高的离子势，碱性组分的离子势较低，离子势最高的阳离子易与氧结合形成复杂的离子或多聚物，即煤灰中的酸性组分易形成多聚物，而碱性组分则为氧的给予体，能够终止多聚物的积聚并降低其黏度。Sdariye[18]的研究表明，在氧化气氛中，褐煤灰中具有显著助熔作用的成分是Na_2O和K_2O，其次是CaO和MgO，从离子势的数值看，Na^+和K^+最低，其次是Ca^{2+}和Mg^{2+}，这几种组分都能够破坏多聚物，从而表现出助熔效果。Na_2O和K_2O含量最高的褐煤灰，熔融温度最低。

Vassilev[19]选取世界不同地方的43种煤，在815℃左右将其灰化1小时制取煤灰，研究了灰样中化学成分对煤灰灰熔点的影响。对实验结果进行分析，他发现在氧化性气氛下，能使半球温度提高的氧化物，按作用大小排序为TiO_2＞Al_2O_3＞SiO_2＞K_2O；能使半球温度降低的氧化物，按作用大小排序为SO_3＞CaO＞MgO＞Fe_2O_3＞Na_2O。

二、矿物组成对煤灰熔融性的影响

原煤和煤灰中的矿物的化学组成大概一致，但各化学组分的存在形式却相差很大。原煤中的矿物主要有高岭石、伊利石、云母、黄铁矿、方解石等；煤灰中的矿物主要有石英、莫来石、黄长石、赤铁矿、硬石膏等。

煤灰中的矿物可分为耐熔矿物和助熔矿物两大类。一般情况下，煤灰中的耐熔矿物是石英、偏高岭石、莫来石和金红石，而常见的助熔矿物是赤铁矿、石膏和硅酸钙。煤灰中掺入耐熔矿物可以提高煤灰熔融温度，反之掺入助熔矿物可降低煤灰熔融温度。一般而言，熔融性温度较低的煤灰中硫酸盐、碳酸盐、硫化物、氧化物、蒙脱石和长石含量较高；而高岭石、伊利石、金红石含量较高的煤灰，熔融性温度则较高。Vassilev[19]研究了各种矿物成分对煤灰熔融性的影响，他指出：煤中主要结晶矿物是石英、高岭石、伊利石、长石、方解石、黄铁矿和石膏；次要矿物是方石英、蒙脱石、赤铁矿、菱铁矿、白云石、氯化物和重晶石等。一般情况下，富含石英、高岭石、伊利石的煤，煤灰熔融性温度较高；而蒙脱石、斜长石、方解石、菱铁矿和石膏含量高的煤，煤灰熔融性温度较低。煤经高温灰化后，由于发生了物理化学变化，煤灰中的主要结晶矿物变成石英、黏土矿物、长石、硅酸盐、赤铁矿和硬石膏。硅酸盐矿物含量高的煤灰，熔融性温度较高；如果硅酸盐含量少，而硫酸盐和氧化物矿物含量高，则煤灰熔融性温度较低，硬石膏的存在会降低高岭石的熔融性温度[8,12,17]。

无论是从化学组成角度还是矿物组成角度研究煤灰的熔融性，结果应该是一致的，因为它们是同一个问题的两种解决思路。但是由于煤灰中各种氧化物多以矿物的形式赋存，并且煤灰在熔融过程中形成的低共熔点复合物对煤灰熔融性的影响很大，因此从矿物角度研究更接近实际情况。张堃等[13]和马艳芳等[15]利用化学品替代煤灰中的化学成分，发现随 SiO_2、Al_2O_3、CaO 含量的增加，灰熔点先下降后上升，原因就是低共熔点复合物钙长石和钙黄长石的形成。杨建国等[8]利用热分析和 X 射线衍射物相分析，对低灰熔点的神木煤和高灰熔点的淮南煤的煤灰在加热过程中矿物的热行为及其演变进行了对比研究。结果表明神木煤煤灰中大量存在的 $CaCO_3$、$CaSO_4$ 为钙黄长石和钙长石的大量生成提供了条件，这两种矿物的低温共熔是神木煤煤灰熔点低的主要原因；淮南煤煤灰中大量生成的莫来石则使得其熔点很高。

三、气氛对煤灰熔融性的影响

煤灰熔融性温度测定主要有三种气氛：弱还原性气氛、强还原性气氛和氧化性气氛。一般认为气氛对煤灰熔融性的影响主要是由于 Fe 在不同气氛中存在的形式不同。无论在什么气氛下，铁的氧化物均可以助熔，弱还原性气氛下助熔效果最好。在弱还原性气氛下 Fe 以 FeO 的形式存在，一方面它能与其他氧化物形成铁橄榄石、铁尖晶石等矿物，这些矿物可以形成低共熔点复合物；另一方面，从离子势的角度看，Fe^{2+} 离子势比较低，不易与氧原子结合形成复杂的多聚物[17]。张德祥和王朝臣等[20]在氧化性和弱还原性气氛下测定了 17 种煤灰样品和 3 个人工灰样，进一步证实了弱还原性气氛下铁的氧化物助熔效果最好，同时提出 CaO 和 Fe_2O_3 能明显降低灰熔点并且对于降低煤灰灰熔点具有叠加作用。

四、灰中焦含量对煤灰熔融性的影响

在煤灰的形成和熔融过程中，煤灰分散的均匀性使其对燃炭有一定的包裹作用，且煤灰与焦之间的碰撞使少量的焦滞留或混入煤灰中，影响煤灰的熔融性。关于这方面的文献比较少。Chen 等[21]向煤灰中加入不同量的煤焦，在 Ar 气氛下测定灰熔点，结果表明焦的掺入使煤灰熔点显著升高，并且随掺焦量的增大，灰熔点升高，当掺焦量达到 20％时，煤灰很难熔融甚至不熔融。这主要是由于焦与焦之间通过熔融煤灰的黏结作用形成了不熔骨架。

第三节 · 煤灰熔融性的预测方法

一、参数法

目前，常见的预测煤灰熔融性的方法有四种，参数法、线性回归、三元相图和 SiO_2-Al_2O_3 型矿物法。参数法是指根据煤灰的主要化学成分用某参数来定性判断煤灰的熔融性，主要有以下几种[22]：

Storach 以参数 K 来界定难熔煤灰和易熔煤灰：

$$K = \frac{w_{SiO_2} + w_{Al_2O_3}}{w_{CaO} + w_{Fe_2O_3} + w_{MgO}} \tag{9-1}$$

Nicholls 和 Selvig 用 R 表示煤灰熔融的难易，煤灰的熔点随 R 的增大而增大：

$$R = \frac{w_{SiO_2} + w_{Al_2O_3}}{w_{CaO} + w_{Fe_2O_3} + w_{MgO} + w_{KNaO}} \tag{9-2}$$

Prost 提出以煤灰中氧化物的含量表示煤灰熔融的难易：

$$Q = \frac{\dfrac{w_{O(Al_2O_3)}}{w_{O(CaO+Fe_2O_3+MgO)}}}{\dfrac{w_{O(SiO_2)}}{w_{O(Al_2O_3)}}} \tag{9-3}$$

上面这些式子只能粗略地定性表示煤灰熔融的难易，并不能从定量关系上反映煤灰的熔融性与其化学组成的关系。

二、线性回归法

线性回归是指将煤灰熔融性特征温度与其化学组成进行线性的拟合，得到经验关系式。可以采用氧化物和碳酸盐等化学品替代煤灰中的化学成分，通过人工控制灰样的成分和含量的变化，或者对煤灰进行灰成分分析，研究常见化学成分对灰熔融性的影响。陈文敏等[16]收集了新中国成立后几十年来积累的近千个研究煤样的煤灰成分与煤灰熔融温度的分析结果，并根据煤灰的不同组成成分，用计算机绘制出了各种煤灰成分与软化温度的分布图，分别利用多元回归分析方法推导出不同条件下计算灰熔点的公式，被广泛使用。Winegartner、Rhodes[23]选取大量美国东部、西部的不同煤样为原料，利用逐步回归的方法，得到由煤灰的化学组成计算其灰熔点的预测方程，大部分预测值误差小于 30℃；刘天新[24]考虑灰化学成分对熔融性特征温度的影响，直接回归煤灰流动温度和软化温度与灰分中 SiO_2、Al_2O_3、CaO、FeO、MgO、K_2O、Na_2O 含量的关系；Gray[25]根据特定新西兰煤田的煤灰组成，利用多元回归法，逐步回归来预测煤灰的熔融温度。平户瑞穗[26]对添加了助熔剂（CaO、Fe_2O_3）的煤灰熔融特性进行了研究，发现在弱还原气氛下，向煤灰中加入 CaO、Fe_2O_3 可以大大降低煤灰熔融温度，并根据煤灰中主要化学成分 SiO_2、Al_2O_3、CaO、FeO 与熔融温度之间的关系，建立了多元回归方程，能够较为准确地预测实验所用煤灰的熔融温度。姚星一、王文森[22]选择我国不同矿区、不同煤种的不同煤灰样品 52 个，采用线性回归的方法提出了计算煤灰熔融性温度的公式，并给出该公式的双温度坐标图解。

$$FT = 24w_{Al_2O_3} + 11(w_{SiO_2} + w_{TiO_2}) + 7(w_{CaO} + w_{MgO}) + 8(w_{Fe_2O_3} + w_{KNaO})$$

Sdariye[18]在研究土耳其褐煤灰的化学组成与煤灰熔融性温度之间的关系时，发现在氧化气氛中，褐煤灰中具有显著助熔作用的成分是 Na_2O 和 K_2O，其次是 CaO 和 MgO。回归分析表明，碱性组分之和与煤灰熔融温度之间存在着良好的相关性。研究结果与 Vorres[17]的离子势论点一致，即煤灰中的酸性组分易形成多聚物，而碱性组分则为氧的给予体，能够终止多聚物的积聚并降低其黏度。从离子势的数值看，Na^+ 和 K^+ 最低，其次是 Ca^{2+} 和 Mg^{2+}，这几种组分都能够破坏多聚物，从而表现出助熔效果。Na_2O 和 K_2O 含量最高的褐煤灰，熔融温度最低。另外，Ozbayoglu[27]和 Liu[28]分别利用多元非线性逐步回归和神经网络模型的方法研究煤灰灰熔点与其化学组成的关系，并开发相应计算程序，得到了较好的预测结果。

三、三元相图法

研究煤灰熔融性所用的三元相图是指以灰分中三种氧化物或几种氧化物的质量百分数为正三角形的三个顶点的正三角形相图，常见的三元相图有 SiO_2-Al_2O_3-CaO、FeO-Al_2O_3-CaO 和 SiO_2-Al_2O_3-K_2O 相图。理论上，由相平衡关系可以得到煤灰成为液体时的最低温度（液化温度）和成为固体时的最高温度（固化温度），以及在中间温度时固相和液相的组成。

Huffman[29]等对美国 18 种煤灰在还原性气氛下的高温特性进行了研究，通过对 SiO_2-Al_2O_3-CaO 平衡相图的研究，指出整体上煤灰的矿物组成落在莫来石区域，在富铁区域首先发生熔融，液相也可能是在富铁共熔区域内首先形成。李帆等[30]将 CaO 和 Fe_2O_3 添加剂按不同比例掺入煤灰中，对混合灰样的熔融特性进行测定，并利用三元相图进行分析，结果表明在弱还原气氛下，混合灰样与三元相图具有相似的熔融特性曲线，在高温下混合灰样的矿物组成与三元相图的矿物组成基本一致。陈龙等[31]对四种不同煤的灰样在不同气氛下测定了灰熔点，并与三元相图的预测结果进行比较，发现在弱还原气氛下预测值偏低，在氧化性气氛下预测值稍低，但是灰样与三元相图也具有相似的熔融特性曲线。白进等[32]利用 XRD、SEM-EDX 分析了神府煤中矿物在高温弱还原气氛下的变化，发现矿物的演变基本与 SiO_2-Al_2O_3-CaO 三元相图相符，矿物的变化主要由钙基硅铝酸盐控制。

Gray[25]以碱性氧化物、酸性助熔氧化物、酸性非助熔氧化物的质量百分数为三元相图三个顶点研究了新西兰煤灰的熔融特性。其中，酸性助熔氧化物为 SiO_2 + TiO_2 + P_2O_5 + B_2O_3；碱性氧化物和酸性非助熔氧化物在不同气氛下组成不一样，这主要是因为在弱还原条件下，FeO 属碱性氧化物，而在氧化条件下，Fe_2O_3 属于酸性非助熔氧化物。河源成二和 Zingen[11]都以（SiO_2 + Al_2O_3)-(Fe_2O_3 + FeO)-(CaO + MgO+其他）为三元相图的三个顶点，研究煤灰的熔融性，但是他们的结论不一致，图内各条曲线交错，很难分析煤灰熔点与化学成分间的关系。姚星一[11]在分析 Zingen 和河源成二的三元相图的基础上，认为 SiO_2 和 Al_2O_3 在煤灰中对灰熔点的影响机理不同，Al_2O_3 在煤灰中始终起增高熔点的作用，提出以 SiO_2-Al_2O_3-(CaO+ Fe_2O_3+MgO+K_2O+Na_2O）为三元相图三个顶点，用不同氧化物混合物制成人工灰样，研究煤灰的熔融性，发现（CaO+Fe_2O_3+MgO+K_2O+Na_2O)-SiO_2-Al_2O_3 相图系统可以较好地表示煤灰成分与熔点间的关系。Li 和 Ninomiya 等[33]利用 FactSage 软件中的多元金属氧化物相图平衡系统预测弱还原气氛下中国淮南煤的灰熔点，发现预测值与实验测定值较吻合，误差小于 74℃，且 XRD 测试表明相图预测的矿物形态与灰样中实际的矿物形态基本一致。Song 等[34]在研究煤样的熔融性和结渣性时选用 FactSage 软件的 FeO-Al_2O_3-CaO-SiO_2 平衡相图计算煤灰的灰熔点。但是，这些分别以多种氧化物为顶点的多元相图需要大量的实验对其进行完善和验证。

煤灰中的氧化物大部分不是以游离的形态存在的，同时某一化学组分对灰熔点的影响受其他组分含量的影响比较大，用线性或非线性拟合的方法得到的预测式差异较大。考虑到这种方法的局限性，可以用 XRD 和电镜扫描等表征方法对矿物在高温下的演变行为加以描述。尽管如此，仍然难以准确预测煤灰的灰熔点，因为煤灰的熔融过程是一个复杂的矿物演变过程，熔融过程中的化学反应十分复杂，涉及化学成分的赋存形态和助熔的加和性。矿物在不同温度下化合，分解形成共晶体以及共晶体之间在不同温度下的化合、分解、低温共熔。例如两种煤灰中具有同样含量的高岭石，在高熔点的灰中就有可能起到助熔作用，在低熔点的灰中有可能起到耐熔作用。三元相图考虑了煤灰在熔融过程中主要矿物的演变过程，同时大量实验也证明灰样与三元相图具有相似的熔融特性曲线，因此用它预测煤灰的熔融性成为一种相对可行的方法。

四、SiO_2-Al_2O_3 型矿物法

1. SiO_2-Al_2O_3 型矿物含量的计算

煤灰变形温度（DT）和软化温度（ST）是锅炉和气化炉设计选型和安全稳定运行的重要参数，许多研究者致力于煤灰熔融温度预测的研究，提出了一些定性和定量的方法。主要有参数法、线性回归法、三元或多元相图法和完全液相法等。参数法是一种定性方法，根据煤灰的主要化学成分用某参数来定性判断煤灰的熔融性，如Hidero 等[35]用硅铝氧化物含量与其他氧化物含量之比来界定难熔煤灰和易熔煤灰。线性回归法是根据煤灰化学组成与熔融温度的关系，进行线性或非线性拟合，用拟合式预测煤灰熔融温度，被广泛采用。依据煤灰化学组成可以采用化学纯的氧化物代替煤灰成分，也可根据煤灰的实际成分进行拟合。如葛源等[36]向煤灰中添加不同比例的 CaO 研究贵州六盘水高硅铝煤灰熔融性变化。陈文敏等[16]研究了煤样的化学成分与煤灰熔融温度的关系，被广泛应用。

实际上，这些氧化物大部分以矿物形式赋存，且矿物形式多样。煤灰受热熔融过程中，这些矿物发生热分解、化合、低温共熔等一系列反应，影响煤灰的熔融温度[37,38]。因此，仅仅从化学组成出发得到的拟合式的预测结果误差较大[39-41]。三元或四元相图只考虑了煤灰中的 SiO_2、Al_2O_3、Fe_2O_3、CaO，并且四元相图缺乏大量的实验数据，基本依靠软件模拟。更多元的相图和复合相图更缺乏实验数据，这些导致相图的预测结果不理想[42-44]。完全液相法是利用煤灰的完全液相温度预测灰熔点，该方法将煤灰分为高硅铝、高硅铝比、高铁及高钙四种，分别建立灰熔点与完全液相温度的关系，但是完全液相温度需要根据对应点多元相图或热力学软件 Factsage 计算获得[45]，大大限制了其应用。

SiO_2、Al_2O_3 是煤灰中最主要的两种氧化物，其含量之和多大于 55%[46]，对煤灰熔融温度影响显著。一般地，SiO_2 在煤灰中的含量最多，最高可达 70%。SiO_2 含量大于 60% 时，煤灰的 ST 一般大于 1400℃[16,46]。Al_2O_3 在煤灰中的含量仅次于 SiO_2，随着其含量增多，煤灰熔融温度显著提高。当 Al_2O_3 的含量大于 30% 时，DT 和 ST 一般都大于 1300℃[16,42]。SiO_2、Al_2O_3 含量比是影响煤灰熔融温度的重要因素，$0.9 \leqslant SiO_2/Al_2O_3 \leqslant 1.8$ 且 $SiO_2 + Al_2O_3 \geqslant 78\%$ 可以作为煤灰软化温度不低于 1500℃的判据。将该判据应用于 167 个煤样中，准确性为 92.2%[47]。也可以用 SiO_2、Al_2O_3 含量的比值判断煤灰的结渣性[46]。煤灰中 SiO_2-Al_2O_3 型矿物含量对煤灰熔融温度（DT 和 ST）影响较大。近来研究者提出从 SiO_2-Al_2O_3 型矿物含量出发预测煤

灰熔融温度的新方法，并与常用的从化学组成出发得到的煤灰熔融温度预测式进行比较，得到准确简便的煤灰熔融温度预测方法，为锅炉和气化炉设计选型和安全稳定运行提供可靠依据。

由于煤灰中矿物种类繁杂（即使组成矿物的氧化物是相同的），且同一种矿物可能存在不同晶型。因此，矿物含量的测定往往误差较大，且实用性有待提高[40,41,43]。为了方便预测方法的推广使用且考虑到煤灰中常见矿物的组成，本书采用以下方法计算 SiO_2-Al_2O_3 型矿物的含量。根据矿物组成确定 SiO_2 和 Al_2O_3 化学计量比，以煤灰中 SiO_2 和 Al_2O_3 相对含量较小者为基准，计算煤灰中 SiO_2-Al_2O_3 型矿物的含量。如计算高岭石含量，SiO_2 和 Al_2O_3 化学计量比为 $2:1$，若煤灰中 SiO_2 和 Al_2O_3 含量分别为 40% 和 22%，则 SiO_2 含量相对较小，则以 SiO_2 含量计算高岭石含量，计算方法见式（9-4），M 为摩尔质量（g/mol）。

$$w_{高岭石} = \frac{1}{2} \times \frac{w_{(Al_2O_3)} M_{高岭石}}{M_{(Al_2O_3)}} \tag{9-4}$$

若煤灰中 SiO_2 和 Al_2O_3 含量分别为 46% 和 22%，则 Al_2O_3 含量相对较小，则以 Al_2O_3 含量计算高岭石含量，计算方法见式（9-5），M 为摩尔质量（g/mol）。

$$w_{高岭石} = \frac{1}{3} \times \frac{w_{(Al_2O_3)} M_{(Al_2O_3)}}{M_{(Al_2O_3)}} \tag{9-5}$$

2. SiO_2-Al_2O_3 型矿物含量的预测式

选取莫来石（$3Al_2O_3 \cdot 2SiO_2$）为拟合矿物，其含量作为单独变量线性拟合。莫来石是煤灰中常见的一种矿物，莫来石含量与煤灰熔融温度具有较好的线性相关性。

SiO_2-Al_2O_3 形成矿物后剩余 SiO_2 或 Al_2O_3，作为单独变量线性拟合。Sdariye 等[47]也尝试将（$SiO_2 + Al_2O_3$）作为虚拟单一组分进行拟合，但是发现（$SiO_2 + Al_2O_3$）与煤灰的熔融温度的线性相关性很差，预测式误差较大。SiO_2 或 Al_2O_3 对煤灰熔融温度的影响具有很大差异，Al_2O_3 的线性相关性明显好于 SiO_2。一般情况下煤灰中 Al_2O_3 相对含量较小，没有剩余；若有剩余，本书采用将剩余量单独拟合的方法。

CaO 作为单独变量进行抛物线（含二次项）拟合。随着 CaO 含量的增加，煤灰熔融温度呈现先降低后增高的趋势，成抛物线状，最低点在 CaO 含量为 20% 处。研究[48,49]表明，CaO 含量与煤灰熔融温度成抛物线状，这主要是由于含钙矿物（钙黄长石、硅钙石、硅灰石、钙长石）与 SiO_2、Al_2O_3 形成低温共熔物。

其他氧化物在煤灰中始终起降低熔融温度的作用，其含量作为单独变量线性拟合。FeO、MgO、K_2O、Na_2O 具有较低的离子势，为氧的给予体，能够终止多聚物的积聚并降低其黏度[17]。研究[48]发现，这些组分作为助熔组分，其含量和与煤灰熔融温度具有较好的线性关系。

根据以上分类，用最小二乘法对数据进行多元拟合，拟合表达式为式（9-6），拟合得到各变量的系数见表 9-3。

$$DT/ST = aw_{(3Al_2O_3 \cdot 2SiO_2)} + bw_{(剩余Al_2O_3 或 SiO_2)} + cw_{CaO} +$$
$$dw_{CaO} + ew_{助熔组分} + cons \tag{9-6}$$

表 9-3　拟合表达式中各变量系数值

项目	a	b	c	d	e	cons
DT	3.44	−3.70	0.38	−13.66	−2.61	1270.77
ST	3.90	−3.64	0.44	−17.19	−3.31	1346.70

用式(9-6)预测来自河南、安徽、青海及新疆四地的 27 个典型煤样的软化温度，同时与常用的线性回归预测式的预测值进行比较，大部分预测值均大于实验值（位于对角线上方），但是式(9-6)的预测值更加靠近对角线，80% 的预测值误差小于 5.0%。随着温度升高，预测值的误差减小，尤其在温度大于 1325℃ 时，误差多在 0.02%~1.99% 之间。

第四节 · 混灰熔融性的预测

国内外对煤灰熔融性的研究较多，但是对于配煤和混煤的混灰的熔融行为研究较少，对于煤与生物质共气化时混灰的熔融行为研究更是鲜见报道。刘文胜等[50]采用 SiO_2-Al_2O_3-CaO 三元相图分析了榆林煤与平朔煤掺配后混煤结渣倾向的变化，并利用沉降炉试验方法验证了三元相图的分析结果。沉降炉试验结果与三元相图分析显示，混煤的结渣倾向性明显降低，与三元相图中低共熔物的形成相关。因此，可利用三元相图优化选择配煤煤种和预测掺配效果。李帆等[51]将黄陵烟煤煤灰分别与松木坪煤、神木煤的煤灰混合，测定混合灰样的熔点和变形温度下的矿物组成。结果发现，混灰的熔融性与矿物间的低温共熔作用有关，在变形温度下混灰的矿物组成基本与 SiO_2-Al_2O_3-CaO 三元相图矿物组成一致。但是，与煤灰相比，生物质灰中 SiO_2、Al_2O_3、CaO 的含量变化范围较大，如稻壳中 SiO_2 可以达到 95%，且赋存形态多样。同时生物质灰中碱金属含量较高，且多以水溶性盐类的形态赋存。米铁等[52]和 Mikkanen 等[53]对生物质灰中元素的挥发进行了研究，均发现生物质灰中的 K、Na 挥发量较大。米铁等[52]用 X 射线衍射仪（XRD）对木屑等几种常见生物质灰中的碱金属赋存形态进行了研究，发现其多以碳酸盐、氯化物、硫酸盐的形式存在。刘力等[54]用 XRD 方法对稻秆等几种常见植物秸秆废弃物的灰分特性进行了研究，分析结果表明，秸秆灰分的主要结晶相为氯化钾、硫酸钾、氯化钠。然而，煤灰中的碱金属含量一般不高于 2.5%，且多以伊利石、长石等黏土矿物的形式存在。实验证明，这些矿物直到受热熔化时仍无碱金属及其化合物挥发。煤灰中的碱金属比较稳定，如伊利石

受热直到熔化仍无 K_2O 析出，对煤灰熔融性温度的降低作用就降低了[12,55,56]。因此，生物质灰和煤灰中碱金属的存在形态是不同的，对灰分熔融性的影响也不同，煤灰和生物质灰混合物的熔点是否与煤灰、生物质灰的熔点呈线性关系，能否用三元相图进行预测，如何准确定量预测等问题需要进一步的实验研究。

一、不同灰样在三元相图上的位置

在生物质与煤共气化过程中，生物质灰和煤灰共存，其混合物（混灰）熔点是确定气化炉操作温度和流化气组成的重要依据。目前，预测煤灰熔点的方法较多。与煤灰相比，生物质灰中 SiO_2、Al_2O_3、CaO 的含量变化范围较大（稻壳中 SiO_2 可以达到 95%），且赋存形态多样；同时碱金属含量较高，且多以水溶性盐类的形态赋存。探究预测生物质与煤的混灰熔点的方法对于生物质与煤共气化具有重要意义。

本节在智能灰熔融测试仪上测定了内蒙古大雁褐煤灰、神木煤灰、高粱秆灰、松木屑灰、稻秆灰、棉柴灰以及煤灰和生物质灰按照不同比例混合制得的混灰的熔点，并利用 SiO_2-Al_2O_3-CaO 三元相图分析了熔点与混灰中生物质灰质量分数的关系。考虑到碱金属在生物质灰和煤灰中赋存形态和含量的差异，拟合了混灰熔点与化学成分之间的关系。

根据内蒙古大雁煤（NM）、神木煤（SM）、高粱秆（BH）、松木屑（Pine）、稻秆（RH）和棉柴（CH）的灰成分分析，计算 SiO_2、Al_2O_3、CaO 在灰分中的含量之和，然后计算出 SiO_2、Al_2O_3、CaO 在三元相图中的比例，见表 9-4。

表 9-4　SiO_2、Al_2O_3、CaO 在灰分中的含量和在三元相图中的比例

项目	灰成分分析/%			三组分含量之和/%	三组分在三元相图中比例		
	SiO_2	Al_2O_3	CaO		SiO_2	Al_2O_3	CaO
内蒙古大雁煤灰	46.84	15.53	10.96	73.33	0.64	0.21	0.15
神木煤灰	46.04	18.64	22.88	87.56	0.53	0.21	0.26
松木屑灰	45.50	8.50	25.00	79.00	0.58	0.11	0.32
高粱秆灰	61.12	2.21	10.02	73.35	0.83	0.03	0.14
稻秆灰	65.35	2.22	6.88	74.45	0.88	0.03	0.10
棉柴灰	15.74	4.00	18.92	38.60	0.41	0.10	0.49

利用等边三角形平行线法则确定各灰样在三元相图上的位置，见图 9-1。A、B、C、D、E、F 依次为内蒙古大雁褐煤灰、神木煤灰、松木屑灰、高粱秆灰、稻秆灰、棉柴灰，生物质和煤混灰的物系点在该生物质灰和煤灰的连线上，符合杠杆规则[57]。分析相图可知，在 SiO_2-Al_2O_3-CaO 三元相图中主要有两个低温共熔点 M 和 N，是钙长石、钙黄长石、假硅灰石、铝酸钙这几种矿物在一起形成的低温共熔物。生物质和煤混灰的物系点距离三元相图的低温共熔点 M 和 N 越近，其熔融特征温度应该越低。

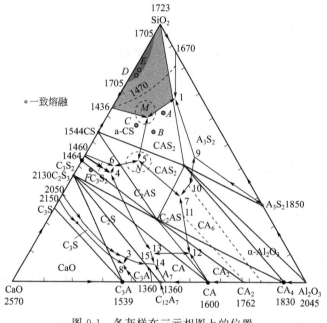

图 9-1　各灰样在三元相图上的位置

二、混灰熔点与三元相图预测值的比较

在弱还原性气氛下将内蒙古大雁褐煤和松木屑混灰熔点实验值与 SiO_2-Al_2O_3-CaO 三元相图液相线预测值进行比较（图 9-2），可以看出三元相图液相线温度在混

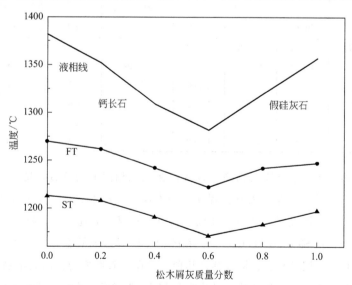

图 9-2　内蒙古大雁褐煤和松木屑混灰熔点实验值与预测值的比较

灰软化温度（ST）和流动温度（FT）之上，预测值高于实验值，但是三条曲线具有相同的变化趋势。随着松木屑灰质量分数的增加，它们都是先减小后增加，在松木屑灰含量为 60% 时，混灰的熔点最低。

图 9-3 和图 9-4 是在弱还原性气氛下神木煤灰分别与高粱秆灰、稻秆灰混合物熔点实验值与 SiO_2-Al_2O_3-CaO 三元相图液相线预测值的比较。三元相图的预测值同样高于实验值，随着高粱秆灰、稻秆灰质量分数的增加，三元相图液相线、混灰软化温

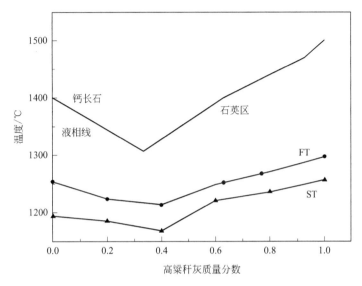

图 9-3　神木煤与高粱秆混灰熔点实验值与三元相图预测值的比较

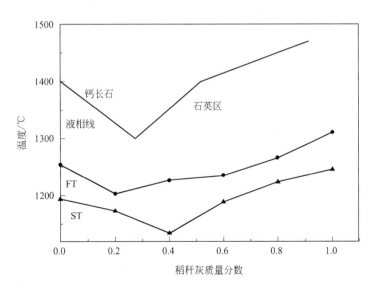

图 9-4　神木煤与稻秆混灰熔点实验值与三元相图预测值的比较

度（ST）曲线和混灰流动温度（FT）曲线的变化趋势基本一致，只是熔点最低点的位置有所差异。这进一步说明了可以用 SiO_2-Al_2O_3-CaO 三元相图预测生物质和煤混灰熔融温度的变化趋势。

图 9-5 是内蒙古大雁褐煤与棉柴混灰熔点的实验值与预测值的比较，可以看出：三元相图的预测值高于实验值；在棉柴灰质量分数较小时，三元相图液相线、混灰软化温度曲线和混灰流动温度曲线的变化趋势基本一致；随棉柴灰质量分数的增加，三条曲线的变化趋势差别很大，并不一致。在棉柴灰质量分数大于 80% 时，液相线变化趋势与混灰软化温度曲线和流动温度曲线的变化趋势明显相反。这可能是因为，在棉柴灰和内蒙古大雁褐煤灰中，SiO_2、Al_2O_3、CaO 含量之和分别为 73.3% 和 38.6%，随棉柴灰质量分数的增加，混灰中 SiO_2、Al_2O_3、CaO 的含量越来越少，而其他化学成分越来越多，SiO_2-Al_2O_3-CaO 三元相图预测的误差便越来越大。

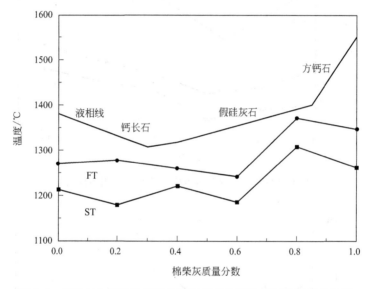

图 9-5　内蒙古大雁褐煤与棉柴混灰熔点的实验值与预测值的比较

SiO_2-Al_2O_3-CaO 三元相图的预测值均比实验值高，是因为在运用 SiO_2-Al_2O_3-CaO 三元相图预测灰分的灰熔点时，仅仅考虑了灰分的主要组成 SiO_2、Al_2O_3、CaO 以及它们形成的矿物，然而灰分中除了 SiO_2、Al_2O_3、CaO 外，还含有 Fe_2O_3、MgO、Na_2O 和 K_2O 等其他组分，这些组分均起到了良好的助熔作用。Vorres[17] 认为，煤灰中的化学成分对煤灰熔点的影响与其离子势有关，Mg^{2+}、Fe^{2+}、Ca^{2+}、Na^+ 和 K^+ 这些碱性组分离子势较低，不易与氧结合形成复杂的离子或多聚物，为氧的给予体，能够终止多聚物的积聚并降低其黏度，从而表现出助熔效果。Vassilev[19] 选取世界上不同地方的 43 种煤，研究了灰样中化学成分对煤灰熔点的影响，发现能使半球温度降低的氧化物可按作用大小排序为 SO_3＞CaO＞MgO＞Fe_2O_3＞Na_2O。龚树生等[14]研究了煤灰的化学成分与其熔点的关系，发现 MgO、Fe_2O_3 的含量对煤灰熔点的升降影响很大，尤其是 MgO，其质量分数每增加 1%，煤灰的熔点降低 22～31℃。Na_2O 和 K_2O 熔点低，易与灰分中的其他氧化物生成助熔性较强的碱性低温共熔物，如霞石、白榴石等，并且 K^+、Na^+ 的离子势较低，能阻碍煤灰中多聚物的形成而降低煤灰的熔点。研究表明，煤灰中 Na_2O 每增加 1%，煤灰软化温度平均降低 17.7℃，流动温度降低 15.6℃[12,65]。另外，SiO_2-Al_2O_3-CaO 三元相图的预测值是根据液相等温线来确定的，是矿物完全熔融时的温度，该温度本身就高于灰分的特征熔融温度。

三、不同气氛下混灰熔点实验值与三元相图预测的比较

图 9-6 是氧化性气氛和弱还原气氛下神木煤和高粱秆混灰熔点实验值与三元相图预测值的比较，可以看出无论是氧化性气氛，还是弱还原性气氛，三元相图预测值都高于实验值。氧化性气氛下的实验值高于弱还原性气氛下的实验值，可能是由于在不同气氛下 Fe 的氧化物的形态不同。在氧化性气氛下，Fe 以 Fe_2O_3 的形式存在；弱还原性气氛下，Fe 以 FeO 的形式存在，FeO 能与 SiO_2、Al_2O_3、$3Al_2O_3·2SiO_2$、$CaO·Al_2O_3·2SiO_2$ 等结合形成铁橄榄石（$2FeO·SiO_2$）、铁尖晶石（$FeO·Al_2O_3$）、铁铝榴石（$3FeO·Al_2O_3·3SiO_2$）和斜铁辉石（$FeO·SiO_2$），这些矿物之间会产生低熔点的共熔物，因而使煤灰熔融性温度降低[30]。从离子势的角度看，Fe^{2+} 离子势

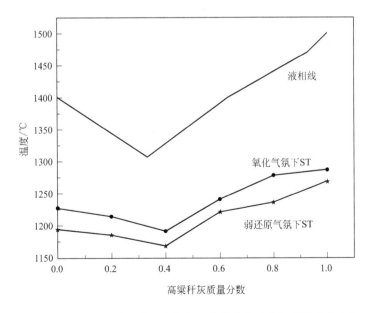

图 9-6 不同气氛下神木煤和高粱秆混灰熔点实验值与预测值的比较

比 Fe^{3+} 低，易于和熔体网络中未饱和的 O^{2-} 相连接而破坏网络结构，阻碍高聚物的形成，降低熔点[61]。张德祥等[20]通过测定不同气氛下 17 个煤灰样品和 3 个人工灰样的熔点，发现煤灰熔融特征温度在氧化性气氛下均高于其弱还原性气氛。张堃等[13]研究了不同氧化铁含量下人工灰样的熔点，也发现氧化性气氛煤灰熔点较高，这与本书实验结果一致。

四、利用灰成分预测混灰熔点

SiO_2、Al_2O_3、CaO 含量较小的生物质与煤混灰熔点随生物质灰质量分数的变化趋势不能用三元相图进行预测，即使对于 SiO_2、Al_2O_3、CaO 含量较大的生物质与煤的混灰，三元相图也只能预测其熔点的变化趋势。为准确预测生物质和煤混灰的熔点，我们首先尝试将前人预测煤灰熔点的关联式用来预测生物质和煤混灰的熔点。陈文敏等[16]收集了新中国成立后几十年来积累的近千个研究煤样的煤灰成分与煤灰熔融温度的分析结果，并根据煤灰的不同组成成分，分别利用多元回归分析方法推导出计算灰熔点的公式，被广泛使用。他认为，当 SiO_2 含量小于等于 60%，Al_2O_3 含量小于等于 30%，同时 Fe_2O_3 含量小于等于 15% 时，可用式（9-7）预测煤灰熔融性软化温度。

$$ST = 92.55 w_{SiO_2} + 97.83 w_{Al_2O_3} + 84.52 w_{Fe_2O_3} + 83.67 w_{CaO} + 81.04 w_{MgO} +$$
$$91.92(100 - w_{SiO_2} - w_{Al_2O_3} - w_{CaO} - w_{Fe_2O_3} - w_{MgO}) - 7891 \qquad (9-7)$$

用式（9-7）对本实验所用的煤和生物质混灰的熔点进行预测，图 9-7 是预测值与实验值的比较，可以看出，大多数预测值大于实验值。这是因为：一方面式（9-7）中根据煤灰成分拟合的各种氧化物的系数对于煤和生物质混灰不适用；另一方面，作者在拟合时对各种氧化物的分类可能不适用于生物质灰。特别是碱金属，它们在生物质灰和煤灰中的存在形态和含量具有很大差异，不具有加和性。米铁等[52]对不同温度下制取的松木屑等常见生物质的灰分进行了成分分析，研究了 Al、Fe、Ca、Mg、K、Na 等元素的固留率，发现生物质灰中的 K、Na 蒸发量明显大于 Al、Fe、Ca、Mg 等二价和三价金属，最大可以达到 67.4%（800℃，甘蔗渣），同时 XRD 显示生物质灰中碱金属多以碳酸盐、氯化物、硫酸盐的形式存在。Mikkanen 等[53]发现生物质灰中的 K、Na 挥发量较大。刘力等[54]对稻秆等几种常见植物秸秆废弃物的灰分特性进行研究时发现秸秆灰分的主要结晶相为氯化钾、硫酸钾和氯化钠。煤灰中的碱金属含量一般不高于 2.5%，且多以伊利石、长石等黏土矿物的形式存在。这些矿物直到受热熔化仍无碱金属及其化合物挥发，对煤灰熔融性温度的降低作用就降低了[12,55,56]。因此，生物质灰和煤灰中碱金属的存在形态是不同的，对灰分熔融性的影响也不同。

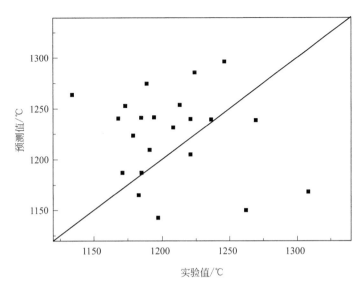

图 9-7　混灰熔点实验值与预测值的比较

根据上述原因，对式(9-7)中氧化物系数进行修正，同时考虑碱金属在生物质灰和煤灰中含量和赋存形态的差异，对各种氧化物重新分类、拟合。

SiO_2：SiO_2 对煤灰熔融性的影响比较复杂，表现助熔的不确定性。研究者们认为 Al_2O_3 和 SiO_2 对煤灰熔融性的影响一致，将（$SiO_2 + Al_2O_3$）作为虚拟单一组分，寻找 SiO_2、Al_2O_3 含量之和与煤灰熔融特征温度间的关系，用得到的关系式预测结果误差较大。Sdariye 等[47]在研究土耳其 24 个地区褐煤灰的化学组成与煤灰熔融性温度之间的关系时，也尝试将（$SiO_2 + Al_2O_3$）作为虚拟单一组分，结果发现煤灰的半球温度（HT）与（$SiO_2 + Al_2O_3$）并不是线性关系。因此，SiO_2 应单独作为拟合的组分之一。

Al_2O_3：多数研究者认为，Al_2O_3 在煤灰中始终起增高熔点的作用。姚星一[11]认为，Al_2O_3 和 SiO_2 对煤灰熔融性的影响根本不一致，分别将 Al_2O_3 和 SiO_2 作为单一组分进行拟合，拟合得到的公式具有较好的预测性。同时，Sdariye[47]的研究得到同样的结论。因此，Al_2O_3 应单独作为拟合的组分之一。

Fe_2O_3：Fe_2O_3 在煤灰中始终起降低熔点的作用，Fe_2O_3 助熔作用与气氛相关，在弱还原性气氛下助熔效果最显著。多数研究者在研究其含量与熔点的关系时，将其作为单一组分进行数据的拟合[22]。因此，Fe_2O_3 应单独作为拟合的组分之一。

[$CaO + MgO + (K_2O + Na_2O)_{煤}$]：Sdariye[47]研究了土耳其 24 个地区褐煤灰的化学组成与煤灰熔融性温度之间的关系，发现煤灰熔融性温度与碱性氧化物含量之和具有较好的线性关系。但是，考虑到碱金属在生物质灰和煤灰中存在形态差异较大，对灰分熔融性的影响不同，可以将煤灰中的 CaO、MgO、K_2O、Na_2O 以及生物质灰中

的 CaO、MgO 看作虚拟单一组分。

$(K_2O+Na_2O)_{生物质}$：生物质灰中的碱金属多以氯化物、硫酸盐的形式存在，含量较高，熔点低，并且 K^+、Na^+ 的离子势较低，能有效阻碍灰中多聚物的形成而降低灰熔点，其助熔性较煤中碱金属强。因为煤灰中碱金属含量一般不高于 2.5%，且多以伊利石、长石等黏土矿物的形式存在，故其助熔性较差。

根据以上分类，生物质灰和煤灰混灰的灰熔融软化温度 ST 可以表示为：

$$ST = gw_{SiO_2} + jw_{Al_2O_3} + kw_{Fe_2O_3} + h(w_{CaO} + w_{MgO} + w_{KNaO,煤}) +$$
$$ew_{KNaO,生物质} + f \tag{9-8}$$

式中，g，j，k，h，e 为待定的系数；f 为常数。

用最小二乘法对数据进行多元线性拟合，得到 $g=17.1$、$j=20.0$、$k=26.5$、$h=9.5$、$e=25.2$、$f=-359.8$，因此式(9-8) 可以表示为：

$$ST = 17.1w_{SiO_2} + 20.0w_{Al_2O_3} + 26.5w_{Fe_2O_3} + 9.5(w_{CaO} + w_{MgO} + w_{KNaO,煤}) +$$
$$25.2w_{KNaO,生物质} + 359.8 \tag{9-9}$$

用式(9-9) 对实验所用的生物质和煤混灰的灰熔点进行预测，图 9-8 是预测值与实验值的比较，可以看出绝大多数预测值与实验值吻合较好，误差在 2% 以内。

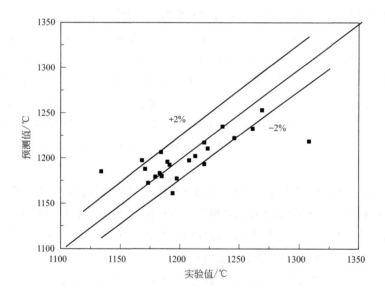

图 9-8　对氧化物系数修正后混灰熔点实验值与预测值的比较

五、小结

① 生物质和煤混灰熔融性温度与生物质灰质量分数明显不是线性关系。

② 高粱秆灰、松木屑灰、稻秆灰中 SiO_2、Al_2O_3、CaO 的含量大于 73%，它们与煤灰的混合物的熔点可以用三元相图进行预测，氧化性气氛下预测值更接近实验值。棉柴灰中 SiO_2、Al_2O_3、CaO 的含量之和为 38.6%，不能用三元相图预测其与煤灰混合物的熔点变化趋势，尤其是混灰中棉柴灰质量分数大于 80% 时。

③ 考虑到碱金属在生物质灰和煤灰中存在形式和含量的差异，拟合了混灰熔点与混灰组成的关系式，拟合式较好地预测了煤与生物质混灰的熔点。

第五节 · 低阶煤灰熔融性对流化床气化的影响

低阶煤灰熔融性是气化的重要指标，是气化炉设计及运行中必须考虑的重要参数。低阶煤灰熔融性严重影响气化温度，而气化温度是流化床气化最重要的操作条件，它对气化反应速度的影响很显著。提高温度、碳转化率、煤气组成、灰中含碳量等气化指标将明显提高。在相同压力和进煤量条件下，温度过低则碳不能及时转化，床内存料量增加而无法正常操作。因此，一般情况下要尽可能提高气化温度，但是灰熔聚流化床气化技术依靠中心射流形成局部高温区提高气化强度，促使灰渣团聚，在重力作用下选择性排出低碳含量灰渣。气化温度过高容易造成煤灰颗粒团聚形成大直径渣块，严重时导致气化炉停车。一般地，流化床气化炉的气化温度高于低阶煤灰变形温度（$100\sim150℃$），且低于煤灰的流动温度，否则，容易造成低阶煤灰的熔融结渣。

国内外学者对气氛和煤灰化学组成对煤灰熔融难易程度的影响和结渣机理等进行了大量研究[58-64]。研究表明，导致煤灰结渣的主要原因是气化或燃烧过程中煤灰中矿物在较低温度下形成共熔物，即低温共熔。Gupta 等[58]、Yan 等[65] 研究煤灰的熔融过程时发现，当煤灰受热时，孔网被打开，逐渐出现微孔，随着受热时间或者温度的升高，孔径缓慢扩大。当几种矿物出现低温共熔融时形成最初的液相，熔融液相通过流动传质进入附近的微孔或者更大的孔隙中，与富含 SiO_2、Al_2O_3、CaO 和 FeO 等金属氧化物的固体颗粒发生热交换、扩散、化学反应，并逐渐地使固体煤灰熔融，体积收缩减小，最终变为致密坚硬的固体。Nowok 等[59] 认为煤灰在熔点或共熔点处由于一种或几种矿物熔融而出现液体并形成黏性流体，相邻颗粒相互靠近、接触、黏合形成封闭的小气孔，在液相表面张力作用下由于黏性流动而变成架构致密的大体积固体。Li 等[61-64] 研究褐煤流化床气化结渣机理发现，具有黏结性的玻璃态物质生成后，由于低温共熔物的形成等原因，部分玻璃态物质发生熔融和化学反应，铝酸盐或铝硅酸盐中的铁被钙取代，单个熔融的小颗粒相互黏结成渣块。可以看出，低温共熔物在煤灰结渣的起始阶段起到了明显的"诱导"作用，是导致煤灰熔融结渣的主要原因。

煤灰中矿物是煤中矿物演变而来,矿物种类和赋存形态丰富多样,发生低温共熔的体系也较多,研究者对低温共熔体系的研究主要集中于 SiO_2-Al_2O_3-CaO、SiO_2-Al_2O_3-FeO 三元体系。这主要是由于:一方面,SiO_2 和 Al_2O_3 是煤灰中含量最高的两种氧化物;另一方面,CaO、FeO、SiO_2、Al_2O_3 等 4 种氧化物含量之和一般占煤灰的 70% 以上。在本文涉及的 264 个煤样中,86% 的煤样中 4 种氧化物含量之和大于 85%,70% 的煤样中 4 种氧化物含量之和大于 90%。SiO_2、Al_2O_3 与 CaO/FeO 形成的矿物之间发生低温共熔,低温共熔物生成量较大,在很大程度上决定了煤灰结渣的难易。Al-Otoom 等[67]在加压流化床气化炉上研究了影响煤灰团聚的因素,发现其团聚结渣物样品中含有大量可以发生低温共熔的硅铝酸钙等;李海风等[68]研究了晋城无烟煤流化床气化结渣机理,发现 1100℃ 左右低熔点共熔物铁尖晶石(铁铝酸盐)以及钙长石(钙铝硅酸盐)等的形成是导致结渣的主要因素;毛燕东等[69]研究了 9 类典型煤种添加 K 基碱金属催化剂和不同煤种灰成分对烧结温度的影响,发现钾盐极易同煤中含铁、钙的矿物反应生成低温共熔物,进而加剧煤灰的熔融结渣,而钙、铁的存在本身就会加速硅铝酸盐间的反应,促进生成低温共熔物进而加速灰熔融结渣。Wu 等[70]研究煤水蒸气、二氧化碳气化过程中矿物熔融演变行为时,发现钙的存在和低熔点共熔物的形成明显加速了灰熔融结渣行为。同时,研究者对三元体系的许多研究结论在生产过程和工程设计中得到了运用和验证,尤其是单煤灰与混煤灰熔融结渣性的预测和调控[63,66,68,71-76]。另一方面,四元体系或更多元体系平衡相图的建立缺少大量的实验基础数据,仅仅依靠热力学模拟软件得到的数据缺乏实验验证,并且随着"元数"的增多,低温共熔物的生成量随之减少,对煤灰熔融性的影响明显减弱,这也许是一些研究者提出复合三元相图,如碱性氧化物-酸性助熔氧化物-酸性非助熔氧化物的原因[38,77]。

Cheng 等[46]以我国 264 个煤样的煤灰特性数据为依据,按照 SiO_2-Al_2O_3-CaO/FeO 三元相图中低温共熔点的组成计算低温共熔物生成量,研究了煤灰熔融结渣特性,发现 SiO_2-Al_2O_3-CaO/FeO 低温共熔物在煤灰结渣的起始阶段起到了明显的"诱导"作用,是导致煤灰熔融结渣的主要原因。随着 SiO_2-Al_2O_3-CaO/FeO 低温共熔物生成量增加,煤灰结渣性增强。同时,SiO_2、Al_2O_3、CaO 和 FeO 是煤灰中的主要氧化物,几乎全部参与了低温共熔物的形成,煤灰中 SiO_2 和 Al_2O_3 含量之和、CaO 和 FeO 含量之和可以代替 SiO_2-Al_2O_3-CaO/FeO 低温共熔物中相应氧化物含量的和,它们与结渣性指数之间线性关系均比较显著,可以用作结渣性强弱的判据。两组充要判据和充分判据如下:

充要判据(1)(质量分数)

$$SiO_2 + Al_2O_3 \leqslant 64.1 \qquad\qquad 严重结渣$$

$$64.1 < SiO_2 + Al_2O_3 < 79.8 \qquad\qquad 中等结渣$$

$SiO_2 + Al_2O_3 \geqslant 79.8$ 轻微结渣

充要判据（2）（质量分数）

$CaO + FeO \geqslant 25.5$ 严重结渣

$9.8 < CaO + FeO < 25.5$ 中等结渣

$CaO + FeO \leqslant 9.8$ 轻微结渣

充分判据（1）（质量分数）

$SiO_2 + Al_2O_3 \leqslant 60$ 且 $CaO + FeO \geqslant 33$ 严重结渣

充分判据（2）（质量分数）

$SiO_2 + Al_2O_3 \geqslant 88$ 且 $CaO + FeO \leqslant 8$ 轻微结渣

利用充要判据（1）和充要判据（2）分别对 264 个煤样的结渣性进行预测，各有 35、45 个煤样预测错误，其准确性分别为 87% 和 83%。目前煤的结渣性强弱常用的判据有软化温度、酸碱比、铁钙比、硅铝比等，分别用这些判据对 264 个煤样的结渣性进行预测，预测结果见表 9-5，具体预测情况见图 9-9。

表 9-5　常用结渣性判据及其对 264 个煤样的预测情况

项目	结渣程度			预测准确度 /%
	严重	中等	轻微	
软化温度/℃	<1260	1260~1390	>1390	79
碱酸比	>0.4	0.206~0.4	<0.206	76
铁钙比	≈1.0	0.3~3	<0.3 或 >3	24
硅铝比	>2.65	1.87~2.65	<1.87	34

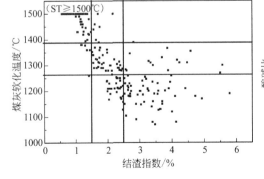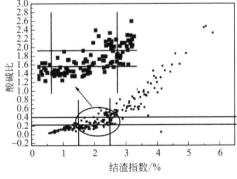

图 9-9

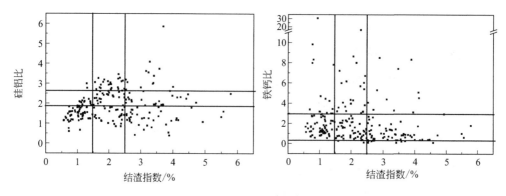

图 9-9 常用结渣性判据预测情况

可以看出，软化温度、酸碱比的预测准确率较高，分别为 79％和 76％，铁钙比、硅铝比预测误差很大，预测的准确性分别为 24％、34％。这是由于软化温度是煤灰中各种氧化物在高温下相互作用熔融的宏观体现，与煤灰中的低温共熔物和煤灰黏度关系紧密，可以很好地反映煤灰的结渣性；酸碱比反映了煤灰中难熔和助熔氧化物的比例。一方面，从宏观看，酸性氧化物是具有较高的熔点和黏度，而碱性氧化物则具有助熔作用，能提高流动性；另一方面，酸碱比在很大程度上确定了低温共熔物生成量，与低温共融现象紧密相关，故具有较高的准确性。

参 考 文 献

[1] Gorman J V, Walker P L. Mineral matter characteristics of some American coals [J]. Fuel, 1971, 50 (2)：135-151.

[2] 刘桂建，王俊新. 煤中矿物质及其燃烧后的变化分析 [J]. 燃料化学学报，2003, 31 (6)：215-219.

[3] 向才旺，李帆. 燃烧炉内煤中矿物质研究 [J]. 武汉工业大学学报，1998, 20 (2)：17-20.

[4] 姚多喜，支霞臣，郑宝山. 煤中矿物质在燃烧过程中的演化特征 [J]. 矿业安全与环保，2002, 29 (3)：4-9.

[5] Vassileva C G, Vassilev S V. Behaviour of inorganic matter during heating of Bulgarian coals [J]. Fuel Processing Technology, 2006, 87：1095-1116.

[6] 王泉海，邱建荣，李帆，等. 粉煤燃烧过程中铁矿物质迁移特性的研究进展 [J]. 燃烧科学与技术，2002, 8 (6)：566-569.

[7] 刘豪，邱建荣，熊全军，等. 燃煤固体产物中含钙矿物的迁移与多相反应 [J]. 中国电机工程学报，2005, 25 (11)：72-77.

[8] 杨建国，邓芙蓉，赵红，等. 煤灰熔融过程中的矿物演变及其对灰熔点的影响 [J]. 中国电机工程学报，2006, 26 (17)：122-126.

[9] 李帆，邱建荣. 煤燃烧过程矿物行为研究 [J]. 工程热物理学报，1999, 20 (2)：258-260.

[10] Reiter F M. How sulfur content of coal relates to ash fusion characteristics [J]. Power Engneer, 1955, 59 (5)：98-103.

[11] 姚星一. 煤灰熔点与化学成分的关系 [J]. 燃料化学学报，1965，6（2）：151-161.

[12] 贾明生，张乾熙. 影响煤灰熔融性温度的控制因素 [J]. 煤化工，2007（3）：1-5.

[13] 张堃，黄镇宇，修洪雨，等. 煤灰中化学成分对熔融和结渣特性影响的探讨 [J]. 热力发电，2005（12）：27-30.

[14] 龚树生，陈丽梅. 由煤灰灰成分推算其熔融性的多元线性回归式研究 [J]. 煤质技术，1998（5）：58-59.

[15] 马艳芳，李侃社，李积珍. 几种主要氧化物对神华煤灰灰熔点的影响 [J]. 青海大学学报，2007，25（6）：4-7.

[16] 陈文敏，姜宁. 煤灰成分和煤灰熔融性的关系 [J]. 洁净煤技术，1996，2（2）：34-37.

[17] Vorres K S. Effect of composition on melting behaviour of coal ash [J]. Journal of Engineering for Power，1979，101（4）：497-499.

[18] Sdariye K，Aysegul E M，Hanzade，et. al. Invesgation of the relation between chemical composition and ash fusion temperature for some Turkish lignites [J]. Fuel Science and Technology International，1993，11（9）：1231-1249.

[19] Vassilev S V，Kitano K，Takeda S. Influence of mineral and chemical composition of coal ashes on their fusibility [J]. Fuel Processing Technology，1995，4（5）：27-32.

[20] 张德祥，邵群，王朝臣. 不同气氛下的煤灰熔融性研究 [J]. 煤炭科学技术，1996，24（9）：18-20.

[21] Chen D X，Tang L H，Zhou Y M. Effect of char on the melting characteristics of coal ash [J]. J. Fuel Chem Technol，2007，35（2）：136-140.

[22] 姚星一，王文森. 灰熔点计算公式的研究 [J]. 燃料学报，1959，4（3）：216-223.

[23] Winegartner E C，Rhodes B T. An expirical study of the relation of chemical properties to ash fusion temperatures [J]. Journal of Engineering for Power，1975，97（3）：395-407.

[24] 刘天新. 煤炭检测新方法与动力配煤 [M]. 北京：中国物资出版社，1992.

[25] Gray V R. Prediction of ash fusion temperature from ash composition for some New Zealand coals [J]. Fuel，1987，66（9）：1230-1239.

[26] 平户瑞穗，二宫善彦. 助熔剂对煤灰熔融行为的影响 [J]. 燃料协会志，1988，68（5）：393-401.

[27] Ozbayoglu G，Evren O M. A new approach for the prediction of ash fusion temperatures：A case study using turkish lignites [J]. Fuel，2006，85：545-552.

[28] Liu Y P，Wu M G，Qian J X. Predicting coal ash fusion temperature based on its chemical composition using ACO-BP neural network [J]. Thermochimica Acta，2007，454：64-68.

[29] Huffman G P，Huggins F E，Dunmyre G. Investigation of the high-temperature behaviour of coal ash in reducing and oxidizing atmospheres [J]. Fuel，1981，35（7）：585-597.

[30] 李帆，邱建荣，郑楚光，等. 煤中矿物质对灰熔融温度影响的三元相图分析 [J]. 华中理工大学学报，1996，24（10）：96-99.

[31] 陈龙，张忠孝，乌晓江，等. 用三元相图对煤灰熔点预报研究 [J]. 电站系统工程，2007，23（1）：22-24.

[32] 白进，李文，李保庆. 高温弱还原气氛下煤中矿物质变化研究 [J]. 燃料化学学报，2006，34（3）：292-297.

[33] Li H X，Ninomiya Y，Dong Z B. Application of the FactSage to predict the ash melting behavior in reducing conditions [J]. Chinese J Chem Eng 2006，14（6）：784-789.

［34］ Song W J，Tang L H，Zhu X D. Fusibility and flow properties of coal ash and slag ［J］. Fuel，2009，88（2）：297-304.

［35］ Hidero U，Takeda S，Tsurue T，et al. Studies of the fusibility of coal ash ［J］. Fuel，1986，65（2）：1505-1510.

［36］ 葛源，潘东，李松，等. 氧化钙对贵州六盘水高硅铝煤灰熔融性的影响及机理 ［J］. 煤炭转化，2019，42（3）：68-74.

［37］ Markus R，Mathias K，Marcus S，et al. Relationship between ash fusion temperatures of ashes from hard coal brown coal and biomass and mineral phases under different atmospheres：A combined Fact-Sage™ computational and network theoretical approach ［J］. Fuel，2015，151（1）：118-123.

［38］ Charkravarty S，Mohanty A，Banerjee A，et al. Composition mineral matter characteristics and ash fusion behavior of some Indian coals ［J］. Fuel，2015，150（1）：96-101.

［39］ Vassilev S V，Kitano K，Takeda S，et al. Influence of mineral and chemical composition of coal ashes on their fusibility ［J］. Fuel&Energy Abstracts，1995，37（1）：27-51.

［40］ Li F，Meng L，Fan H，et al. Understanding ash fusion and viscosity variation from coal blending based on mineral interaction ［J］. Energy & Fuels，2017，32（1）：223-231.

［41］ Tambe S S，Naniwadekar M，Tiwary S，et al. Prediction of coal ash fusion temperatures using computational intelligence based models ［J］. International Journal of Coal Science & Technology，2018，5（4）：486-507.

［42］ 邵徇，麻栋，丁华. 哈尔乌素煤中矿物固相反应对煤灰熔融特性的影响 ［J］. 煤炭转化，2019，42（3）：82-89.

［43］ Deng C，Cheng Z，Peng T，et al. The melting and transformation characteristics of minerals during co-combustion of coal with different sludges ［J］. Energy & Fuels，2015，29（10）：15-22.

［44］ Yazdani S，Hadavandi E，Chehreh S. Rule-based intelligent system for variable importance measurement and prediction of ash fusion indexes ［J］. Energy & Fuels，2018，32（1）：329-335.

［45］ Wang D，Liang Q，Xin G，et al. Influence of coal blending on ash fusion property and viscosity ［J］. Fuel，2017，189：15-22.

［46］ Cheng X L，Wang Y G，Lin X C，et al. Studies on effects of SiO_2-Al_2O_3-CaO/FeO low temperature eutectics on coal ash slagging characteristics ［J］. Energy Fuels，2017，31（7）：6748-6757.

［47］ Sdariye K，Aysegul E M，Hanzade，et al. Investigation of the relation between chemical composition and ash fusion temperatures for some turkish lignites ［J］. Fuel Science and Technology International，1993，11（9）：1231-1249.

［48］ 程相龙，王永刚，张荣，等. 低温共熔物对煤灰熔融温度影响的研究 ［J］. 燃料化学学报，2016，44（9）：1043-1050.

［49］ 陶然，李寒旭，胡洋，等. 铁钙比对煤灰中耐熔矿物生成的抑制机理研究 ［J］. 硅酸盐通报，2017，36（11）：3810-3816.

［50］ 刘文胜，赵虹，杨建国. 三元相图在配煤结渣特性研究中的应用 ［J］. 热力发电，2009，38（10）：5-10.

［51］ 李帆，邱建荣，郑楚光，等. 混煤煤灰熔融特性及矿物质形态的研究 ［J］. 工程热物理学报，1998，19（1）：112-115.

［52］ 米铁，陈汉平，吴正舜，等. 生物质灰化学特性研究 ［J］. 太阳能学报，2004，25（2）：236-241.

[53] Mikkanen P，Kauppinen E I，Pyykonen J，et al. Alkali salt ash formation in four finnish industrial recovery boilers [J]. Energy and Fuels，1999，13（4）：778-795.

[54] 刘力，郭建忠，卢凤珠. 几种农林植物秸秆与废弃物的化学成分及灰分特性 [J]. 浙江林学院学报，2006，23（4）：388-392.

[55] Gorman J V，Walker P L. Mineral matter characteristics of some American coals [J]. Fuel，1971，50（2）：135-151.

[56] Huffman G P. Behavior of basic element during coal combustion [J]. Prog Energy Combust Sci，1990，16：243-251.

[57] 梁忠友. 如何分析复杂三元相图 [J]. 山东轻工业学院学报，1992，6（2）：25-28.

[58] Gupta S K，Wall T F，Creelman R A，et al. Ash fusion temperatures and the transformations of coal ash particles to slag [J]. Fuel Process Technol，1998，56（1）：33-43.

[59] Nowok J W，Hurley J P，Benson S A. The role of physical factors in mass transport during sintering of coal ashes and deposit deformation near the temperature of glass transformation [J]. Fuel Process Technol，1998，56（1）：89-101.

[60] Li H，Xiong J，Tang Y，et al. Mineralogy study of the effect of iron-bearing minerals on coal ash slagging during a high-temperature reducing atmosphere [J]. Energy & Fuels，2015，29（11）：6948-6955.

[61] Li F，Huang J，Fang Y T，et al. Formation mechanism of slag during fluid-bed gasification of lignite [J]. Energy & Fuels，2011，25（1）：273-280.

[62] Li F，Fan H，Fang Y. Exploration of slagging behaviors during multistage conversion fluidized-bed (MFB) gasification of low-rank coals [J]. Energy & Fuels，2015，29（12）：7816-7824.

[63] Li F，Xiao H，Huang J，et al. Fusibility characteristics of fine chars from pilot-scale fluidized-bed gasification [J]. Energy & Fuels，2014，28（11）：6793-6802.

[64] Li F，Fang Y. Modification of ash fusion behavior of lignite by the addition of different biomasses [J]. Energy & Fuels，2015，29（5）：2979-2986.

[65] Yan T，Kong L，Bai J，et al. Thermomechanical analysis of coal ash fusion behavior [J]. Chemical Engineering Science，2016，147：74-82.

[66] 禹立坚. 动力配煤结渣特性沉降炉试验研究 [D]. 杭州：浙江大学：2008.

[67] Al-Otoom A Y，Elliott L K，Moghtaderi B，et al. The sintering temperature of ash，agglomeration and defluidization in a bench scale PFBC [J]. Fuel，2005，84（1）：109-114.

[68] 李凤海，黄戒介，房倚天，等. 流化床气化中小龙潭褐煤灰结渣行为 [J]. 化学工程，2010，38（10）：127-131.

[69] 毛燕东，金亚丹，李克忠，等. 煤催化气化条件下不同煤种煤灰烧结行为研究 [J]. 燃料化学学报，2015，43（4）：402-409.

[70] Wu X，Zhang Z，Piao G，et al. Behavior of mineral matters in Chinese coal ash melting during char-CO_2/H_2O gasification reaction [J]. Energy & Fuels 2009，23（5）：2420-2428.

[71] Zhang Q，Liu H F，Qian Y P，et al. The influence of phosphorus on ash fusion temperature of sludge and coal [J]. Fuel Process Technol，2013，110（110）：218-226.

[72] Hurst H J，Novak F，Patterson J H. Phase diagram approach to the fluxing effect of additions of $CaCO_3$ on Australian coal ashes [J]. Energy & Fuels，1996，10（6）：1215-1219.

[73] Qiu J R, Li F, Zheng Y, et al. The influences of mineral behaviour on blended coal ash fusion characteristics [J]. Fuel, 1999, 78 (8): 963-969.

[74] Li F, Li Z, Huang J, et al. Understanding mineral behaviors during anthracite fluidized-bed gasification based on slag characteristics [J]. Applied Energy, 2014, 131 (9): 279-287.

[75] Belén F M, María D R, Jorge X, et al. Influence of sewage sludge addition on coal ash fusion temperatures [J]. Energy & Fuels, 2005, 19 (6): 2562-2570.

[76] Zhang L, Huang Z Y, Shen M K, et al. Effect of different regulative methods on coal ash fusion characteristics [J]. Journal of Fuel Chemistry and Technology, 2015, 43 (2): 145-152.

[77] Yao X Y. Research on the relation between chemical composition and ash fusion temperatures [J]. Acta Foculio-chimica Sinica, 1965, 6 (2): 151-161.

第十章

低阶煤流化床气化甲醇驰放气
及非渗透气的高效利用

　　无论是我国自主研发的流化床气化技术还是引进的国外流化床气化技术，工业装置运行都表明，低阶煤经流化床气化后合成气中 CO 和 H_2 体积含量约为 70％～80％，CO_2 约为 15％～22％，CH_4 约为 1％～5％。这些煤气大多数用于合成基本化工原料甲醇。无论是高压合成法还是中低压合成法，由于单程转化率较低，都采用"打循环"的工艺，让合成气循环经过催化剂。为了将合成气中不参与反应的惰性组分的含量维持在一定范围内，提高催化效率，维持合成系统连续高效稳定运转，需要将少量经过催化剂后的合成气排放掉，也就是甲醇驰放气。

　　目前，多采用膜分离装置对甲醇驰放气进行处理，氢气等小分子气体通过压力可以渗透过去一部分，经加压后返回合成系统，未渗透过去的气体，称为非渗透气。低阶煤流化床气化煤气用于合成甲醇时，驰放气和非渗透气在组成上都具有自身的特点，本章重点讨论在三废排放标准不断提高以及"碳中和"的背景下，如何对该甲醇驰放气及非渗透气进行高效利用，提高能效。

第一节 · 驰放气特点及组成

　　甲醇是重要的化工原料，在煤化工、石油化工和交通运输等行业均有广泛的应用。2020 年全球甲醇产能约 1.5 亿吨/年，产量约 1.08 亿吨，2011～2020 年的年均增长率达 7.2％。亚洲是全球最大的甲醇市场，甲醇供应占全球的 66％，需求占全球的 78％。由于区域间供应不平衡，全球甲醇贸易非常活跃。2020 年全球甲醇贸易量达到 2982.5 万吨。东北亚和中东地区分别是最大的甲醇进口地区和出口地区，东北亚地区进口量占全球甲醇进口量的一半以上，进口主要来自中东、亚太、中南美及美国等国家和地区。中东地区出口量接近全球甲醇出口量的一半。

据统计，2020年1～8月，我国甲醇产量4415万吨。随着环境污染的日益严重和对资源利用率要求的提高，国家对化工装置吨产品能耗要求不断提高，三废排放要求也不断刷新。例如，对甲醇合成的能耗要求为1.5吨标煤，甲醇合成工艺的优化与节能降耗已被提上日程。针对甲醇合成过程中驰放气的特点，采用相应的高效利用方法成为甲醇合成过程中节能降耗的有效手段[1-5]。

目前，大多数甲醇企业多采用固定床或气流床。由于合成气的组成特点，驰放气中氢气含量达到60％～80％，多直接采用膜分离或变压吸附工艺提取其中的氢气，使其返回甲醇合成系统，尾气中含有的少量氢气则作为燃料进行燃烧[6-8]。但是由于原料煤组成和煤炭气化方式的差别，低阶煤流化床驰放气中氢气含量仅为40％～50％，甲烷含量达到30％。以长焰煤为原料满负荷稳定运行时的数据为计算基准，典型的流化床气化甲醇驰放气的组成见表10-1。

表 10-1　长焰煤流化床气化甲醇驰放气典型组成

温度/℃	压力/MPa	组成/%				
		H_2	CO	CO_2	CH_4	N_2
50	7.1	40～50	10～12	2～8	28～30	2～4

第二节 · 驰放气利用方案

一、直接分离路线

驰放气分离时可以选用PSA、膜分离、净化-深冷分离三种方法，得到富甲烷气。目前在大多数甲醇企业中，固定床和气流床气化过程产生的驰放气中的氢气（含量约60％～80％）多直接采用变压吸附（PSA）工艺提取，并将其作为合成甲醇或者合成氨的原料。尽管低阶煤流化床气化甲醇驰放气中的氢气含量低些，但也可以借鉴该处理方法，按照1.3立方米每小时进行计算，分离目标为甲烷纯度达到93％（入网）或者LNG。

采用PSA提氢，一方面原料气中氢气的浓度较低，PSA装置利用率低；另一方面，甲烷在解析气中压力为常压或负压，需要压缩机压缩才可入网或以气态储存在容器中，且纯度不够；此外，CO_2含量较大，进入PSA前需要湿法脱碳和变温吸附（TSA）。如果采用膜分离，可以同时获得带压的氢气和甲烷，但甲烷纯度受到限制。如果采用净化-深冷路线，投资大约1亿元，流程长，每小时耗电约2100千瓦时，但可以获得LNG。

综上所述，建议采用图10-1所示的两种方案。一种方案以获得合格的入网天然气为目的，采用膜分离＋PSA的组合工艺。该工艺先后去除 CO_2 和 H_2 等小分子，带压非渗透气进入 PSA 系统，去除 CO，能量利用合理，利用了驰放气的高压特性。另一种方案是制取 LNG，考虑到冷箱对气体品质的要求，先脱除 CO_2 和 H_2O，然后对富甲烷气进行深冷，该工艺充分利用了原料气不含氧和汞的特点，流程简单，易于操作。两种方案的经济性比较见表10-2。

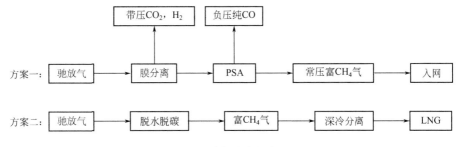

图 10-1 两种驰放气分离方案工艺流程图

表 10-2 LNG 与富甲烷气方案经济性比较

项目	方案一	方案二
新鲜水/(t/h)		2
电/(kW·h/h)	2100	2079
蒸汽/(t/h)		4.8
消耗品/(元/h)	60	70
工资①/(元/h)	300	225
修理费/(元/h)	190	363
车间成本/(元/m³)	0.15	0.2
折旧＋利息/(元/m³)	0.06＋0.046	0.12＋0.086
运行成本/(元/m³)	0.25	0.4
完全成本/(元/m³)	1.6	1.7
总投资/万元	4000～6000	10000～12000
产品产量/(m³/h)	6500(富甲烷气) 1500(富 CO 气) 5000(富 H_2 气)	7000(LNG) 6000(混合气)
产品售价/(元/m³)	2.0(富甲烷气) 0.8(富 CO 或富 H_2 气体)	2.6(LNG) 0.8(富 CO 或富 H_2 气体)
产值/亿元	0.89＋0.35(主产品＋副产品)	1.24＋0.33(主产品＋副产品)
年净利润/亿元	0.31	0.46
回收期(不含建设期)/年	2.0	2.6

① 假定工人工资 6 万元/年，每年工作 8000h。

可以看出，方案一（管道气方案）具有投资少、投资回收期短的优势，但是经过膜分离和 PSA 工艺后，甲烷收率低，且 PSA 提取 CO 工段在国内仅有几家技术供应商，销售依赖于管道拥有商。而生成 LNG 的方案二投资相对较大，但是技术成熟，且驰放气已经经过低温甲醇洗等净化，不含有氧气和汞，入冷箱前不需要脱氧和脱汞工序，净化工艺简单，只需脱碳脱水，大大降低了设备成本和占地。目前 LNG 市场容量大，产品销售前景好。如果要处理的原料气不含有需要分步单独处理的汞、氧气及一氧化碳，建议采用冷箱工艺制取 LNG。尽管投资较大，但是流程简单，易于操作，产品也方便运输。如果原料气杂质种类较多，但不含有一氧化碳，可以考虑管道气方案，不但减少企业投资，而且可以获得富 CO、H_2 混合气，作为合成甲醇的原料或燃料使用。

二、驰放气发电

在煤化工企业生产过程中，难免会产生各种高热值的废气，如富氢闪蒸气。这些气体主要成分为 H_2、CO、CH_4 或它们的混合物。将这些气体作为燃料，采用燃气内燃机发电，其电能可以被用作本厂区的设备用电，也可以作为办公区域用电或者备用电能储存起来。可以借鉴这种处理方法，将驰放气用于发电。

将驰放气有效利用，从而减少企业能耗或者降低企业用电成本，也是驰放气高效利用的一种方式。一般地，驰放气用于发电时要求成分波动小。发电机组要求燃气最低热值不小于 $24MJ/m^3$，热值变化率不大于 $5\%/min$，低阶煤流化床气化甲醇驰放气主要成为 H_2、CO 和 CH_4，热值较高，且组成稳定，可以满足发电机组对燃气品质的要求。

假定低阶煤流化床气化的甲醇驰放气用来发电自用，按照 $5250m^3/h$ 驰放气用于发电进行计算，分为燃气轮机发电和燃气轮机-蒸汽轮机联合循环发电两种形式，在投资、发电量、经济效益上具有较大差异。

1. 燃气轮机发电

燃气轮机的发电效率通常在 $30\%\sim40\%$ 之间，比较常见的机型一般可以达到 35%。燃气轮机最突出的优点正是发电效率比较高，其次是设备集成度高，安装快捷，对于气体中的粉尘要求不高，基本不需要水，设备生产每单位电量的成本也比较低。但是内燃机在使用低热值燃料时，机组出力大幅下降。如一台 500kW 级燃气轮机组，在使用 $32960kJ/m^3$ 的燃气时可以满负荷运转，而使用 $16480kJ/m^3$ 燃气时，功率只有 $350\sim400kW$。按照 $5250m^3/h$ 驰放气用于发电，项目投资 0.56 亿元，年发电量 $9.07\times10^7 kW\cdot h$，年产 0.6MPa 饱和蒸汽 6.91 万 t，具体利润测算见表 10-3 和表 10-4。

表 10-3 驰放气燃气轮机发电项目利润测算（不含税价）

项目		费用/万元	备注
投入	原材料	2646	驰放气:0.7 元/m³
	辅助材料		
	职工薪酬(含福利)	198	工资:22 人,5 万元/(人·年)
	折旧	358	15 年折旧,残值率 4%
	修理费	242	
	电费	263	
	水费	179	
	财务费用	336	贷款年利率 7.09%
	管理费用	755	
	销售费用	122	
	合计	5099	
产出	电	5262	0.58 元/(kW·h)
	蒸汽	829	120 元/t
	合计	6091	
利润		992	

注：该项目投资回收期约 5.65 年。

表 10-4 驰放气燃气轮机发电项目利润测算（含税价）

项目		费用/万元	备注	税金/万元
投入	原材料	2262	驰放气:0.7 元/m³	384
	辅助材料			
	职工薪酬(含福利)	198	工资:22 人,5 万元/(人·年)	
	折旧	358	15 年折旧,残值率 4%	
	修理费	242		
	电费	225		38
	水费	179		
	财务费用	336	贷款年利率:7.09%	
	管理费用	755		
	销售费用	104		
	合计	4659		422
产出	电	4497	0.58 元/(kW·h)	765
	蒸汽	709	120 元/t	120
	合计	5206		885

项目		费用/万元	备注	税金/万元
利润	税前	547	25％所得税	137
	税后	410		
净缴税金/万元				608

注：1. 该项目税后静态投资回收期约13.7年。

2. 增值税按1.17％计。

2. 燃气轮机-蒸汽轮机联合循环发电

燃气轮机-蒸汽轮机联合循环发电效率较高，燃气轮机自身的发电效率一般在30％～40％之间，但是产生的废热烟气温度高达450～550℃，可以通过余热锅炉再次回收热能转换蒸汽，驱动蒸汽轮机再次发电，形成燃气轮机-蒸汽轮机联合循环发电，发电效率可以达到45％～50％，一些大型机组甚至可以超过55％。按照驰放气5250m³/h用于发电，项目投资0.88亿元，年发电量1.071×10^8 kW·h，副产饱和蒸汽，具体利润测算见表10-5和表10-6，年上缴税金760万元，年净利润777万元。

表 10-5　燃气轮机-蒸汽轮机联合循环发电项目利润测算（不含税价）

项目		费用/万元	备注
投入	原材料	2646	驰放气：0.7元/m³
	辅助材料		
	职工薪酬(含福利)	198	工资：22人，5万元/(人·年)
	折旧	563	15年折旧，残值率4％
	修理费	380	
	电费		
	水费	196	
	财务费用	528	贷款年利率：7.09％
	管理费用	861	
	销售费用	144	
	合计	5516	
产出	电	6212	0.58元/(kW·h)
	蒸汽	980	120元/t
	合计	7192	
利润		1676	25％所得税

注：该项目投资回收期约5.25年。

表 10-6　燃气轮机-蒸汽轮机联合循环发电项目利润测算（含税价）

项目		费用/万元	备注	税金/万元
投入	原材料	2261.5	驰放气:0.7元/m³	384.5
	辅助材料			
	职工薪酬(含福利)	198	工资:22人,5万元/(人·年)	
	折旧	563	15年折旧,残值率4%	
	修理费	380		
	电费			
	水费	196		
	财务费用	528	贷款年利率:7.09%	
	管理费用	861		
	销售费用	123		
	合计	5110.5		384.5
产出	电	5309	0.58元/(kW·h)	764.6
	蒸汽	838	120元/t	120.5
	合计	6147		885.1
利润	税前	1036.5	25%所得税	259.5
	税后	777		
净缴税金/万元				760

注:1. 该项目税后静态投资回收期约11.3年。

2. 增值税以1.17%计。

第三节 · 驰放气提氢后非渗透气的高效利用

一、非渗透气的组成

低阶煤流化床气化的甲醇驰放气多利用现场的膜分离装置进行提氢,再将渗透气氢气送往甲醇合成压缩机进行加压,作为甲醇合成原料气。但是由于驰放气中氢气含量低、分压低、渗透压力低,通过膜分离渗透过去的氢气较少,大量的氢气遗留在非渗透气中。非渗透气存在气量大、氢气和甲烷含量高等特点,氢气含量约30%,甲烷含量达到48%~51%。如何有效利用该膜分离非渗透气备受关注。

由于不同煤种和运行工况下,非渗透气的组成各异,本节取以长焰煤为原料满负荷稳定运行时的数据为计算基准。非渗透气流量1.3万 Nm³/h,其中甲烷、氢气、二氧化碳体积分数分别为48%、34%和1.3%,详见表10-7。

表 10-7　甲醇驰放气膜分离后非渗透气基本情况

组分	流量/(m³/h)	摩尔分数/%	温度/℃	压力/MPa
H_2	4259.84	32.00		
CO	1064.96	8.00		
CO_2	199.68	1.50		
CH_4	6802.99	51.10		
N_2	931.84	7.00	35～55	6.8～7.0
Ar	39.94	0.30		
CH_3OH	13.31	0.10		
H_2O	0.00	0.00		
合计	13312.56	100.00		
热值/(kJ/m³)	22222			

二、三种利用方案的工艺可行性探讨

一般地，非渗透气中氢气和甲烷含量较高，其体积分数之和在 75%～85% 之间。目前对非渗透气的利用主要是作为锅炉掺烧气或直接进行 PSA 提取氢气，尾气作为燃料气，造成非渗透气利用效率低。考虑到非渗透气的组成特点，可以采用直接分离，甲烷、水蒸气重整制氢，甲烷化三种利用方案，大大提高非渗透气的附加值。企业可以根据自身公用工程及非渗透气具体组成选择适宜方案。

1. 直接分离工艺

直接分离工艺主要是采用变压吸附、膜分离、深冷及其组合等分离方法直接对非渗透气进行分离的物理加工过程（图 10-2）。该工艺较为成熟，易于操作，但是多级分离容易造成产品收率低，且深冷分离对原料气品质要求较高，在处理杂质种类较多的原料气时前端净化工艺烦琐。

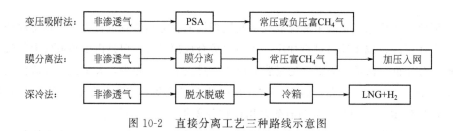

图 10-2　直接分离工艺三种路线示意图

变压吸附（PSA）法利用吸附剂仅仅对特定气体组分在不同压力下吸附和解析能力不同而实现气体分离，包含选择性吸附和解吸两个过程。在工业上最初主要用于空气制氧及空气干燥和精细化工用氢的提纯过程。目前，随着碳分子筛和沸石分子筛吸附剂的开发，变压吸附法逐渐运用到石油化工、煤化工等各个行业，尤其是其中的制氧过程。变压吸附法常用工艺有加压法和真空法，具有产品纯度高、不用加热即可实现再生等优点，近年来在化工领域得到广泛发展和应用[9-11]，具体原理见图10-3。以分子筛制氧为例，分子筛对氮气的吸附亲和能力大于对氧气的吸附亲和能力，因此可以实现两种气体的分离。当然，氧气在分子筛微孔中扩散速度大于氮气的扩散速度也是实现两种气体有效分离的有利条件。

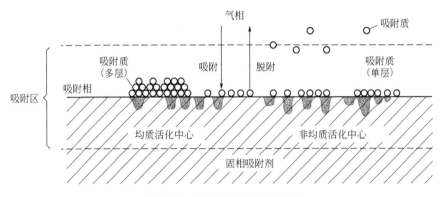

图 10-3　变压吸附原理示意图

　　如果直接采用变压吸附法，则存在以下问题：首先是甲醇驰放气经膜分离后非渗透气中氢气含量为34％，变压吸附分离效率明显较低，需要多套多级变压吸附设备才能制备高浓度的氢气[9-10]；其次是大量的甲烷存在于变压吸附的尾气中，在解析时需要降低压力，导致富甲烷气压力较低，压降损失大，效率较低。粗略估算，采用该工艺需要三级变压吸附，耗电 1800～2400kW·h，项目总投资约 5000 万～7000 万元。获得氢气的纯度可以达到99.9％，产品纯度较高，但是回收率较低，约为 67％～71％，且阀门等动设备切换频繁，不易实现稳定高效操作。

　　膜分离法即中空纤维膜分离技术，是 1960 年前后才出现的气体分离技术。其原理是在一定压力推动下，借助气体中各组分在膜内溶解-扩散-渗透速率不同而实现气体分离目的，如图 10-4 所示。膜分离法主要有两种工艺流程，即正压法和负压法，广泛用于许多化工行业气体的分离和有效组分浓缩工艺。针对甲醇驰放气膜分离后非渗透气的组成特点和各组分的扩散速率，选择合适的膜分离技术，相当于在现场膜分离设备后再建

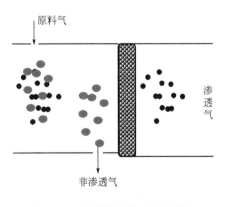

图 10-4　气体膜分离原理示意图

设一套小规模膜分离装置，处理前面膜分离装置的非渗透气，实际上是两级膜分离的串联。新建设的膜分离装置，总投资约 3000 万～3500 万元，可以获得具有一定压力的甲烷和氢气，压力约为 5.0～5.4MPa。富甲烷气约为 6500m^3/h，具有能耗低，装置占地面积小、设备简单、操作方便、投资少等特点，但产品纯度受到限制[7,8]，甲烷含量约为 80%～93%。

深冷法又称低温精馏法，实质就是气液体化技术。根据原理可以将深冷法分为两类：一类是甲烷气与制冷剂经过几级换热冷却，可达到甲烷气的液化温度；另一类是气体被压缩后通过节流膨胀或绝热膨胀降压降温，使降压后的气体达到液化温度，利用不同气体沸点的差异进行精馏，使不同气体得到分离。甲烷气的液化过程实质上就是换热、冷却、液化过程，工业装置大多综合了以上两类过程，以使能耗最低。原料气进入液化冷箱，在液化换热器中冷却到 -163℃ 时将液态甲烷分离出来，剩余的富氢气体则经过复热后出冷箱装置。如果采用净化-深冷路线，投资大约 9500 万～10000 万元，流程较长，对进入冷箱的原料气要求严格。其中，要求 CO_2 含量小于 50μL/L，H_2O 含量小于 1μL/L，H_2S 含量小于 4μL/L，烃类含量小于 10μL/L。该工艺获得产品氢气的纯度高达 99.9%，但压缩、制冷过程能耗很大，压缩机功率约 2100～2600kW。

2. 甲烷水蒸气重整制氢工艺

通过甲烷水蒸气重整工艺，可将甲醇驰放气经膜分离后非渗透气中的甲烷转化为氢气，发生 $CH_4(g)+H_2O(g) \Longrightarrow CO(g)+3H_2(g)$ 反应。反应后气体中的氢碳比大于 3，非渗透气中氢气浓度大大增加，然后采用变压吸附装置提取氢气，得到高纯度氢气。变压吸附装置的解析气含有的少量甲烷和一氧化碳可以用作燃料，如图 10-5 所示。

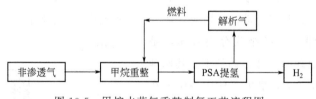

图 10-5 甲烷水蒸气重整制氢工艺流程图

甲烷水蒸气重整工艺包含水蒸气＋二氧化碳重整、水蒸气重整、二氧化碳重整、部分氧化、氧气＋水蒸气重整五种工艺。其中，二氧化碳重整和水蒸气＋二氧化碳重整受积碳、烧焦、高能耗的阻碍，尚无工业化装置，研究成果主要集中在实验室研究开发阶段。水蒸气重整工艺在石油化工、天然气化工等领域具有大量工业化成果，较为成熟，但是存在设备投资大、反应过程能耗高、反应压力和温度高、水蒸气消耗大、反应器材质容易腐蚀等问题，已逐渐被新的复合重整工艺取代。水蒸气重整工艺反应温度约500℃，压力2MPa，水碳比1∶1，产物组成以氢气为主[12,13]。

如果采用氧气＋水蒸气重整工艺，按照前述甲醇驰放气膜分离后非渗透气流量计算，估计占地约800m²、功率为800kW、规格为2.5MPa的中压蒸汽4.8t以及少量氧气。项目总投资4500万～5000万元。采用该工艺存在能耗高、水蒸气消耗量大的特点，同时重整装置需要配备精准的自动化控制系统，否则容易出现超温等现象，不利于操作。

3.甲烷化工艺

甲烷化工艺主要是将甲醇驰放气经膜分离后的非渗透气进行甲烷化，即把其中的一氧化碳、氢气和二氧化碳转化为甲烷，提高非渗透气中甲烷含量，然后进行干燥脱水，制取天然气（图10-6）。可以看出该过程以获得尽可能多的甲烷为目的，与甲烷水蒸气重整制氢工艺的目标产物正好相反。甲烷化过程将放出大量的热量，需要设置相应的冷却设备。精确控制温度是甲烷化过程顺利进行的重要条件，因此移热设备的设计要有充足的裕量。另外，为了保证催化床层温度分布均匀和床层边沿温度不致太低，甲烷化必须要有可靠的保温措施。

图10-6 甲烷化工艺流程图

如果采用国产甲烷化技术，则需要上马大型的压缩设备对尾气进行压缩，提高压力后返回甲烷化装置。总投资约3000万元，占地约800m²。功率约40kW，消耗循环冷却水600～800t和催化剂（850元/t）0.85kg，同时副产蒸汽（3.0MPa）2.7t。如果采用国外甲烷化技术进行深度甲烷化，则不需要压缩机，且公用工程电耗和催化剂消耗量降低[14,15]，LNG产量可以达到0.93万m³/h，但投资约7000万元，明显高于国产技术。

三、三种方案能耗、运行成本、效益比较

在直接分离的三种方案中，根据甲醇驰放气经膜分离后非渗透气组成特点和具有高压的优势，选择膜分离方案是较好的选择。甲烷化工艺制天然气方案中选用国产甲烷化技术。甲烷水蒸气重整制氢选择氧气＋水蒸气重整工艺。将膜分离方案、甲烷水蒸气重整制氢、甲烷化制天然气三种方案进行经济性比较，结果见表10-8。可以看出，膜分离制入网气、甲烷化制天然气的投资和效益相近，甲烷水蒸气重整制氢投资最高，但是盈利能力最好。

表 10-8　三种方案能耗、运行成本、效益比较

项目		膜分离法	甲烷水蒸气重整制氢	甲烷化
车间成本	水/(t/h)	6	4	7
	电/(kW·h/h)	1800～2400	800～900	40～60
	蒸汽/(t/h)		4.8	−2.7
	消耗品/(元/h)	60	70	850
	工资/[元/(h·人)]	300(40 人)	225(30 人)	300(40 人)
	修理费/(元/h)	190～210	168～186	113～124
完全成本		1.21 元/m³(产品气)	1 元/m³(氢气)	1.59 元/m³(LNG)
		1.45 万元/h	1.50 万元/h	1.43 万元/h
总投资/万元		3200～3500	4500～5000	3000～3500
产品产量/(万 m³/h)		0.6(LNG)	1.5(氢气)	0.9(LNG)
		0.6(富氢气)		2.7t/h(蒸汽)

注：水 4 元/t，电 0.65 元/(kW·h)，蒸汽 120 元/t。

甲烷化制天然气工艺技术成熟，投资相对较小，且转化后的非渗透气杂质较少（不含氧和汞），只需脱水即可获得高品质的天然气。膜分离方案具有投资少、见效快的特点，但是甲烷收率低，造成浪费。甲烷水蒸气重整制氢工艺较为成熟，但是存在能耗高、投资大、蒸汽耗量大的特点。新型复合重整工艺处于开发放大阶段，是否可以"安、稳、长、满、优"运行尚有待验证。

参 考 文 献

[1]　崔增涛，袁红玲，樊安静，等．甲醇驰放气的回收利用 [J]．中氮肥，2013 (4)：27-28.

[2]　Park C W，Williams B P，Kelly G J，et al. Methanol synthesis process：WO，US8957117 [P] .2015.

[3]　成华峰．甲醇驰放气配入焦炉回炉煤气的开发应用 [J]．中氮肥，2014 (2)：61-62.

[4]　胡菊，潘亚林，黎汉生，等．铈改性甲醇合成铜基催化剂的制备及其性能 [J]．化工学报，2014
(7)：2770-2775.

[5]　Bayat M，Dehghani Z，Rahimpour M R. Sorption-enhanced methanol synthesis in a dual-bed reactor：
Dynamic modeling and simulation [J].Journal of the Taiwan Institute of Chemical Engineers，2014，
45 (5)：2307-2318.

[6]　陈世通．甲醇驰放气制合成氨装置达产的技术改造 [J].煤化工，2014，42 (3)：50-52.

[7]　刘成．甲醇驰放气回收利用的持续改进方法 [J].中国石油和化工标准与质量，2014 (2)：39.

[8]　杜康．膜分离技术在甲醇驰放气回收装置中的应用效果分析及建议 [J].工业设计，2011 (12)：
144-146.

[9]　姚刚，冯统新 .5500m³/h 变压吸附提氢装置运行总结 [J].中氮肥，2009 (3)：17-19.

[10]　银醇彪，张东辉，鲁东东，等．数值模拟和优化变压吸附流程研究进展 [J].化工进展，2014 (3)：
550-557.

[11] 曾凡华. 变压吸附分离氢气技术发展报告 [J]. 气体分离, 2015 (3): 1.

[12] 孙杰, 孙春文, 李吉刚, 等. 甲烷水蒸气重整反应研究进展 [J]. 中国工程科学, 2013, 15 (2): 98-106.

[13] 李培俊, 曹军, 王元华, 等. 甲烷水蒸气重整制氢反应及其影响因素的数值分析 [J]. 化工进展, 2015 (6): 1588-1594.

[14] Shinde V V, Jeong Y T. A green and convenient protocol for the synthesis of diarylmethanes via a one-pot, three-component reaction catalyzed by a novel silica tungstic acid (STA) under solvent-free conditions [J]. Comptes Rendus Chimie, 2015, 18 (4): 449-455.

[15] 郭兴育. 甲烷化催化剂使用经验总结 [J]. 中氮肥, 2010 (5): 12-14.